Laser in der Materialbearbeitung
Forschungsberichte des IFSW

K. Wittig
Theoretische Methoden und experimentelle
Verfahren zur Charakterisierung von
Hochleistungslaserstrahlung

Laser in der Materialbearbeitung
Forschungsberichte des IFSW

Herausgegeben von
Prof. Dr.-Ing. habil. Helmut Hügel, Universität Stuttgart
Institut für Strahlwerkzeuge (IFSW)

Das Strahlwerkzeug Laser gewinnt zunehmende Bedeutung für die industrielle Fertigung. Einhergehend mit seiner Akzeptanz und Verbreitung wachsen die Anforderungen bezüglich Effizienz und Qualität an die Geräte selbst wie auch an die Bearbeitungsprozesse. Gleichzeitig werden immer neue Anwendungsfelder erschlossen. In diesem Zusammenhang auftretende wissenschaftliche und technische Problemstellungen können nur in partnerschaftlicher Zusammenarbeit zwischen Industrie und Forschungsinstituten bewältigt werden.

Das 1986 begründete Institut für Strahlwerkzeuge der Universität Stuttgart (IFSW) beschäftigt sich unter verschiedenen Aspekten und in vielfältiger Form mit dem Laser als einer Werkzeugmaschine. Wesentliche Schwerpunkte bilden die Weiterentwicklung von Strahlquellen, optischen Elementen zur Strahlführung und Strahlformung, Komponenten zur Prozeßdurchführung und die Optimierung der Bearbeitungsverfahren. Die Arbeiten umfassen den Bereich von physikalischen Grundlagen über anwendungsorientierte Aufgabenstellungen bis hin zu praxisnaher Auftragsforschung.

Die Buchreihe „Laser in der Materialbearbeitung – Forschungsberichte des IFSW" soll einen in Industrie wie in Forschungsinstituten tätigen Interessentenkreis über abgeschlossene Forschungsarbeiten, Themenschwerpunkte und Dissertationen informieren. Studenten soll die Möglichkeit der Wissensvertiefung gegeben werden. Die Reihe ist auch offen für Arbeiten, die außerhalb des IFSW, jedoch im Rahmen von gemeinsamen Aktivitäten entstanden sind.

Theoretische Methoden und experimentelle Verfahren zur Charakterisierung von Hochleistungslaserstrahlung

Von Dr.-Ing. Klaus Wittig
Universität Stuttgart

Springer Fachmedien Wiesbaden GmbH 1996

D 93

Als Dissertation genehmigt von der Fakultät für Konstruktions- und Fertigungstechnik der Universität Stuttgart

Hauptberichter: Prof. Dr.-Ing. habil. Helmut Hügel
Mitberichter: Prof. Dr. phil. habil. Hans Tiziani

Die Deutsche Bibliothek – CIP-Einheitsaufnahme

Wittig, Klaus:
Theoretische Methoden und experimentelle Verfahren zur
Charakterisierung von Hochleistungslaserstrahlung / von Klaus
Wittig.
 (Laser in der Materialbearbeitung)
 Zugl.: Stuttgart, Univ., Diss., 1996
 ISBN 978-3-519-06227-1   ISBN 978-3-663-12405-4 (eBook)
 DOI 10.1007/978-3-663-12405-4

Kurzfassung

Gegenstand der vorliegenden Arbeit sind theoretische und experimentelle Untersuchungen im Umfeld der Laserstrahlcharakterisierung, welche in den letzten Jahren als diagnostisches Werkzeug in der Lasermaterialbearbeitung immer mehr an Bedeutung gewann.

Hierbei wird zunächst eine Standortbestimmung innerhalb der wellenoptischen Theorie vorgenommen, um daraus einen Formalismus zur theoretischen Beschreibung der Laserstrahlpropagation und -charakterisierung zu entwickeln.

Die theoretische Struktur des Formalismus fußt im wesentlichen auf der in der Laseroptik praktizierten paraxialen wellenoptischen Näherung, welche die Wellengleichung rein formal auf eine Differentialgleichung vom Schrödingertyp reduziert.

Hiervon ausgehend läßt sich ein einfach handhabbares analytisches Verfahren zur Charakterisierung beliebiger optischer Aberrationen im Hinblick auf die Laserstrahlqualität entwikkeln, welches sich nahtlos in die gegenwärtig von der ISO favorisierte Momentenmethode zur Beschreibung von Strahlparametern einfügt. Auf der Basis dieser Methode werden sowohl der Einfluß thermisch induzierter Aberrationen bei der Führung von Hochleistungslaserstrahlung untersucht, als auch der Einfluß Seidelscher Aberrationen bei der Verwendung von Off-Axis Spiegeloptiken.

Im weiteren wird demonstriert, wie sich aus dem Schrödingerbild der paraxialen Wellenoptik ein neuer numerischer Formalismus zur Propagation von Laserstrahlung entwickeln läßt, dessen Stärke zum einen darin liegt, daß sich wellenoptische Rechnungen in Form elementarer Matrizenrechnungen bewerkstelligen lassen, und der zum anderen eine einfache Berechnung beliebiger Strahlmomente (insbesondere auch von Winkel- und Mischmomenten) ermöglicht.

Um die technische Handhabbarkeit der Momentenmethode zur Strahlcharakterisierung zu demonstrieren, wird in dieser Arbeit ein experimentelles Verfahren entwickelt, welches eine einfache und schnelle Messung von Strahlmomenten und damit von relevanten Strahlparametern wie Strahllage, Strahlrichtung, Strahlradius und Strahldivergenzwinkel ermöglicht. Es zeigt sich, daß sich dieses Verfahren gegenüber den bisher praktizierten Methoden außer durch einen deutlichen Geschwindigkeitsvorteil auch durch eine weitgehende Wellenlängenunabhängigkeit sowie die Möglichkeit auszeichnet, erstmals auch gepulste Strahlung direkt zu vermessen.

Auf diese Weise ist der direkte Bezug zwischen den entwickelten theoretischen Methoden und ihrem praktischen Einsatzbereich bereitgestellt, so daß neben konkreten meßtechnischen Möglichkeiten auch die nötigen Modellierungswerkzeuge zur Verfügung stehen, auf deren Basis eine effektive Analyse strahlführender optischer Systeme möglich ist.

Inhaltsverzeichnis

Verwendete Symbole und Einheiten

Im folgenden sind die wichtigsten der verwendeten Variablen und Symbole alphabetisch aufgelistet. Alle weiteren im Text auftretenden Symbole sind an entsprechender Stelle hinreichend erläutert.

A, B, C, D	1x1- oder 2x2-Untermatrizen einer optischen Matrix
A_s, A_c, A_d, A_a, A_t	Seidelsche Aberrationskoeffizienten [m^{-3}]
a_s, a_c, a_d, a_a, a_t	normierte Seidelsche Aberrationskoeffizienten
$\underline{B}$	magnetische Flußdichte [dyne$\cdot$esu^{-1} (CGS) $\triangleq$ N$\cdot$A$^{-1}\cdot$m^{-1} (SI)]
$\underline{D}$	dielektrische Verschiebung [statvolt (CGS) $\triangleq$ C$\cdot$m^{-2} (SI)]
$d\Theta$	äußere Ableitung einer Differentialform
$\delta_{i,j}$	Kronecker-Delta
$\underline{E}$	elektrische Feldstärke [statvolt (CGS) $\triangleq$ V$\cdot$m^{-1} (SI)]
ϵ	Dielektrizitätskonstante
F	F-Zahl einer Abbildung
γ	differenzierbare Kurve
H	Hamiltonfunktion
H_n	Hermite-Polynom n-ter Ordnung
$\underline{H}$	magnetische Flußdichte [dyne$\cdot$esu^{-1} (CGS) $\triangleq$ A$\cdot$m^{-1} (SI)]
Θ	Differentialform
i	imaginäre Einheit
J	kanonische symplektische 2x2- oder 4x4-Matrix
k	Wellenzahl [m^{-1}]
L	Eikonalfunktion [m]
L_p^l	Laguerre-Polynom der Ordnung pl
λ	Wellenlänge [m]
M	optische 2x2- oder 4x4-Matrix
M^2	Beugungsmaßzahl
μ	Permeabilität
N_F	Fresnelzahl

n	Brechungsindex(funktion)
ξ_H	Generator einer infinitesimalen Transformation
P	optische 2x2-Untermatrix der Brechungsmatrix
P_h	Matrix des Impulsoperators im Hermite-Modensystem
P_l^2	Matrix des quadrierten Ortsoperators im Laguerre-Modensystem
Q	Matrix der quadratischen Form einer optischen Oberfläche
q	komplexer Strahlparameter [m^{-1}]
$\underline{p},\ \underline{q}$	Impuls-, Ortsoperator
R	Phasenkrümmungsradius [m]
R_l^2	Matrix des quadrierten Ortsoperators im Laguerre-Modensystem
ρ	Ladungsdichte [$3 \cdot 10^9 \cdot esu \cdot m^{-3}$ (CGS) $\hat{=}$ $C \cdot m^{-3}$ (SI)]
$Sp(4,\mathbb{R})$	symplektische Gruppe der 4x4-Matrizen
$\underline{S}$	Poyntingvektor [$statvolt \cdot dyne \cdot esu^{-1}$ (CGS) $\hat{=}$ $W \cdot m^{-2}$ (SI)]
$\underline{s}$	Einheits-Strahltangentenvektor
$\sigma_\Phi^{\ 2}$	Varianz der Phasenfunktion
$\underline{n}$	Oberflächennormale
W	optische Charakteristik
$W(r,\theta,h')$	Aberrationsfunktion
$W(\underline{\alpha},\beta,\gamma)$	Weyl-Operator
$w_x,\ w_y,\ w$	Parameter-Strahlradien [mm]
X_h	Matrix des Ortsoperators im Hermite-Modensystem
Z	optische 2x2-Untermatrix der Matrix der freien Propagation
z_R	Rayleighlänge [m]
ω	symplektische Form
$\wedge$	Dachprodukt
$\oplus$	direkte Summe
$< >$	Erwartungswert
$*$	Faltung
$F^{-1},\ F$	(inverse) Fouriertransformation
$[\,.\,,.\,]$	Kommutator
$<.\,,.>$	Linearform

$'$	Ableitungssymbol
$(\,.\,/\,.\,)$	Skalarprodukt
$\|\,.\,\|$	Norm eines Vektors oder einer Matrix
T_Z , T_P	optische Operatoren
$\{\,.\,,\,.\,\}$	Poisson-Klammer
$\otimes$	Tensorprodukt
δ	Variationsableitung

Umrechnung zwischen CGS- und SI-System:

$$1 \cdot C \ = \ 3 \cdot 10^9 \cdot esu$$

$$300 \cdot V \ = \ 1 \cdot statvolt$$

$$10^{-5} \cdot N \ = \ 1 \cdot dyne$$

1.   Einleitung

Seit der Entdeckung des Laserprinzips und den ersten Realisierungen funktionstüchtiger Laser im Laborstadium fand in den letzten Jahrzehnten ein geradezu rasanter technologischer Fortschritt auf dem Gebiet der Laserphysik statt, der den Laser aus dem rein akademischen Anwendungsbereich heraustreten und immer stärker in den Brennpunkt technologischer Anwendungsmöglichkeiten rücken ließ. Auf diese Weise hat sich neben der ursprünglichen Laser*physik* schon lange die Laser*technik* als eigenständige Disziplin etabliert. Die Anwendungsgebiete des Lasers sind mannigfach. So sind Laser heutzutage unentbehrlicher Bestandteil optischer Präzisionsmeßtechnik. Sie finden aber auch direkt als Werkzeug Anwendung, so z.B. im Regime niedriger Leistungen als medizinisches Gerät oder im Regime hoher Leistungen zur Materialbearbeitung [1]. Es liegt auf der Hand, daß entsprechend des sich stetig erweiternden Anwendungspotentials und insbesondere des industriell anwendungsorientierten Charakters ganz neue Aspekte der Laseroptik an Bedeutung gewinnen, die durch die eher grundlagenorientierten laserphysikalischen Untersuchungen nicht erfaßt werden.

Die vorliegende Arbeit ist der Untersuchung von Fragestellungen gewidmet, die im Umfeld der Lasermaterialbearbeitung bedeutsam sind. Die hierbei relevanten Laserleistungen liegen im Kilowatt- bis Multikilowattbereich, und dementsprechend gewinnen neben den Strahlquellen als solchen auch die strahlführenden optischen Systeme an Bedeutung, da die Qualität erzielbarer Bearbeitungsergebnisse sowie die erzielbaren Wirkungsgrade kritisch von der optischen Qualität eines Laserstrahls abhängen.

Eine große Bedeutung kommt hierbei zunächst einmal einer pragmatisch orientierten Quantifizierung des Begriffs der *Qualität eines Laserstrahls* zu, denn der industrielle Einsatz von Lasern im großen Maßstab setzt einen international anerkannten begrifflichen Konsens voraus, um eine konstruktive Markterschließung zu gewährleisten. Dies wurde vor einigen Jahren von der Industrie und den einschlägigen universitären Forschungsinstitutionen erkannt. Als Konsequenz wurden auf ISO-Ebene Arbeitsgruppen ins Leben gerufen, die das Ziel hatten, eine international verbindliche Terminologie sowie Standards zur Charakterisierung von Laserstrahlung zu entwickeln. Die Bemühungen standen hierbei stets im Spannungsfeld zwischen Praktikabilität im industriellen Umfeld auf der einen und physikalischer Fundiertheit auf der anderen Seite.

Es ist offensichtlich, daß zur Strahlcharakterisierung Parameter zu definieren sind, die den für eine exakte wellenoptische Beschreibung nötigen Informationsgehalt so weit reduzieren, daß eine hinreichend schnelle, genaue und kommerziell verwertbare meßtechnische Erfassung möglich ist. Auf diese Weise entwickelten sich Begriffe wie Strahlradius bzw. Strahldurchmesser, Strahldivergenz und Strahlpropagationsfaktor zu den grundlegenden Meßgrößen zur Beschreibung der Propagation von Laserstrahlung. Die eigentlich fundamentale Größe ist hierbei der Strahlradius, da die beiden anderen auf ihn zurückführbar sind.

Es wurden in den vergangenen Jahren eine Reihe von Definitionen des Strahlradius bzw. Strahldurchmessers sowie zugehörige Meßverfahren vorgeschlagen [2] - [9]. Die gängigsten seien im folgenden kurz rekapituliert:

1. Strahlradien bzw. -durchmesser, die über Leistungsinhalte definiert sind

Gemäß dieser Definition ist der Radius eines Laserstrahls als der Radius derjenigen bezüglich des Leistungsschwerpunktes zentrierten Kreisfläche definiert, welche 86,5% der Gesamtleistung des Strahls einschließt. Diese Definition ist nur auf nahezu rotationssymmetrische Feldverteilungen anwendbar[1].

2. Strahlradien bzw. -durchmesser, die über Leistungsbeschnitte definiert sind

Diese Definition sieht die Bestimmung von Strahlabmessungen auch für elliptische Strahlprofile vor. Hierbei wird eine den Strahl senkrecht zur Bewegungsrichtung vollständig überdeckende Messerschneide längs einer Hauptachsenrichtung bewegt und der Strahldurchmesser in Bewegungsrichtung über den Abstand derjenigen Positionen definiert, an denen jeweils 16% bzw. 84% der Gesamtleistung abgeschnitten werden[2].

3. Statistisch definierte Strahlradien bzw. -durchmesser

Bei dieser Definition wird die normierte Leistungsdichteverteilung eines Strahls als Wahrscheinlichkeitsverteilung interpretiert und der Strahlradius bzw. -durchmesser über deren Streuung bzw. Varianz, d.h., über statistische Momente definiert.

Die ersten beiden Verfahren entspringen in erster Linie dem Wunsch nach möglichst einfachen experimentellen Lösungen, während das dritte Verfahren eher aus physikalischen Erwägungen resultiert.

Alle Verfahren zielen darauf ab, einen Strahl und insbesondere auch seine Propagationseigenschaften zu charakterisieren. Es müssen somit *Propagationsgesetze* existieren, zu denen

---

[1]Genauer gesagt dürfen für elliptische Strahlen die Hauptachsen ein Längenverhältnis von 1:1.15 nicht überschreiten.

[2]Die Prozentwerte sind so gewählt, daß im Falle eines Gaußstrahls der doppelte Abstand der zugehörigen Schneidenpositionen gerade den Strahldurchmesser ergibt. Zuweilen werden anstatt der Leitungswerte von 16% und 84% auch 10% und 90% verwendet. Die Umrechnung auf den tatsächlichen Strahlradius erfolgt dann mit einem von zwei verschiedenen Faktor [10].

diese Verfahren konsistent sind, denn ohne Propagationsgesetze sind gemessene Strahlparameter nur in der jeweiligen Meßebene brauchbar, und diese liegt praktisch nie am Bearbeitungsort. Auf dem gegenwärtigen Stand der internationalen Normungsbemühungen wird die letzte der dargestellten Methoden favorisiert, wobei die beiden anderen explizit als Alternativen zugelassen sind. Um eine Konsistenz aller Methoden zu erreichen, werden Umrechnungsvorschriften zwischen den einzelnen Verfahren angegeben, die allerdings nur eingeschränkte Gültigkeit besitzen, so daß eine befriedigende Lösung noch nicht zur Verfügung steht. Das Hauptargument für diese Kompromißsituation ist, daß bis heute das statistische Verfahren experimentell nicht zufriedenstellend umsetzbar ist.

Ganz im Sinne der aktuellen internationalen Normungsbemühungen wird in dieser Arbeit die Problematik der Charakterisierung von Laserstrahlung aufgegriffen und einer kritischen Analyse sowohl von theoretischer als auch von experimenteller Seite unterzogen. Der Leitgedanke ist hierbei, das statistische Momentenverfahren als das theoretisch gebotene zu qualifizieren und überdies seine experimentelle Realisierbarkeit mittels eines neuen Meßverfahrens zu demonstrieren.

Eine zentrale Rolle kommt hierbei dem Umstand zu, daß die gängige paraxiale wellenoptische Beschreibung, aus der Propagationsgesetze für die nach der statistischen Methode definierten Strahlparameter ableitbar sind, nur für optische Systeme gilt, die keinerlei Störungen, wie etwa Phasenaberrationen oder Leistungsbeschnitt durch Aperturen unterliegen. In praktischen Anwendungssituationen sind derartige Effekte jedoch stets vorhanden; man denke nur etwa an thermisch induzierte Deformationen optischer Komponenten, die bei Hochleistungslasern ein ernstzunehmendes Problem darstellen können.

Bei der Untersuchung der Frage, wie derartige optische Störungseffekte adäquat beschrieben werden können, stellte sich heraus, daß sich ein eleganter und einfacher Formalismus entwickeln läßt, wenn die formale strukturelle Verwandtschaft der paraxialen optischen Wellengleichung und der Schrödingergleichung der Quantenmechanik verwendet wird. Die Anwendung dieser Methode erfordert allerdings einige eher formale Betrachtungen, bevor konkrete Anwendungen plausibel dargelegt werden können. Hieraus ergibt sich die Gliederung der vorliegenden Arbeit:

Im zweiten Kapitel werden zunächst die Aspekte der paraxialen Wellenoptik rekapituliert, welche die Schnittstelle zur quantenmechanischen bzw. algebraischen Sichtweise liefern. Die algebraische Formulierung der zur exakten Beschreibung von Laserstrahlung erforderlichen paraxialen Wellenoptik wird dann im dritten Kapitel entwickelt, wobei klar wird, daß sie in natürlicher Weise den oben erwähnten Ansatz der statistischen Momente enthält, so daß eine solide theoretische Basis für diese Charakterisierungsmethode vorliegt.

Im vierten Kapitel wird die Methode der statistischen Momente konsequent aus dem algebraischen Ansatz entwickelt, wobei insbesondere Propagationsgesetze für beliebige Momente und optische Invarianten abgeleitet werden, die als natürliche Kandidaten zur Beschreibung intrinsischer Strahleigenschaften in Frage kommen.

Das fünfte Kapitel ist dann der experimentellen Umsetzung der statistischen Momentenmethode gewidmet. Hier wird ein neues Meßverfahren vorgestellt, mit dessen Hilfe sich statistische Momente sehr schnell und in weiten Bereichen wellenlängenunabhängig experimentell bestimmen lassen. Auf diese Weise lassen sich Strahllagen, Strahlrichtungen, Strahlradien sowie Orientierungen elliptischer Strahlen messen. Das Verfahren wird hinsichtlich seiner Möglichkeiten und Grenzen diskutiert werden.

Im sechsten Kapitel wird gezeigt, wie sich auf der Basis des algebraischen Ansatzes die Beschreibung von Phasenaberrationen einfach mit Hilfe statistischer Momente durchführen läßt. Auf diese Weise können aberrationsbehaftete optische Systeme hinsichtlich ihres Einflusses auf die Strahleigenschaften beurteilt werden.

Das siebte Kapitel ist schließlich der Entwicklung eines neuen numerischen Verfahrens gewidmet, das gestattet, mit einfachen Methoden der linearen Algebra in wellenoptischer Genauigkeit optische Systeme im Hinblick auf die Strahlpropagation zu analysieren, wobei wiederum die Berechnung statistischer Momente in fast trivialer Weise implementiert ist.

Zusammenfassend werden im Rahmen dieser Arbeit zweierlei Ziele angestrebt: Zum einen soll eine solide theoretische Einordnung des aktuell auf ISO-Ebene favorisierten Ansatzes zur Strahlcharakterisierung vorgenommen werden, und zum anderen sollen experimentell und numerisch handhabbare Methoden zu seiner praktischen Realisierung aufgezeigt werden, wobei insbesondere auch optische Störeinflüsse wie Phasenaberrationen und Aperturbeschnitte Berücksichtigung finden. Dies ist mit der Hoffnung verbunden, eine Entscheidungsgrundlage im Zuge der weiteren Normungsbemühungen bereitzustellen.

2 Einordnung der paraxialen Optik in die Gesamttheorie

Die exakteste Form der klassischen Beschreibung optischer Phänomene liefert die vektorielle Form der Maxwellschen Elektrodynamik. Alle anderen Näherungsebenen lassen sich hieraus in systematischer Weise gewinnen. Speziell im Hinblick auf das Verständnis der Beschreibung der Propagation von Laserstrahlung, die im Sinne von Bild 1 zwischen der zweiten und vierten Ebene anzusiedeln ist, ist es von Bedeutung, zu sehen, welche strukturellen Eigenschaften der Wellenoptik und der linearen geometrischen Optik gemeinsam sind. Diese Eigenschaften nämlich sind es, wie an späterer Stelle gezeigt wird, auf welchen die aktuell praktizierten Ansätze zur Laserstrahlcharakterisierung aufbauen.

Maxwellsche Elektrodynamik

Allgemeinste klassische Theorie elektromagnetischer Phänomene

Wellenoptik

Spezialfall der Maxwellschen Elektrodynamik, der für ein beschränktes Spektrum gilt sowie Absorptions- und Emissionsprozesse unberücksichtigt läßt.

geometrische Optik

Spezialfall der Wellenoptik für kleine Wellenlängen, Vernachlässigung von Interferenz, Beugung und Polarisation.

lineare Optik

Spezialfall der geometrischen Optik, in dem trigonometrische Funktionen linearisiert und Aberrationen vernachlässigt werden.

Gaußsche Optik

Spezialfall der linearen Optik, in dem nur rotationssymmetrische Systeme betrachtet werden.

Bild 1: Näherungsebenen in der Optik.

2.1 Von der Wellenoptik zur linearen Optik

In diesem Abschnitt werden diejenigen Strukturen dargelegt, auf die sich die optische Beschreibung reduziert, wenn der Übergang von der Maxwellschen Wellenoptik zur geometrischen Optik vollzogen wird. Diese Strukturen fungieren als formale Schnittstelle zur Laseroptik. Ausgehend von den allgemeinen Maxwellschen Gleichungen[1]

$$rot\ \underline{H} - \frac{1}{c}\frac{\partial \underline{D}}{\partial t} = \frac{4\pi}{c}\underline{j} \quad , \quad rot\ \underline{E} + \frac{1}{c}\frac{\partial \underline{B}}{\partial t} = 0 \quad , \tag{1}$$

$$div\ \underline{D} = 4\pi\varrho \quad , \quad div\ \underline{B} = 0 \quad .$$

mit $\underline{D}=\epsilon\underline{E}$, $\underline{B}=\mu\underline{H}$, $\rho=0$, $\underline{j}=0$ gelangt man durch den harmonischen Ansatz mit der Eikonalfunktion $L(\underline{r})$

$$\underline{E}(\underline{r},t) = \underline{E}_0(\underline{r})\ \exp[\ i\ (\ k_0 L(\underline{r})-\omega t\ )\ ]$$

$$\underline{H}(\underline{r},t) = \underline{H}_0(\underline{r})\ \exp[\ i\ (\ k_0 L(\underline{r})-\omega t\ )\ ] \tag{2}$$

durch Einsetzen zu den Gleichungen [17]

$$grad\ L(\underline{r})\ \times\ \underline{H}_0(\underline{r})\ +\ \epsilon\underline{E}_0(\underline{r}) = \frac{-1}{ik_0}\ rot\ \underline{H}_0(\underline{r})$$

$$grad\ L(\underline{r})\ \times\ \underline{E}_0(\underline{r})\ -\ \mu\underline{H}_0(\underline{r}) = \frac{-1}{ik_0}\ rot\ \underline{E}_0(\underline{r})$$

$$\underline{E}_0(\underline{r})\ \cdot\ grad\ L(\underline{r}) = \frac{-1}{ik_0}\ \big(\ \underline{E}_0(\underline{r})\ \cdot\ grad\ \ln(\epsilon)\ +\ div\ \underline{E}_0(\underline{r})\ \big) \tag{3}$$

$$\underline{H}_0(\underline{r})\ \cdot\ grad\ L(\underline{r}) = \frac{-1}{ik_0}\ \big(\ \underline{H}_0(\underline{r})\ \cdot\ grad\ \ln(\mu)\ +\ div\ \underline{H}_0(\underline{r})\ \big)\ \ .$$

Die *geometrisch optische Näherung* besteht in der Annahme, daß Terme proportional zur Wellenlänge λ gegenüber den übrigen vernachlässigbar sind, da relative Feldänderungen innerhalb von Dimensionen einer Wellenlänge vernachlässigbar sein sollen. In den Gln. (3) verschwinden deshalb alle Terme mit dem Faktor $1/k_0$. Setzt man die zweite der Gln. (3) in die erste ein und berücksichtigt die sich aus der dritten Gleichung ergebende Orthogonalität von $gradL(\underline{r})$ und $\underline{E}_0(\underline{r})$, so folgt

$$[grad\ L(\underline{r})]^2\ =\ \mu(\underline{r})\epsilon(\underline{r})\ =\ n^2(\underline{r})\ \ . \tag{4}$$

Gleichung (4) ist die wohlbekannte *Eikonalgleichung der geometrischen Optik*. Ihre Bedeutung wird klar, wenn man sich vergegenwärtigt, wie elektromagnetische Energie transportiert wird. Die lokale Energiestromdichte eines elektromagnetischen Feldes wird durch den Poynting-Vektor $\underline{S}=c/4\pi(\underline{E}x\underline{H})$ beschrieben, dessen Betrag die Leistung angibt, welche pro Zeiteinheit durch ein senkrecht zu seiner Richtung stehendes Flächenelement transportiert

---

[1]Alle Größen beziehen sich auf das CGS-System.

wird. Der zeitlich gemittelte Poynting-Vektor $<\underline{S}>$ ist definiert durch

$$< \underline{S} > = \lim_{t \to \infty} \frac{1}{2t} \int_{-t}^{t} \frac{c}{4\pi} \, Re(\, \underline{E} \times \underline{H} \,) \, dt \quad . \tag{5}$$

Führt man die Mittelungsprozedur gemäß Gl. (5) mit dem Ansatz (2) durch, so führt dies unter Verwendung der Gln.(3) auf die beiden gleichwertigen Beziehungen

$$<\underline{S}(\underline{r})> = \frac{c}{8\pi\mu} \, |\underline{E}_0(\underline{r})|^2 \, grad \, L(\underline{r})$$

$$<\underline{S}(\underline{r})> = \frac{c}{8\pi\epsilon} \, |\underline{H}_0(\underline{r})|^2 \, grad \, L(\underline{r}) \quad . \tag{6}$$

Nun gilt andererseits für die mittlere Energiedichte $w(\underline{r})$ des elektromagnetischen Feldes

$$w(\underline{r}) = \frac{1}{16\pi} \left(\epsilon\underline{E}_0(\underline{r}) \cdot \underline{E}_0^*(\underline{r}) + \mu\underline{H}_0(\underline{r}) \cdot \underline{H}_0^*(\underline{r}) \right) \quad . \tag{7}$$

Ein Vergleich der Gln. (6) und (7) führt unmittelbar auf die Beziehung

$$< \underline{S}(\underline{r}) > = \frac{c}{\mu \, \epsilon} \, w(\underline{r}) \, grad \, L(\underline{r}) = \frac{c}{n} \, w(\underline{r}) \, \frac{grad \, L(\underline{r})}{n} \quad . \tag{8}$$

Gleichung (8) zeigt, daß in jedem Punkt die Richtung von grad $L(\underline{r})$ mit der zeitlich gemittelten Richtung der Energieausbreitung übereinstimmt. Dies rechtfertigt, die Richtung von gradL($\underline{r}$) mit einer Strahlrichtung zu identifizieren, so daß sich Gl. (4) auch in vektorieller Form schreiben läßt als

$$\frac{grad \, L(\underline{r})}{n(\underline{r})} = \underline{t}(\underline{r}) \quad . \tag{9}$$

Hierbei stellt $\underline{t}(\underline{r})$ den Tangenteneinheitsvektor an eine Strahltrajektorie im Punkt $\underline{r}$ dar. Bezeichnet s den Bogenlängenparameter, so folgt unter Verwendung der aus der Differentialgeometrie bekannten Beziehung $\underline{t}(\underline{r}(s))=d(\underline{r}(s))/ds$ die bekannte Gleichung [11]

$$n(\underline{r}) \, \frac{d}{ds} \left(n(\underline{r}) \, \frac{d\underline{r}}{ds} \right) = \frac{1}{2} \, grad \, n^2(\underline{r}) \quad . \tag{10}$$

Dies ist die Differentialgleichung für den Verlauf von Lichtstrahlen in einem inhomogenen optischen Medium, das durch eine Brechungsindexverteilung n($\underline{r}$) gekennzeichnet ist. Die Eikonalgleichung entspricht demnach einer Art optischen "Bewegungsgleichung", wenn man das Quadrat des Brechungsindexes n, der ja die lokale Phasengeschwindigkeit festlegt, mit einem Potential V identifiziert. Der Quotient $s/n(\underline{r})$ wäre dann mechanisch mit einer Zeit zu identifizieren. Gleichung (10) entspricht somit der Newtonschen Bewegungsgleichung $d^2\underline{r}/dt^2 = -\nabla V$. Dieser Sachverhalt weist bereits auf eine enge Beziehung zwischen der geometrischen Optik und der Mechanik hin.

Zur linearen und Gaußschen Optik gelangt man, wenn sämtliche Winkel θ als klein vorausgesetzt werden ($\sin\theta \approx \tan\theta \approx \theta$, $\cos\theta \approx 1$). Es läßt sich dann aus Gl. (10) die vollständige Matrixoptik entwickeln. Entsprechend der zweiten Ordnung der Dgl. (10) werden dort Strahlen in einer gegebenen Ebene $s=s_0$ durch Vektoren der Form $(\underline{r}(s_0), n(\underline{r}(s_0))d\underline{r}/ds(s_0))$ eindeutig charakterisiert. Die Propagation erfolgt abschnittsweise in Segmenten konstanten Brechungsindex', die durch brechende Flächen voneinander getrennt sind oder in Segmenten, innerhalb deren der Brechungsindex maximal quadratisch von den transversalen Ortskoordinaten x und y abhängt[2]. Entscheidend ist hierbei, daß aus dieser Beschränkung auf Terme maximal zweiter Ordnung zwangsläufig ein lineares Transformationsgesetz für die Strahlvektoren resultiert, so daß alle Transformationen durch Multiplikation mit geeigneten Matrizen erfolgen können. Speziell in der Gaußschen Optik sind dies 2x2 Matrizen.

Eine detaillierte Darstellung des Matrizenformalismus in der linearen und Gaußschen Optik findet man z.B. in [12].[13] und [14]. Für eine strukturelle Analyse der durch die Differentialgleichung (10) induzierten Propagationseigenschaften im Rahmen der Gaußschen Optik sind hier nur folgende Aussagen von Belang [12]:

1.   Jede optische 2x2-Matrix besitzt die Determinante 1.[3]

2.   Jede optische Matrix läßt sich aus genau zwei Basismatrizen folgender allgemeiner Form aufbauen:

$$M_Z = \begin{pmatrix} 1 & Z \\ 0 & 1 \end{pmatrix}, \qquad M_P = \begin{pmatrix} 1 & 0 \\ P & 1 \end{pmatrix} . \tag{11}$$

3.   Jeder 2x2-Matrix mit Determinante 1 läßt sich eine optische Matrix, d.h. die Matrix eines geeigneten optischen Systems, zuordnen.

---

[2]Hierbei wird, wie in der geometrischen Optik üblich, die optische Achse mit der z-Achse identifiziert, so daß optische Oberflächen durch Funktionen in den Transversalkoordinaten x und y zu beschreiben sind.

[3]Hierbei werden die sog. *reduzierten* Strahlvektoren zugrundegelegt, bei denen der mit dem lokalen Brechungsindex multiplizierte Winkel und nicht der Winkel selbst als zweite Komponente des Strahlvektors verwendet wird.

Dies bedeutet, daß jedes lineare optische System sich durch die geeignete Hintereinanderausführung von freier Propagation und der Brechung an sphärischen Oberflächen beschreiben läßt, ein physikalischer Sachverhalt, der auch für nicht rotationssymmetrische Systeme gilt [15][16].

2.2   Die fundamentale Symmetriestruktur der linearen geometrischen Optik

Aus der ersten der obengenannten formalen Eigenschaften geometrisch optischer Matrizen in Gaußscher Näherung folgt unmittelbar, daß diese die mathematische Struktur der Gruppe $SL(2,\mathbb{R})$ [4] tragen, wobei dissipative Effekte zunächst ausgeklammert bleiben. Was die Beschreibung allgemeinerer, d.h. zwei- und analog auch mehrdimensionaler linearer Systeme der geometrischen Optik anbelangt, so bleibt zwar sehr wohl eine Gruppenstruktur erhalten, jedoch ergibt diese sich nicht durch einfache Verallgemeinerung von $SL(2\mathbb{R})$ auf $SL(4,\mathbb{R})$ bzw. $SL(2n,\mathbb{R})$. Um die Verhältnisse für diesen allgemeineren Fall darzulegen, werde im folgenden die freie Propagation und der Durchgang durch eine brechende Fläche für ein zweidimensionales lineares optisches System betrachtet. Denn alle anderen linearen optischen Systeme lassen sich, wie oben erwähnt, aus diesen beiden Typen aufbauen.

Gemäß der Dgl. (10) des letzten Kapitels wird eine Lichtstrahltrajektorie durch die Parameterdarstellung

$$\mathbb{R} \ni z \; \rightarrow \; \left(\; x(z), \; y(z), \; z, \; ns_x(z), \; ns_y(z), \; ns_z(z) \; \right) \tag{12}$$

beschrieben, wobei $s_i(z)$ für die i-te Komponente des Tangenteneinheitsvektors an die Strahltrajektorie steht. In der linearen Näherung gilt $|s_x(z)|, |s_y(z)| \ll |s_z(z)|$, so daß für die z-Komponente des Richtungsvektors $\underline{s}(z) = (s_x(z), s_y(z), s_z(z))$ gilt

$$s_z(z) = \left(1 - s_x^2(z) - s_y^2(z) \right)^{\frac{1}{2}} \approx 1 - \frac{1}{2} \left(s_x^2(z) + s_y^2(z) \right) \pm \dots \approx 1 \; . \tag{13}$$

2.2.1   Freie Propagation in linearen Systemen

Gemäß Gleichung (10) lautet die Dgl. für die freie Propagation $n^2 d^2\underline{r}(s)/ds^2 = 0$, wobei die optische Weglänge gegeben ist durch

---

[4] $SL(2n,\mathbb{R})$ bezeichnet die Gruppe der reellen 2nx2n Matrizen mit Determinate 1.

$$s(z) = \int_0^z \sqrt{x'^2 + y'^2 + 1}\ dz \approx \int_0^z [1 + \frac{1}{2}(x'^2 + y'^2)]\ dz \approx z \ , \tag{14}$$

so daß $d^2\underline{r}/ds^2 \approx d^2\underline{r}/dz^2 = 0$ oder $\underline{r}(z+z_0) = \underline{a} + \underline{b}(z-z_0)$ mit $\underline{a} = \underline{r}(z_0)$, $\underline{b} = nd\underline{r}/dz(z_0)$. Es resultiert daraus das folgende lineare Propagationsgesetz

$$\begin{pmatrix} \underline{r}(z+z_0) \\[2mm] n\ \dfrac{d\underline{r}}{dz}(z+z_0) \end{pmatrix} = \begin{pmatrix} \mathbb{I} & z\mathbb{I} \\ 0 & \mathbb{I} \end{pmatrix} \begin{pmatrix} \underline{r}(z_0) \\[2mm] n\ \dfrac{d\underline{r}}{dz}(z_0) \end{pmatrix} \ . \tag{15}$$

2.2.2 Durchgang durch eine brechende Fläche

Im Rahmen der linearen Näherung ist eine brechende Fläche durch eine quadratische Form zu beschreiben [17]:

$$(x,y) = \underline{r} \ \to \ z(\underline{r}) - z_0 = \frac{1}{2}\underline{r}^T Q \underline{r} \tag{16}$$

mit einer symmetrischen 2x2-Matrix Q.

Der Strahlrichtungsvektor ist gegeben durch $\underline{s}(z) \approx (s_x(z), s_y(z), 1) =: (\underline{s}_{x,y}(z), 1)$ (s. Gl. (13)), die Oberflächennormale $\underline{n}(z)$ durch $(Q\underline{r}, -1)/(1 + |Q\underline{r}|^2)^{1/2} \approx (Q\underline{r}, -1)$. Das Snelliussche Brechungsgesetz besagt, daß

$$\underline{n} \times n_1\underline{s}_1(z) = \underline{n} \times n_2\underline{s}_2(z)$$

$$\Rightarrow \underline{n} \times (\underline{n} \times n_1\underline{s}_1(z)\ ) = \underline{n} \times (\underline{n} \times n_2\underline{s}_2(z)) \qquad . \tag{17}$$

$$\Leftrightarrow n_1(\underline{n}\cdot\underline{s}_1(z))\underline{n} - n_1\underline{s}_1(z) = n_2(\underline{n}\cdot\underline{s}_2(z))\underline{n} - n_2\underline{s}_2(z)$$

Einsetzen von $\underline{s}(z)$ und $\underline{n}(z)$ liefert zunächst

$$(\underline{n}\cdot\underline{s}_i(z)) = (Q\underline{r}\cdot(s_{xi}, s_{yi})) - 1 \ , \tag{18}$$

und damit ergibt sich aus Gl.(17)

$$n_1 \left(Q\underline{r} \cdot (\underline{s}_{x1y1}) - 1 \right) (Q\underline{r}, -1) - n_1 (\underline{s}_{x1y1}, 1)$$

$$= n_2 \left(Q\underline{r} \cdot (\underline{s}_{x2y2}) - 1 \right) (Q\underline{r}, -1) - n_2 (\underline{s}_{x2y2}, 1) \ . \tag{19}$$

Gemäß der linearen Näherung sind die quadratischenTerme zu vernachlässigen, es folgt

$$-(n_1 Q\underline{r} + n_1 \underline{s}_{x1y1} , \ -n_1 \underline{s}_{x1y1} \cdot Q\underline{r}) = -(n_2 Q\underline{r} + n_2 \underline{s}_{x2y2} , \ -n_2 \underline{s}_{x2y2} \cdot Q\underline{r}) , \tag{20}$$

wobei die Gleichung für die zweiten Komponenten automatisch wegen des skalaren Snelli-usschen Brechungsgesetzes erfüllt ist. Die Gleichung für die ersten Komponenten liefert

$$n_1 \underline{s}_{x1y1} + n_1 Q\underline{r} = n_2 \underline{s}_{x2y2} + n_2 Q\underline{r}$$

$$n_1 \underline{s}_{x1y1} = (n_2 - n_1) Q\underline{r} + n_2 \underline{s}_{x2y2} \ . \tag{21}$$

Da der Vektor $(n_1 s_{xi}, n_2 s_{yi})$ dem Vektor $(n_1 dx/dz, n_2 dy/dz)$ entspricht, ergibt sich aus obiger Gleichung das gesuchte Matrixgesetz:

$$\lim_{\delta z \to 0} \begin{pmatrix} \underline{r}(z_0 + \delta z) \\ n_2 \dfrac{d\underline{r}}{dz}(z_0 + \delta z) \end{pmatrix} = \begin{pmatrix} \mathbb{I} & 0 \\ -(n_2 - n_1) Q & \mathbb{I} \end{pmatrix} \begin{pmatrix} \underline{r}(z_0) \\ n_1 \dfrac{d\underline{r}}{dz}(z_0) \end{pmatrix} \ . \tag{22}$$

Aus der physikalischen Tatsache, daß sich alle optischen Transformationen aus freier Propagation und Brechung zusammensetzen lassen, ist klar, daß die Abbildungen der zwei- oder mehrdimensionalen linearen Optik durch Matrizen der Form

$$\begin{pmatrix} \mathbb{I} & Z \\ 0 & \mathbb{I} \end{pmatrix} , \quad \begin{pmatrix} \mathbb{I} & 0 \\ P & \mathbb{I} \end{pmatrix} \tag{23}$$

erzeugt werden, wobei **Z** und **P** symmetrisch sein müssen. Vom mathematischen Standpunkt aus gesehen erzeugen 4x4 Matrizen dieser Form jedoch eine spezielle Gruppe [18], nämlich die Gruppe Sp(4,$\mathbb{R}$) der als linear *symplektisch* oder *kanonisch* bezeichneten Transformatio- nen. Diese Gruppe repräsentiert die eigentliche Symmetrie, welche linearen optischen Systemen inhärent ist. Was diese Transformationen mit den aus der Hamiltonschen Mechanik bekannten kanonischen Transformationen gemeinsam haben, wird sich an späterer Stelle ergeben.

2.2.3 Die symplektische Invariante in der Matrixoptik

Ein für alle weiteren Überlegungen wichtiger Punkt ist, daß die symplektische Symmetriestruktur äquivalent zur Existenz einer Invarianten ist. Für den hier vorliegenden speziellen Fall der Matrixgruppe Sp(4,$\mathbb{R}$) bedeutet dies genauer, daß eine nicht entartete antisymmetrische Bilinearform

$$\omega \ : \ \mathbb{R}^4 \ x \ \mathbb{R}^4 - \ \mathbb{R} \ , \ (u,v) \ \rightarrow \ \omega(u,v) \tag{24}$$

existiert[5], die invariant unter den Transformationen u→Mu, M∈Sp(4,$\mathbb{R}$) ist:

$$\omega(Mu,Mv) \ = \ \omega(u,v) \ \forall \ M \in Sp(4,\mathbb{R}) \quad . \tag{25}$$

Bekanntlich gehört zu jeder nicht entarteten antisymmetrischen Bilinearform eine eindeutig bestimmte antisymmetrische reguläre Matrix J∈M(4,$\mathbb{R}$), so daß gilt [19]

$$\omega(u,v) \ = \ (u\,|\,Jv) \quad \forall u,v \in \mathbb{R}^4 \quad . \tag{26}$$

Aus $\omega(u,v)=-\omega(v,u)$ folgt $J^T=-J$ und damit $\det(J^T)=(-1)^n\det(J)$ in einem n-dimensionalen Raum, so daß eine von Null verschiedene symplektische Form nur auf Räumen gerader Dimension auftreten kann, was in der Optik stets gegeben ist, da Orts- und Richtungskoordinaten immer symmetrisch auftreten. In nicht entarteten symplektischen Räumen, d.h. Vektorräumen, auf denen eine nicht entartete symplektische Form definiert ist, läßt sich bei gerader Dimension 2n immer eine Basis finden [18], bzgl. derer die symplektische Matrix J folgende Form hat

$$J \ = \ \begin{pmatrix} 0 & \mathbb{I} \\ -\mathbb{I} & 0 \end{pmatrix} \quad . \tag{27}$$

Auf der Ebene der Matrizen läßt sich die Invarianzeigenschaft (25) deshalb wie folgt formulieren

$$(u\,|\,Jv) \ = \ \omega(u,v) \ = \ \omega(Mu,Mv) \ = \ (u\,|\,M^TJMv) \quad \forall u,v \tag{28}$$

$$\Rightarrow \ M^TJM \ = \ J \quad .$$

Ordnet man im zweidimensionalen Fall die Orts- und Winkelkoordinaten eines Strahlvektors gemäß (x,nx',y,ny'), so führt Gl. (28) für eine optische ABCD-Matrix

---

[5] Eine Biliearform ω heißt nicht entartet, wenn aus $\omega(u,v)=0$ für alle v folgt, u=0.

$$M = \begin{pmatrix} A & B \\ C & D \end{pmatrix}$$

mit 2x2 Untermatrizen A, B, C, D auf die bekannten Bedingungen [16]

$$A^T C = C^T A \quad , \quad B^T D = D^T B \quad , \quad DC^T = CD^T \quad , \quad BA^T = AB^T$$
$$A^T D - C^T B = \mathbb{I} = AD^T - BC^T \quad . \tag{30}$$

Die Gln. (28) und (30) stellen formal das mit der symplektischen Symmetrie geometrisch optischer Systeme einhergehende Erhaltungsgesetz dar.

Es erhebt sich im weiteren die Frage, ob diese Symmetriestruktur auch in der allgemeinen geometrischen Optik vorherrscht, wo für trigonometrische Winkelfunktionen keine lineare Näherung mehr gemacht wird. Diese Frage ist insofern bedeutsam für die weitere Entwicklung der Theorie, als die allgemeine geometrische Optik im Gegensatz zur linearen und Gaußschen Optik auch sämtliche Aberrationen einschließt. Wenn also auch allgemeine geometrisch optische Systeme die symplektische Symmetriestruktur aufweisen, so sind die Voraussetzungen gegeben, um die Symmetriestruktur als solche zum methodischen Ausgangspunkt zu nehmen und wichtige Resultate der Laseroptik im Lichte gruppentheoretischer Resultate zu interpretieren.

Daß die symplektische Symmetrie tatsächlich auch der allgemeinen geometrischen Optik inhärent ist, ist nicht unmittelbar einsichtig. Die Argumentation ist hier etwas subtiler, da allgemein geometrisch optische Abbildungen im Rahmen der Theorie von Differentialformen zu diskutieren sind.

2.3   Die Symmetriestruktur der allgemeinen geometrischen Optik

In den letzten Kapiteln wurde der Übergang von der Maxwellschen Wellenoptik zur linearen geometrischen bzw. zur Matrixoptik dargelegt. Es ergab sich, daß die optischen Matrizen eine Gruppenstruktur aufweisen, ohne daß deren tieferer physikalischer Ursprung klargeworden wäre. Es wurde jedoch erwähnt, daß sich alle denkbaren linearen geometrisch optischen Systeme formal aus der Kombination von Segmenten freier Propagation sowie sphärischer Oberflächen aufbauen lassen. Die Matrizen sphärischer Oberflächen lassen sich jedoch geometrisch optisch auf die Matrizen einer gewöhnlichen Brechung reduzieren. Hierzu betrachte man einen Strahl im Abstand x_0 zur optischen Achse. Dieser treffe auf ein Segment einer abbildenden Oberfläche, das die lokale Neigung $x_0'(x_0)$ gegen die Beobachtungsebene habe. Die Abbildung M des Strahlvektors $(x_0, n x_0')$, interpretiert als Brechung, ergibt sich dann schrittweise, indem zunächst eine (Dreh-) Transformation in das um die lokale Steigung x_0' gedrehte Bezugssystem erfolgt, sodann der Durchgang durch die Fläche und schließlich die Rücktransformation in das ursprüngliche Bezugssystem:

$$M = \lim_{\delta z \to 0} \begin{pmatrix} 1 & 0 \\ n_2 \dfrac{x_0'}{x_0} & 1 \end{pmatrix} \begin{pmatrix} 1 & \delta z \\ 0 & 1 \end{pmatrix} \begin{pmatrix} 1 & 0 \\ -n_1 \dfrac{x_0'}{x_0} & 1 \end{pmatrix} = \begin{pmatrix} 1 & 0 \\ (n_2 - n_1) \dfrac{x_0'}{x_0} & 1 \end{pmatrix} \ . \tag{31}$$

Da x_0'/x_0 paraxial parabolisch unabhängig von x_0 ist und somit gerade die Krümmung der Oberfläche darstellt, entspricht die Matrix M genau der Matrix einer abbildenden sphärischen Oberfläche mit Krümmungsradius x_0/x_0'. In gleicher Weise geht die freie Propagation aus dem Durchgang durch ein brechendes Medium hervor ($n_1 \to n_2$ in Gl.(31)); deshalb erweist sich die Brechung als die allgemeinst mögliche optische Transformation, die jedem geometrisch optischen System zugrundeliegt.

Für die Strahlpropagation durch brechende Medien existiert nun aber ein fundamentales *physikalisches* Extremalprinzip, nämlich das Fermatsche Prinzip der extremalen Lichtwege. Und tatsächlich stellt dieses die tiefere physikalische Ursache für die besondere Symmetriestruktur nicht nur der linearen, sondern auch der allgemeinen geometrischen Optik dar.

Hierzu ist zu beachten, daß ein geometrisch optisches Medium vollständig durch seine Brechungsindexverteilung $n(x,y,z)$ charakterisiert ist. Gemäß dem Fermatschen Prinzip erfüllt jede wahre optische Trajektorie γ in einem solchen Medium die Variationsbedingung

$$\begin{aligned} 0 &= \delta \int_\gamma n\big(x(s),\ y(s),\ z(s),\ x'(s),\ y'(s),\ z'(s)\ \big)\ ds \\ &\approx \delta \int_\gamma n\big(x(z),\ y(z),\ z,\ x'(z),\ y'(z)\ \big)\ dz\ , \end{aligned} \tag{32}$$

wobei δ für die Variationsableitung steht. Der Brechungsindex spielt die Rolle einer Lagrangefunktion L in der klassischen Mechanik [20], wo sich aus obigem Variationsprinzip sämtliche Bewegungsgleichungen ergeben. Im weiteren werde die Funktion $n(x,y,z,x',y')$ ebenfalls mit $L(x,y,z,x',y')$ bezeichnet, um die Analogie mit der Mechanik zu verdeutlichen. Die Lagrangefunktion L ist mit der zugehörigen Hamiltonfunktion H [20] verknüpft über die Beziehung

$$L(x,y,z,x',y') = x p_x + y p_y - H(x,y,p_x,p_y,z)\ , \tag{33}$$

wobei die sog. verallgemeinerten Impulse p_x, p_y definiert sind durch

$$p_x = \frac{\partial L}{\partial x'} \quad , \quad p_y = \frac{\partial L}{\partial y'} \quad . \tag{34}$$

Ist nun γ^* die optische Trajektorie γ, ausgedrückt in den Koordinaten (x,y,z,p_x,p_y)[6], dann lautet das Variationsintegral (32)

$$\delta \int_{\gamma^*} (p_x \, dx + p_y \, dy - H \, dz) = 0 \quad , \tag{35}$$

wobei bereits die in der Differentialgeometrie übliche Schreibweise für ein Kurvenintegral verwendet wurde, denn mathematisch gesprochen stellt obiges Integral das Integral der Differentialform $\theta = p_x dx + p_y dy - H dz$ längs der Kurve γ^* dar. Für den mathematischen Hintergrund der folgenden Argumentation sei auf [23] verwiesen.

Da γ^* eine wahre optische Trajektorie ist, erfüllt sie das Variationsprinzip (32), was wiederum äquivalent ist zur Gültigkeit der Hamiltonschen kanonischen Gleichungen [20]

$$x' = \frac{\partial H}{\partial p_x} \quad , \quad y' = \frac{\partial H}{\partial p_y} \quad ,$$

$$p_x' = -\frac{\partial H}{\partial x} \quad , \quad p_y' = -\frac{\partial H}{\partial y} \quad . \tag{36}$$

Die weitere Argumentation zielt auf die Anwendung des allgemeinen Stokesschen Integralsatzes ab, der als Verallgemeinerung des Hauptsatzes der gewöhnlichen Differential- und Integralrechnung die Rückführung des Integrals einer abgeleiteten Differentialform über eine Menge M auf ein Randintegral der ursprünglichen Differentialform gestattet. Deshalb wird zunächst die äußere Ableitung $d\theta$ der Form θ berechnet. Es folgt aus Gl.(35) und (36)

$$
\begin{aligned}
d\theta &= dp_x \wedge dx + dp_y \wedge dy - dH \wedge dz \\
&= dp_x \wedge dx + dp_y \wedge dy - \left(\frac{\partial H}{\partial x} dx + \frac{\partial H}{\partial y} dy + \frac{\partial H}{\partial p_x} dp_x + \frac{\partial H}{\partial p_y} dp_y \right) \wedge dz \quad .
\end{aligned}
\tag{37}
$$

Längs einer wahren Trajektorie γ^* führt die Auswertung der 2-Form (37) auf der Kurventangenten $(x',y',1,p_x',p_y')$ mit Gl.(37) auf

---

[6]Der Übergang von den Koordinaten (x,y,z,x',y') zu den Koordinaten (x,y,z,p_x,p_y) erfolgt durch eine Legendre Transformation [21][22].

$$< d\theta \,|\,(x',y',1,p_x',p_y') > \; = \; p_x'dx \; - \; x'dp_x \; - \; \frac{\partial H}{\partial x}x'dz \; - \; \frac{\partial H}{\partial p_x}p_x'dz \; + \; \frac{\partial H}{\partial x}dx \; + \; \frac{\partial H}{\partial p_x}dp_x$$

$$+ \; p_y'dy \; - \; y'dp_y \; - \; \frac{\partial H}{\partial y}y'dz \; - \; \frac{\partial H}{\partial p_y}p_y'dz \; + \; \frac{\partial H}{\partial y}dy \; + \; \frac{\partial H}{\partial p_y}dp_y \tag{38}$$

$$= \; 0 \quad .$$

Somit ist dθ eine *alternierende 2-Form*[7] bzw. eine *symplektische Form*, die über das Fermatsche Prinzip insofern mit der geometrisch optischen Propagation verknüpft ist, als sie längs der optischen Trajektorien verschwindet.

Um die symplektische Symmetrie der geometrischen Optik zu demonstrieren, ist demnach nur die Invarianz der symplektischen Form dθ unter optischen Transformationen zu zeigen. Diese aber folgt direkt aus dem Stokesschen Integralsatz [23].

Sei hierzu N die 5-parametrige Mannigfaltigkeit $\{x,y,z,p_x,p_y\}$, die aus der Menge aller optischen Trajektorien zwischen den Hyperebenen z=0 und z=1 im Phasenraum (ohne Zwischenfokus) gebildet wird. Bezeichnen die Ränder ∂N_1 und ∂N_2 von N die Start- und Zielebene der Trajektorien, so stellt die geometrisch optische Abbildung zwischen diesen beiden Ebenen als eindeutige Lösung einer Differentialgleichung einen Diffeomorphismus A dar, d.h. $A\partial N_1 = \partial N_2$. Integriert man nun die äußere Ableitung d(dθ) von dθ über N, so folgt mit dem allgemeinen Stokesschen Integralsatz

$$0 \; = \; \int_N d(d\theta) \; = \; \int_{\partial N} d\theta \; = \; \int_{\partial N_2 = A\partial N_1} d\theta \; - \; \int_{\partial N_1} d\theta \; = \; \int_{\partial N_1} (A^*d\theta - d\theta) \quad . \tag{39}$$

Das erste Gleichheitszeichen ergibt sich aus der für jede Differentialform θ gültigen Beziehung ddθ=0 [23], das zweite aus dem Stokesschen Integralsatz, das dritte entspricht der Zerlegung des Randes ∂N von N in Start- und Zielebene ∂N_1 und ∂N_2 sowie die durch die Randtrajektorien definierte Mantelfläche ∂N_3 des Trajektorienbündels. Letztere tritt jedoch nicht in Erscheinung, weil sie Tangentialfläche der Trajektorien ist und das entsprechende Integral gemäß Gl.(38) verschwindet. Die letzte Gleichung resultiert aus einer Koordinatentransformation, d.h. dem Rücktransport der Differentialform dθ von ∂N_2 nach ∂N_1. Da die Gln.(38) für beliebige Stahlmannigfaltigkeiten N gelten, folgt $A^*d\theta$=dθ, d.h. die Invarianz von dθ unter der optischen Abbildung A.

Es sei im Hinblick auf die Aussagen im folgenden Kapitel darauf hingewiesen, daß sich die

---

[7]Die Antisymmetrie ergibt sich aus der Antisymmetrie des Dachproduktes "$\wedge$".

Argumentation im Zusammenhang von Gl.(39) auch dahingehend umkehren läßt, daß aus der Symplektizität einer optischen Abbildung die Gültigkeit der Hamiltonschen kanonischen Gleichungen folgt. Denn Gl.(39) von rechts nach links gelesen besagt, daß die Form $d\theta$ auf der durch die Randtrajektorien gebildeten Teilfläche von N verschwinden muß, woraus folgt, daß für jeden Tangentialvektor $\underline{t}$ längs einer Trajektorie $<d\theta,\underline{t}>=0$ gelten muß. Dies wiederum ist nach Gleichung (38) äquivalent zur Gültigkeit der kanonischen Gleichungen für die Hamiltonfunktion H bzw. die Gültigkeit des Fermatschen Prinzips.

Die obigen Betrachtungen lassen sich deshalb wie folgt zusammenfassen:

Das Fermatsche Prinzip entspricht mechanisch dem Extremalprinzip der kleinsten Wirkung. Aus ihm folgt, daß eine bestimmte, in einer Ebene z=const. betrachtete symplektische Form, nämlich $d\theta=(dx\wedge dp_x+dy\wedge dp_y)$ invariant ist unter allgemeinen geometrisch optischen Transformationen, und daß diese Invarianz äquivalent zur Gültigkeit der Hamiltonschen kanonischen Gleichungen (36) ist. Somit ist eine beliebige (auch nichtlineare) geometrisch optische Abbildung symplektisch, und die tiefere physikalische Ursache dieser Symmetrie liegt im Fermatschen Prinzip begründet.

Es soll nun gezeigt werden, wie für den Spezialfall der linearen geometrischen Optik die Form $d\theta$ in die wohlbekannte symplektische Form aus der Matrixoptik übergeht. Hierzu werde eine optische Abbildung durch eine symplektische Matrix M beschrieben, d.h.

$$\begin{pmatrix} x_2 \\ y_2 \\ p_{x2} \\ p_{y2} \end{pmatrix} = M \cdot \begin{pmatrix} x_1 \\ y_1 \\ p_{x1} \\ p_{y1} \end{pmatrix} = \begin{pmatrix} A & B \\ C & D \end{pmatrix} \cdot \begin{pmatrix} x_1 \\ y_1 \\ p_{x1} \\ p_{y1} \end{pmatrix} . \tag{40}$$

Wenn die Differentialform $d\theta$ unter der durch M beschriebenen Abbildung invariant bleiben soll, so bedeutet dies

$$d\theta_2 = dx_2 \wedge dy_2 + dp_{x2} \wedge dp_{y2} \equiv dx_1 \wedge dy_1 + dp_{x1} \wedge dp_{y1} = d\theta_1 . \tag{41}$$

Es gilt mit der Notation $(x',y',p_x',p_y')=(u^1,u^2,u^3,u^4)$

$$
\begin{aligned}
d\theta_2 &= du_2^1 \wedge du_2^3 + du_2^2 \wedge du_2^4 \\[2mm]
&= \sum_{i,j=1}^{4} \frac{\partial u_2^1}{\partial u_1^i} \frac{\partial u_2^3}{\partial u_1^j} du_1^{\,i} \wedge du_1^{\,j} + \sum_{i,j=1}^{4} \frac{\partial u_2^2}{\partial u_1^i} \frac{\partial u_2^4}{\partial u_1^j} du_1^{\,i} \wedge du_1^{\,j} \\[2mm]
&= \sum_{i,j=1}^{4} \left(M_{1i} M_{3j} + M_{2i} M_{4j} \right) du_1^{\,i} \wedge du_1^{\,j} \\[2mm]
&= \sum_{i,j \le 2} \left(A_{1i} C_{1j} + A_{2i} C_{2j} \right) du_1^{\,i} \wedge du_1^{\,j} \\[1mm]
&\quad + \sum_{i \le 2,\, j \in \{3,4\}} \left(A_{1i} D_{1(j-2)} + A_{2i} D_{2(j-2)} \right) du_1^{\,i} \wedge du_1^{\,j} \\[1mm]
&\quad + \sum_{i \in \{3,4\},\, j \le 2} \left(B_{1(i-2)} C_{1j} + B_{2(i-2)} C_{2j} \right) du_1^{\,i} \wedge du_1^{\,j} \\[1mm]
&\quad + \sum_{i,j \in \{3,4\}} \left(B_{1(i-2)} D_{1(j-2)} + B_{2(i-2)} D_{2(j-2)} \right) du_1^{\,i} \wedge du_1^{\,j} \; .
\end{aligned}
\tag{42}
$$

Setzt man nun wieder $(u^1, u^2, u^3, u^4) = (x, y, p_x, p_y)$ in die Differentiale ein und sortiert nach den 2-Formen $dx \wedge dp_x$, $dx \wedge dp_y$ usw., so folgt unter Verwendung der Gln.(30) $d\theta_2 = d\theta_1$, also die Invarianz der symplektischen Form $d\theta$. Überdies nimmt die Form $d\theta$ die aus der Matrixoptik wohlbekannte Gestalt an, wenn sie auf zwei Tangentialvektoren u_1 und u_2 im Phasenraum angewandt wird. Es gilt dann [23]

$$
< dx \wedge dp_x , (u_1, u_2) > = \det \begin{pmatrix} <dx,u_1> & <dx,u_2> \\ <dp_x,u_1> & <dp_x,u_2> \end{pmatrix} = x_1' p_{x2}' - x_2' p_{x1}' \; .
\tag{43}
$$

In entsprechender Weise gilt:

$$
< dy \wedge dp_y , (u_1, u_2) > = \det \begin{pmatrix} <dy,u_1> & <dy,u_2> \\ <dp_y,u_1> & <dp_y,u_2> \end{pmatrix} = y_1' p_{y2}' - y_2' p_{y1}' \; .
\tag{44}
$$

Aus den Gln. (43) und (44) folgt

$$
<d\theta,(u_1,u_2)> = x_1' p_{x2}' - x_2' p_{x1}' + y_1' p_{y2}' - y_2' p_{y1}' = \begin{pmatrix} x_1' \\ y_1' \\ p_{x1}' \\ p_{y1}' \end{pmatrix}^T * \begin{pmatrix} 0 & 0 & 1 & 0 \\ 0 & 0 & 0 & 1 \\ -1 & 0 & 0 & 0 \\ 0 & -1 & 0 & 0 \end{pmatrix} * \begin{pmatrix} x_2' \\ x_2' \\ p_{x2}' \\ p_{y2}' \end{pmatrix} \; .
\tag{45}
$$

Auf der rechten Seite von Gleichung (45) steht die symplektische Matrix der linearen Optik (vgl. Gl. (27)), womit gezeigt ist, daß die Form $d\theta$ zu der an früherer Stelle definierten, durch die Matrix J bestimmten symplektischen Form äquivalent ist.

Nachdem die Symmetriestruktur der geometrischen Optik ausreichend dargelegt wurde, soll nun auf diejenigen Objekte eingegangen werden, die den engen Bezug zwischen linearer geometrischer Optik und paraxialer Wellenoptik herstellen.

2.4 Die Charakteristiken als Bindeglied zwischen der linearen geometrischen Optik und der paraxialen Wellenoptik

Es wurde in den letzten Abschnitten rekapituliert, wie die geometrische Optik aus der allgemeinen Maxwellschen Wellenoptik hervorgeht und daß ihr durch die Gültigkeit des Fermatschen Prinzips die symplektische Symmetriestruktur inhärent ist.

Symmetrien sind stets geeignet, um Formalismen zu reduzieren und, was im Hinblick auf die Gewinnung von geeigneten Meßgrößen sehr wichtig ist, Invarianten zu finden, die ein System in einem bestimmten Zustand charakterisieren.

In dieser Arbeit sollen die Grundlagen zur Charakterisierung von Laserstrahlung analysiert und darauf aufbauend Meßverfahren etabliert werden. Um in diesem Sinne die bisherigen Resultate nutzen zu können, ist im folgenden zu klären, in welcher Weise sich die in der geometrischen Optik manifestierende symplektische Symmetrie in der nächst allgemeineren Beschreibungsebene, nämlich der paraxialen Wellenoptik, widerspiegelt. Dies muß in irgend einer Weise der Fall sein, da jede Eigenschaft der geometrischen Optik auch der sie umfassenden wellenoptischen Theorie zu eigen sein muß.

Der formale Verknüpfungspunkt zwischen der linearen geometrischen Optik und der paraxialen Wellenoptik soll im folgenden herausgearbeitet werden. Dies dient einerseits dem Ziel, die oben aufgeworfene Frage nach den wellenoptischen Aspekten der symplektischen Symmetrie zu beantworten, zum anderen aber werden damit auch die Grundlagen geschaffen, um die paraxiale Optik rein algebraisch zu interpretieren, um mit Methoden der Quantenmechanik schließlich zu einem Formalismus zu gelangen, der direkt zur Etablierung theoretisch begründeter und einfach handhabbarer Meßverfahren führt.

Bei der Aufklärung des Zusammenhanges zwischen der geometrischen Optik und der paraxialen Wellenoptik spielt der Begriff der optischen Charakteristik eine zentrale Rolle. Charakteristiken wurden bereits von Hamilton im Rahmen der von ihm entwickelten analytischen Theorie der klassischen Mechanik eingeführt. Hierbei sollte erwähnt werden, daß sich die klassische Mechanik und die geometrische Optik formal gar nicht voneinander trennen lassen, da alle Eigenschaften der Theorien sich aus ein und demselben physikalischen Prinzip der extremalen Wirkung ergeben. Der Unterschied liegt nur darin begründet, daß die Lagrangefunktionen der Optik (Brechungsindexfunktion) und der Mechanik (Differenz zwischen kinetischer und potentieller Energie für konservative Systeme) physikalisch völlig unterschiedlich interpretiert werden und daß die Zeitkoordinate in der Mechanik durch die z-

Koordinate in der geometrischen Optik zu ersetzen ist.

Charakteristiken sind in der Mechanik Funktionen, die sogenannte kanonische Transformationen erzeugen, d.h. Transformationen, die die jeweilige Orts- ,Impuls- und Hamiltonfunktion eines Systems so transformieren, daß auch im neuen System die Hamiltonschen kanonischen Gleichungen gelten. Wegen der angesprochenen formalen Äquivalenz zwischen klassischer Mechanik und geometrischer Optik müssen die Charakteristiken auch optisch eine bestimmte Klasse von Transformationen mit entsprechenden Erhaltungseigenschaften erzeugen; es liegt nahe, daß diese Erhaltungseigenschaften direkt mit der symplektischen Symmetrie korreliert sind.

Hier soll methodisch nun so vorgegangen werden, daß die optische Bedeutung der Charakteristiken vorweggenommen wird, um hieraus die Klasse der für die Optik in Frage kommenden Charakteristiken zu berechnen und schließlich den Zusammenhang mit der symplektischen Symmetrie aufzuzeigen.

Die optische Bedeutung der Charakteristiken als Funktionen auf dem optischen Phasenraum[8] gründet darin, daß der Funktionswert für jedes Punktepaar den dazwischenliegenden optischen Weg beschreibt [24].

Es sei im folgenden zur Vereinfachung $\underline{q}=\underline{r}(z)$, $\underline{p}=n\underline{r}'(z)$ gesetzt. Jedes lineare System wird dann durch eine geeignete optische ABCD-Matrix beschrieben

$$\begin{pmatrix} q_1 \\ p_1 \end{pmatrix} \rightarrow \begin{pmatrix} A & B \\ C & D \end{pmatrix} \begin{pmatrix} q_1 \\ p_1 \end{pmatrix} . \tag{46}$$

Bei einer echten Propagation über eine Strecke $z \neq 0$ ist die Matrix B regulär, wobei die Bezeichnung "echte Propagation" bedeuten soll, daß die optische Transformation nicht zwischen konjugierten Ebenen stattfinden soll [25].

Was die allgemeine Gestalt der optischen Charakteristiken anbelangt, so sei daran erinnert, daß Gl.(46) sich aus der geometrischen Differentialgleichung $\underline{t}(\underline{r})=n(\underline{r})d\underline{r}/ds=\text{grad } n(\underline{r})$ ergibt. Es gilt deshalb $\text{rot}(n(\underline{r})d\underline{r}/ds)=0$ und die Funktion

---

[8]Der optische Phasenraum ist der durch die Menge aller Punkte $(x_1,..,x_{2n},p_{x1},...,p_{x2n})$ eines n-dimensionalen optischen Systems aufgespannte Raum, wobei $p_{xi}=nx_i'$ gilt. Im Falle der linearen geometrischen Optik stellt jeder Punkt des Phasenraumes einen möglichen Strahlvektor dar (vgl. Gl. (12)).

$$W_{q_0 q_1} : (\alpha_0, \alpha_1) \to \int_{s_0}^{s_1} n(\underline{r}(s)) \frac{d\underline{r}}{ds} \, ds \qquad (47)$$

wird wohldefiniert. Jedem konkreten Wertepaar (α_0, α_1) entspricht ein Paar von Kurvenpunkten $(\underline{r}(\alpha_0), \underline{r}(\alpha_1))$ der optischen Trajektorie. Die Funktion $W_{q_0 q_1}$ liefert somit für jedes Wertepaar (α_0, α_1) den optischen Weg zwischen den entsprechenden Kurvenpunkten und entspricht deshalb genau der Charakteristik. Ihre konkrete Gestalt soll im folgenden in der linearen optischen Näherung berechnet werden.

2.4.1 Die Charakteristiken der freien Propagation und der Brechung an einer sphärischen Grenzfläche

Der Start- und Endpunkt der freien Propagation über die geometrische Strecke B seien gemäß Bild 2 durch $q_1 = (x_1, y_1)$ und $q_2 = (x_2, y_2)$ gegeben.

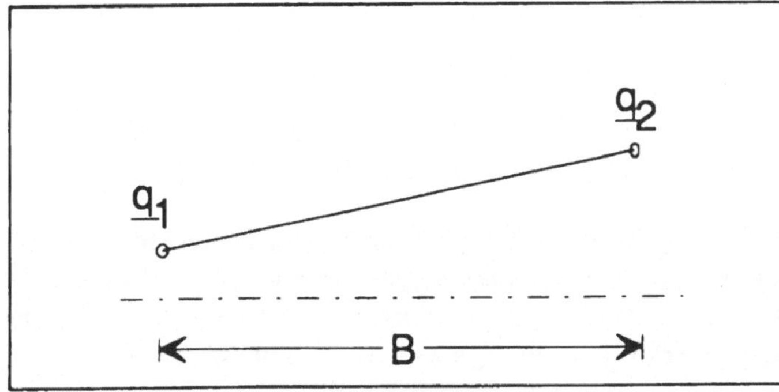

Bild 2: Zur Charakteristik der freien Propagation.

Für die Länge $W_{q_1 q_2}$ des optischen Weges zwischen den beiden Punkten ergibt sich unmittelbar

$$W_{q_1 q_2} = n(B^2 + (q_2 - q_1)^2)^{\frac{1}{2}} = nB\left(1 + \frac{(q_2 - q_1)^2}{2B^2}\right)$$
$$= nB + \frac{n}{2}\frac{(q_2 - q_1)^2}{B} \quad . \qquad (48)$$

Da der Winkelvektor in obiger Abbildung gegeben ist durch $p_2 = n(q_2 - q_1)/B = p_1$ läßt sich Gl.(49) auch schreiben als

$$W_{q1q2} = nB + \frac{1}{2}(p_2 q_2 - p_1 q_1) \ . \tag{49}$$

Im folgenden werde der Durchgang eines Strahles durch eine brechende sphärische Oberfläche gemäß Bild 3 betrachtet:

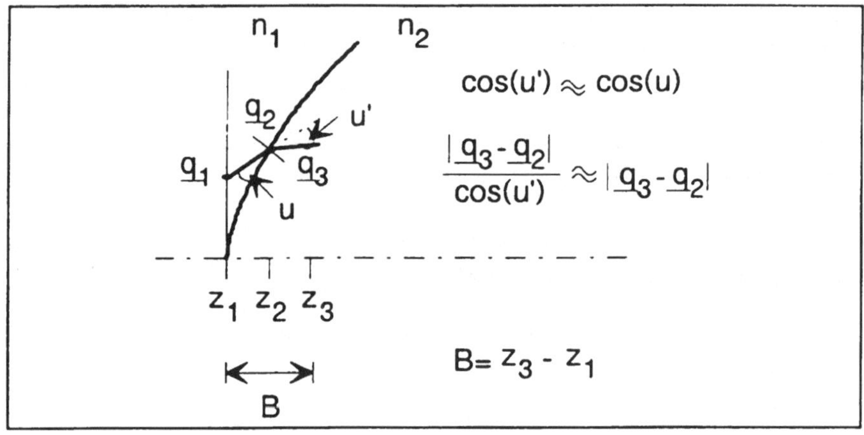

Bild 3: Zur Charakteristik der Brechung an einer Oberfläche.

Würde der Strahl frei zwischen den Ebenen z_1 und z_3 propagieren, so wäre die Charakteristik W_{q1q3} in linearer Näherung durch Gl. (48) gegeben. Infolge der unterschiedlichen Brechungsindizes vor und hinter der Oberfläche ist jedoch noch ein die unterschiedlichen Weglängen berücksichtigender Korrekturterm zu ergänzen, so daß gilt

$$\begin{aligned}
W_{q1q3} &\approx \frac{n_2}{2}\frac{(q_3-q_1)^2}{B} - (n_2-n_1)(z_2-z_1) \\
&= \frac{n_2}{2}\frac{(q_3-q_1)^2}{B} - \frac{(n_2-n_1)}{2}q_1^T Q q_1 \ .
\end{aligned} \tag{50}$$

Hierbei wurde die quadratische Flächengleichung $z(q)=\frac{1}{2}q^T Q q$ verwendet. Setzt man die Abbildungsgleichung (31) für eine brechende Oberfläche ein, so folgt

$$W_{q1q3} = \frac{n_2}{2}\frac{(q_3 - q_1)^2}{B} + \frac{1}{2}(p_2 - p_1)^T q_1 \quad . \tag{51}$$

Weil hier in Analogie zur dünnen Linse nur die dünne brechende Oberfläche betrachtet werden soll, ist in Gleichung (51) noch der Limes B→0 zu vollziehen. Der Abstandsvektor $(q_2 - q_1)$ geht proportional zu B gegen 0, so daß gilt

$$\lim_{B\to 0} W_{q1q3} = \frac{1}{2}(p_3 q_3 - p_1 q_1) = \frac{1}{2}(p_2 q_2 - p_1 q_1) = \lim_{B\to 0} W_{q1q2}. \tag{52}$$

Wie bereits an früherer Stelle gesagt, lassen sich aus den beiden betrachteten Fällen alle weiteren optischen Systeme ableiten. Die Funktion W_{q1q2} zeigt beidesmal dieselbe funktionale Gestalt. Um zu sehen, daß diese funktionale Gestalt auch für allgemeine optische Systeme vorliegt, ist zu zeigen, daß die Zusammensetzung zweier Systeme des obigen Typs in der Addition der entsprechenden Chartakteristiken resultiert; dies ist aber aus deren funktionaler Gestalt unmittelbar evident.

Für ein beliebiges lineares optisches System läßt sich somit folgendes Resultat festhalten: Die Charakteristiken, welche die optische Wegdifferenz zwischen zwei durch eine optische Trajektorie verbundenen Punkten im Phasenraum beschreiben, haben folgende allgemeine Gestalt

$$W_{q1q2} = L_{achse} + \frac{1}{2}(p_2 q_2 - p_1 q_1) \quad . \tag{53}$$

Der Term L_{achse} bezeichnet hierbei den optischen Wegunterschied längs der optischen Achse.

Es sei an dieser Stelle angemerkt, daß eine Charakteristik tatsächlich immer nur von zwei vektorwertigen Variablen abhängt, da in Gleichung (53) jeweils zwei von vier Vektoren mit Hilfe der optischen Abbildungsgleichungen eliminiert werden können. Die spezielle Form (53) der Charakteristiken mit ihren impliziten Variablenabhängigkeiten wurde nur gewählt, weil sie die Additivität der Charakteristiken für zusammengesetzte Systeme gut erkennen läßt.

Ist z.B. die Charakteristik der freien Propagation gemäß Gleichung (48) in Abhängigkeit von q_1 und q_2 gegeben, so erhält man p_1 und p_2 gemäß

$$p_1 = -\nabla_{q_1} W(q_1, q_2) \ , \ p_2 = \nabla_{q_2} W(q_1, q_2) \quad . \tag{54}$$

Für alle anderen möglichen Fälle ergibt sich die analoge Situation, daß die beiden Variablen, von denen die Funktion W nicht abhängt, durch partielle Ableitungen von W nach enspre-

chenden Argumenten berechnet werden können [20]. Insofern enthält W stets die *vollständige*
optische Information. Die verschiedenen funktionalen Abhängigkeiten von W werden
überdies durch die aus der klassischen Mechanik bekannte Legendre-Transformation ineinander überführt [21],[22].

Nach dieser physikalischen Beschreibung der optischen Charakteristiken soll nun auf deren
Bedeutung im Hinblick auf den Zusammenhang zwischen geometrischer Optik und paraxialer
Wellenoptik sowie ihre Beziehung zur symplektischen Symmetrie optischer Systeme einge-
gangen werden.

2.4.2 Die Charakteristiken als erzeugende Funktionen symplektischer Transformationen

Um die Rolle der Charakteristiken für symplektische bzw. kanonische Transformationen zu
verstehen, ist es nötig zu wissen, wodurch derartige Transformationen systematisch erzeugt
werden können. Dies soll kurz rekapituliert werden.

Die von einer symplektischen Transformation zu erfüllende Bedingung ist, daß an keiner
Stelle das Fermatsche Prinzip verletzt ist, oder äquivalent dazu, daß an jeder Stelle die
Hamiltonschen kanonischen Gleichungen (36) erfüllt sind. Werden also infolge einer sym-
plektischen Transformation die Variablen $\underline{q},\underline{p}$ sowie die Hamiltonfunktion $H(\underline{q},\underline{p},z)$ überführt
in $\underline{Q},\underline{P}$ und $K(\underline{Q},\underline{P},z)$, so müssen folgende Variationsbedingungen simultan erfüllt sein

$$\delta \int \left(\sum_i p_i q_i' - H(\underline{q},\underline{p},z) \right) dz = 0 \quad , \quad \delta \int \left(\sum_i P_i Q_i' - K(\underline{Q},\underline{P},z) \right) dz = 0 \quad . \quad (55)$$

Die obigen Integrale sind so zu interpretieren, daß über ein und denselben Pfad intregriert
wird, jedoch bezüglich unterschiedlicher Koordinatensätze. Für die Integranden bedeutet dies,
daß sie sich längs eines wahren optischen Pfades maximal um ein totales Differential dW/dz
unterscheiden dürfen. Denn dann gilt

$$\delta \int_1^2 \frac{dW}{dz} \, dz = \delta(W(2) - W(1)) = 0 \quad , \quad (56)$$

weil die Endpunkte der Pfade nicht variiert werden. Dies bedeutet demnach

$$\sum_i \left(p_i q_i' - H(\underline{q},\underline{p},z) \right) = \sum_i \left(P_i Q_i' - K(\underline{Q},\underline{P},z) \right) + \frac{dW}{dz} \quad . \quad (57)$$

Da in obiger Gleichung alle vier Vektoren $\underline{q},\underline{p},\underline{Q}$ und $\underline{P}$ involviert sind, hängt die Funktion W
i.a. auch von allen diesen Vektoren ab. Weil aber weiterhin die Vektoren $(\underline{q},\underline{p})$ und $(\underline{Q},\underline{P})$
über eine symplektische Transformation miteinander verknüpft sind, können wiederum
jeweils zwei der vier Vektorvariablen eliminiert werden. Von besonderem Interesse sind die

Fälle $W_1=W_1(\underline{q},\underline{P})$, $W_2=W_2(Q,\underline{p})$, $W_3=W_3(\underline{p},\underline{P})$ sowie $W_4=W_4(\underline{q},Q)$.

Setzt man in Gl. (57) z.B. die Funktion W_4 für W ein, so gilt zunächst

$$\frac{dW_4}{dz}(q,Q,z) = \sum_i \left(\frac{\partial W_4}{\partial q_i} q_i' + \frac{\partial W_4}{\partial Q_i} Q_i' \right) + \frac{\partial W_4}{\partial z} \ . \tag{58}$$

Die Gl. (57) ist demnach erfüllt, wenn gilt

$$p_i = \frac{\partial W_4}{\partial q_i} \ , \ P_i = -\frac{\partial W_4}{\partial Q_i} \ , \ H = K - \frac{\partial W_4}{\partial z} \ . \tag{59}$$

Umgekehrt läßt sich auch eine Funktion $W(\underline{q},Q)$ willkürlich vorgeben und mit Hilfe der Gln. (59) eine Transformation definieren, die dann automatisch symplektisch sein muß. Deshalb wird eine Funktion W des obigen Typs auch als erzeugende Funktion einer symplektischen Transformation bezeichnet. Die verschiedenen erzeugenden Funktionen lassen sich mit Hilfe von Legendre-Transformationen ineinander überführen [25].

Nach diesen Vorbereitungen lassen sich die optischen Charakteristiken leicht als Erzeugende entsprechender symplektischer Transformationen identifizieren. Für die Charakteristik der freien Propagation zeigt dies unmittelbar ein Vergleich der Gln. (54) und (59). Für die Charakteristik der Brechung an einer sphärischen Fläche verwendet man folgende sich aus Gl. (50) ergebende Darstellung

$$W(\underline{p},\underline{P}) = \frac{1}{2}(\underline{P} - \underline{p})^T \cdot K \cdot (\underline{P} - \underline{p}) \ , \ K = \frac{1}{(n_1-n_2)}Q^{-1} \ . \tag{60}$$

Berechnet man aus dieser Charakteristik die Vektoren $\underline{q}$ und Q gemäß $Q=\nabla_p W$, $\underline{q} = -\nabla_p W$, so ergibt sich unmittelbar die Abbildungsbeziehung für eine brechende Oberfläche. Letzterer Fall zeigt insbesondere, daß auch für den Fall $B=0$ eine Charakteristik existiert.

Die in den Gln. (48) und (52) berechneten Charakteristiken gehören zu den durch die ABCD-Matrizen

$$\begin{pmatrix} A & B \\ C & D \end{pmatrix} = \begin{pmatrix} 1 & B \\ 0 & 1 \end{pmatrix} \ bzw. \ \begin{pmatrix} A & B \\ C & D \end{pmatrix} = \begin{pmatrix} 1 & 0 \\ (n_1-n_2)Q & 1 \end{pmatrix} \tag{61}$$

bestimmten speziellen Propagationen. Für beliebige ABCD-Matrizen ergeben sich die Charakteristiken entsprechend der weiter oben erwähnten Additivitätseigenschaft für Charakteristiken. Die Wahl der unabhängigen Variablen in der Gesamtcharakteristik orientiert sich hierbei an den Singularitätseigenschaften der Untermatrizen der Gesamt-ABCD-Matrix.

Um im weiteren zu sehen, in welcher Weise die Charakteristiken in der paraxialen *Wellenoptik* auftauchen, geht man zunächst von der aus den Maxwellschen Gleichungen ableitbaren skalaren Helmholtzschen Wellengleichung

$$(\Delta + k^2)\, u = 0 \tag{62}$$

aus. Diese läßt sich mit Hilfe der zweiten Greenschen Identität in eine Integralgleichung für die freie Propagation konvertieren [26], welche die Gestalt

$$u(x_2) = \sqrt{\frac{-i}{\lambda z}} \int_{-\infty}^{\infty} u(x_1) \exp(-ik\,|(x_2,z_2)-(x_1,z_1)|)\, dx_1 \quad , \quad z = z_2 - z_1 \tag{63}$$

hat, wobei der Einfachheit halber ein eindimensionales optisches System verwendet wird. Die folgende Argumentation ist jedoch auch uneingeschränkt für höherdimensionale Systeme gültig. In der paraxialen oder Fresnel-Näherung werden im Exponenten des Integranden in Gl. (63) Terme von höherer als zweiter Ordnung vernachlässigt, so daß sich folgende Darstellung ergibt

$$u(x_2) = \sqrt{\frac{-i}{\lambda z}} \int_{-\infty}^{\infty} u(x_1)\, \exp\!\left[-i\frac{k}{2z}(x_2-x_1)^2\right] \exp(-ikz)\, dx_1 \quad , \quad z = z_2 - z_1 \quad . \tag{64}$$

Schreibt man den Exponenten in Gl. (64) als

$$-ik\, W_z(x_1,x_2) = -ik\left[\, z + \frac{(x_2-x_1)^2}{2z}\,\right] \quad , \tag{65}$$

so ist unmittelbar zu sehen, daß die Funktion $W_z(x_1,x_2)$ von der Form

$$W_z(x_1,x_2) = nB + \frac{n}{2B}(x_2 - x_1)^2 = nB + \frac{n}{2B}\left(Ax_1^2 - 2x_1x_2 + Dx_2^2\right) \quad ,$$

$$\begin{pmatrix} A & B \\ C & D \end{pmatrix} = \begin{pmatrix} 1 & z \\ 0 & 1 \end{pmatrix} \tag{66}$$

ist. Der Term hinter dem ersten Gleichheitszeichen zeigt, daß der Exponent des Integranden in Gl. (63) identisch ist mit der Charakteristik der freien Propagation. Dies ist ganz im Sinne des Huygensschen Prinzips, demgemäß die wellenoptische Propagation durch phasenrichtige

Überlagerung einzelner Kugelwellen einer Lichtquelle vonstatten geht, denn die Charakteristik im Exponenten von Gl. (63) beschreibt ja gerade den tatsächlich zwischen zwei Phasenraumpunkten realisierten optischen Weg. Weil diese Eigenschaft auch den Charakteristiken zukommt, die zu beliebigen anderen ABCD-Matrizen (d.h. nicht nur denen der freien Propagation) gehören können, läßt sich an dieser Stelle im Einklang mit dem Huygensschen Prinzip bereits verstehen, warum das Kirchhoff-Fresnel Integral einer beliebigen ABCD-Propagation von der Gestalt

$$u(x_2) = \sqrt{\frac{-i}{\lambda B}} \int_{-\infty}^{\infty} u(x_1) \exp\left[-ikB - \frac{ik}{2B}(Ax_1^2 - 2x_1x_2 + Dx_2^2)\right] dx_1 \qquad (67)$$

ist, falls $B \neq 0$. Im Fall $B = 0$ gilt dies dann für den entsprechenden Grenzwert. Dies soll im weiteren vorausgesetzt, jedoch erst an späterer Stelle gezeigt werden.

Im Hinblick auf die Frage der Lokalisierung der symplektischen Symmetrie in der Wellenoptik sei deshalb festgehalten, daß die Charakteristiken als Phasenfunktionen der Kugelwellenterme im Kirchhoff-Fresnel Integral auftreten. Deshalb findet die symplektische Symmetrie der geometrischen Optik ihren wellenoptischen Niederschlag darin, daß jedes zu einer bestimmten optischen Propagation gehörige Kirchhoff-Fresnel-Integral den kontinuierlichen Grenzfall einer phasenrichtig gewichteten Überlagerung von Kugelwellen darstellt, deren Phasen den optischen Wegen zwischen jeweils zwei durch eine symplektische Transformation miteinander verbundenen Phasenraumpunkten entsprechen. Diese Interpretation des Kirchhoff-Fresnel Integrales läßt bereits eine direkte Konsequenz der symplektischen Symmetrie erkennen: Aus der Gruppenstruktur der geometrisch optischen symplektischen Transformationen ist unmittelbar ersichtlich, daß das Ergebnis einer solchen Transformation nicht davon abhängen darf, ob letztere in einem Schritt erfolgt oder durch Hintereinanderausführung mehrerer Schritte vonstatten geht. Da sich, wie an früherer Stelle dargelegt, die Charakteristiken einzelner Propagationsschritte additiv verhalten, dürfen gemäß Gl. (53) die Phasenraumkoordinaten eines Zwischenpunktes in der Gesamtcharakteristik gar nicht in Erscheinung treten. Dies bedeutet schließlich nichts anderes, als daß die iterierte Hintereinanderausführung mehrerer Kirchhoff-Fresnel Integrale identisch sein muß mit dem einzelnen Kirchhoff-Fresnel Integral, das die aus den einzelnen Propagationsschritten gebildete Summencharakteristik enthält, welche wiederum nur von den Anfangs- und Endpunkten der involvierten Phasenraumtrajektorien abhängt. In dieser Weise überträgt sich der symplektische Gruppencharakter der geometrischen Optik auf die Wellenoptik. Dies ist ein zentraler Punkt der Theorie, der an späterer Stelle mit den geeigneten formalen Mitteln wieder aufgegriffen wird, und aus dem sich konkrete meßtechnische Konsequenzen für die Laserstrahldiagnostik ableiten lassen werden.

An dieser Stelle ist die Einordnung der paraxialen Wellenoptik und ihre Beziehung zur geometrischen Optik hinreichend dargelegt, um daraus einen algebraischen wellenoptischen Formalismus zu entwickeln, aus dem die Resultate dieser Arbeit abgeleitet werden sollen. Die Grundlagen des algebraischen Formalismus liegen in der Tatsache begründet, daß die Hamiltonsche Formulierung der klassischen Mechanik die theoretische Schnittstelle zwischen klassischer Mechanik und Quantenmechanik bildet. Dieser Übergang soll für die paraxiale Wellenoptik in ihrer Hamiltonschen Formulierung nachvollzogen werden. Auf diese Weise steht dann der formale Apparat der Quantenmechanik zur Verfügung, auf dessen Basis sich die paraxiale Wellenoptik unabhängig von konkreten Integraldarstellungen rein algebraisch behandeln läßt. Dies wird einen adäquaten Zugang zu den folgenden Problembereichen der Laserstrahlcharakterisierung liefern:

1. Auffindung eines effizienten numerischen Ansatzes zur wellenoptischen Propagation unter besonderer Berücksichtigung der Berechnung statistischer Momente,

2. Entwicklung einer reduzierten wellenoptischen Theorie auf der Basis von statistischen Momenten (physikalische Bedeutung einzelner Momente, Propagationsgesetze, optische Invarianten),

3. Analyse von Phasenaberrationen auf der Basis statistischer Momente.

3. Die algebraische Beschreibung paraxialer optischer Systeme

3.1 Die Schnittstelle zwischen Optik und Quantenmechanik

Um die Hamiltonsche Formulierung der geometrischen Optik zum formalen Ausgangspunkt einer algebraischen bzw. quantenmechanischen Beschreibung der paraxialen Wellenoptik zu nehmen, bedarf es zunächst der Erläuterung des Zusammenhangs zwischen der symplektischen Symmetrie und den als Poisson-Klammern bezeichneten Objekten der klassischen Mechanik, die bei der Quantisierung in Kommutatoren zwischen Operatoren übergehen.

In Kapitel 2.3 wurde dargelegt, daß die geometrisch optischen Trajektorien

$$\mathbb{R} \supseteq I \ni z \to (\underline{q}(z),\, z,\, \underline{p}(z)) := \gamma(z) \tag{68}$$

dem Fermatschen Prinzip genügen oder äquivalent dazu die Hamiltonschen kanonischen Gleichungen (36) erfüllen. Sei H die zur Trajektorie (68) gehörige Hamiltonfunktion. Dann gilt für das infinitesimale Inkrement dieser Trajektorie

$$d\gamma(z) = (\underline{q}'(z),\, 1,\, \underline{p}'(z))\, dz$$
$$= (\nabla_p H,\, 1,\, -\nabla_q H)\, dz \; . \tag{69}$$

Sei weiterhin f(q.p) eine Funktion auf dem Phasenraum, so ist deren infinitesimale Transformation längs obiger Trajektorie definiert durch

$$f(\underline{q}(z_0),\, \underline{p}(z_0)) \to f(\underline{q}(z),\, \underline{p}(z)) = f(\underline{q}(z_0),\, \underline{p}(z_0))$$

$$+ (z-z_0)\left(\frac{\partial H}{\partial p_x}\frac{\partial}{\partial q_x} + \frac{\partial H}{\partial p_y}\frac{\partial}{\partial q_y} - \frac{\partial H}{\partial q_x}\frac{\partial}{\partial p_x} - \frac{\partial H}{\partial q_y}\frac{\partial}{\partial p_y}\right) f(\underline{q}(z_0),\, \underline{p}(z_0))$$

$$= \left(\mathbb{I} + (z-z_0)\left(\frac{\partial H}{\partial p_x}\frac{\partial}{\partial q_x} + \frac{\partial H}{\partial p_y}\frac{\partial}{\partial q_y} - \frac{\partial H}{\partial q_x}\frac{\partial}{\partial p_x} - \frac{\partial H}{\partial q_y}\frac{\partial}{\partial p_y}\right)\right) f(\underline{q}(z_0),\, \underline{p}(z_0)) \; . \tag{70}$$

Auf der Ebene der Funktionen ist deshalb der infinitesimale Generator der obigen symplektischen Transformationen durch folgenden Operator ξ_H gegeben

$$\xi_H = \frac{\partial H}{\partial p_x}\frac{\partial}{\partial q_x} + \frac{\partial H}{\partial p_y}\frac{\partial}{\partial q_y} - \frac{\partial H}{\partial q_x}\frac{\partial}{\partial p_x} - \frac{\partial H}{\partial q_y}\frac{\partial}{\partial p_y} \; . \tag{71}$$

Die Anwendung des Operators ξ_H auf eine Funktion f wird in der klassischen Mechanik durch ein Klammersymbol, die sogenannte *Poisson-Klammer* {} dargestellt [20]:

$$\xi_H f = \frac{\partial H}{\partial p_x}\frac{\partial f}{\partial q_x} + \frac{\partial H}{\partial p_y}\frac{\partial f}{\partial q_y} - \frac{\partial H}{\partial q_x}\frac{\partial f}{\partial p_x} - \frac{\partial H}{\partial q_y}\frac{\partial f}{\partial p_y} =: \{H, f\} \quad . \tag{72}$$

Die Bedeutung der Poisson-Klammern liegt darin, daß sie zum einen den Phasenraum als Vektorraum durch eine multiplikative Verknüpfung $\{.\,,.\}$ ergänzen und ihn damit zu einer sog. Lie-Algebra machen [18][27][28], die dann die formale Schnittstelle einer gruppentheoretischen Beschreibung symplektischer Transformationen liefert. Zum anderen, und dies ist implizit schon in der Möglichkeit einer gruppentheoretischen Beschreibung enthalten, bieten die Poisson-Klammern eine weitere Möglichkeit, die Symplektizitätsbedingung einer Transformation in einer Weise zu formulieren, die unmittelbar quantenmechanisch interpretierbar ist.

Genauer gesagt ist eine analytische Transformation T auf dem Phasenraum genau dann symplektisch, wenn sie die Poisson-Klammern zwischen sämtlichen Komponenten des Phasenraumes (q,p) invariant läßt.

Um dies zu sehen, sei zunächst bemerkt, daß sich aus Gl. (72) folgende Poisson-Klammern zwischen Komponenten von q und p ergeben:

$$\{q_i,\, q_j\} = \sum_k \left(\frac{\partial q_i}{\partial q_k}\frac{\partial q_j}{\partial p_k} - \frac{\partial q_i}{\partial p_k}\frac{\partial q_j}{\partial q_k}\right) = 0 \quad ,$$

$$\{q_i,\, p_j\} = \sum_k \left(\frac{\partial q_i}{\partial q_k}\frac{\partial p_j}{\partial p_k} - \frac{\partial q_i}{\partial p_k}\frac{\partial p_j}{\partial q_k}\right) = \delta_{ij} \quad , \tag{73}$$

$$\{p_i,\, p_j\} = \sum_k \left(\frac{\partial p_i}{\partial q_k}\frac{\partial p_j}{\partial p_k} - \frac{\partial p_i}{\partial p_k}\frac{\partial p_j}{\partial q_k}\right) = 0 \quad .$$

Sei nun H die Hamiltonfunktion einer symplektischen Transformation. Dann gilt für ein infinitesimales Wegstück Δz gemäß Gl. (72)

$$q_i(z_0 + \Delta z) = q_i(z_0) + \Delta z \{H(z_0), q_i(z_0)\} = q_i(z_0) + \Delta z \frac{\partial H}{\partial p_i}(z_0) \ ,$$

$$p_i(z_0 + \Delta z) = p_i(z_0) + \Delta z \{H(z_0), p_i(z_0)\} = p_i(z_0) - \Delta z \frac{\partial H}{\partial q_i}(z_0) \ .$$

(74)

Hieraus folgt

$$\{q_i(z_0 + \Delta z), q_j(z_0 + \Delta z)\} = \{q_i(z_0), q_j(z_0)\} +$$

$$+ \Delta z \left(\{q_i(z_0), \frac{\partial H}{\partial p_j(z_0)}\} + \{\frac{\partial H}{\partial p_i(z_0)}, q_j(z_0),\} \right) + O(\Delta z^2)$$

$$= \{q_i(z_0), q_j(z_0)\} + \Delta z \left(-\frac{\partial^2 H(z_0)}{\partial p_i \partial p_j} + \frac{\partial^2 H(z_0)}{\partial p_j \partial p_i} \right) + O(\Delta z^2)$$

$$= \{q_i(z_0), q_j(z_0)\} + O(\Delta z^2) \ ,$$

(75)

d.h. also

$$\frac{d}{dz} \{q_i(z0 + \Delta z), q_j(z_0 + \Delta z)\}\big|_{z=0} = 0 \ .$$

(76)

Völlig analog zeigt man die Invarianz der übrigen Poisson-Klammern.

Sei jetzt umgekehrt vorausgesetzt, daß T eine analytische Phasenraumtransformation ist, welche die Poisson-Klammern zwischen $\underline{q}$ und $\underline{p}$ invariant läßt, d.h.

$$T : (\underline{q_1}, \underline{p_1}) \rightarrow (\underline{q_2}, \underline{p_2}) \ ,$$

$$\{q_{2i}, q_{2j}\} = \{q_{1i}, q_{1j}\} \ , \quad \{p_{2i}, p_{2j}\} = \{p_{1i}, p_{1j}\} \ , \quad \{q_{2i}, p_{2j}\} = \{q_{1i}, p_{1j}\} \ ,$$

(77)

$$i, j \in \{1, 2\} \ .$$

Um die Symplektizität von T zu demonstrieren, genügt es, zu zeigen, daß die symplektische Form $d\theta = dq_x \wedge dp_x + dq_y \wedge dp_y$ invariant bleibt (vgl. Gl. (41)). Es gilt

$$
\begin{aligned}
dq_{x2} \wedge dp_{x2} =&\ \left(\frac{\partial q_{2x}}{\partial q_{1x}}dq_{1x} + \frac{\partial q_{2x}}{\partial p_{1x}}dp_{1x} + \frac{\partial q_{2x}}{\partial q_{1y}}dq_{1y} + \frac{\partial q_{2x}}{\partial p_{1y}}dp_{1y} \right) \\
&\wedge \left(\frac{\partial p_{2x}}{\partial q_{1x}}dq_{1x} + \frac{\partial p_{2x}}{\partial p_{1x}}dp_{1x} + \frac{\partial p_{2x}}{\partial q_{1y}}dq_{1y} + \frac{\partial p_{2x}}{\partial p_{1y}}dp_{1y} \right) \\[2mm]
=&\ \left(\frac{\partial q_{2x}}{\partial q_{1x}}\frac{\partial p_{2x}}{\partial p_{1x}} - \frac{\partial q_{2x}}{\partial p_{1x}}\frac{\partial p_{2x}}{\partial q_{1x}} \right) dq_{1x} \wedge dp_{1x} + \left(\frac{\partial q_{2x}}{\partial q_{1x}}\frac{\partial p_{2x}}{\partial p_{1y}} - \frac{\partial q_{2x}}{\partial p_{1y}}\frac{\partial p_{2x}}{\partial q_{1x}} \right) dq_{1x} \wedge dp_{1y} \\
&+ \left(\frac{\partial q_{2x}}{\partial q_{1y}}\frac{\partial p_{2x}}{\partial p_{1x}} - \frac{\partial q_{2x}}{\partial p_{1x}}\frac{\partial p_{2x}}{\partial q_{1y}} \right) dq_{1y} \wedge dp_{1x} + \left(\frac{\partial q_{2x}}{\partial q_{1y}}\frac{\partial p_{2x}}{\partial p_{1y}} - \frac{\partial q_{2x}}{\partial p_{1y}}\frac{\partial p_{2x}}{\partial q_{1y}} \right) dq_{1y} \wedge dp_{1y} \ .
\end{aligned}
\tag{78}
$$

Entsprechend erhält man

$$
\begin{aligned}
dq_{y2} \wedge dp_{y2} =&\ \left(\frac{\partial q_{2y}}{\partial q_{1y}}dq_{1y} + \frac{\partial q_{2y}}{\partial p_{1y}}dp_{1y} + \frac{\partial q_{2y}}{\partial q_{1x}}dq_{1x} + \frac{\partial q_{2y}}{\partial p_{1x}}dp_{1x} \right) \\
&\wedge \left(\frac{\partial p_{2y}}{\partial q_{1y}}dq_{1y} + \frac{\partial p_{2y}}{\partial p_{1y}}dp_{1y} + \frac{\partial p_{2y}}{\partial q_{1x}}dq_{1x} + \frac{\partial p_{2y}}{\partial p_{1x}}dp_{1x} \right) \\[2mm]
=&\ \left(\frac{\partial q_{2y}}{\partial q_{1y}}\frac{\partial p_{2y}}{\partial p_{1y}} - \frac{\partial q_{2y}}{\partial p_{1y}}\frac{\partial p_{2y}}{\partial q_{1y}} \right) dq_{1y} \wedge dp_{1y} + \left(\frac{\partial q_{2y}}{\partial q_{1y}}\frac{\partial p_{2y}}{\partial p_{1x}} - \frac{\partial q_{2y}}{\partial p_{1x}}\frac{\partial p_{2y}}{\partial q_{1y}} \right) dq_{1y} \wedge dp_{1x} \\
&+ \left(\frac{\partial q_{2y}}{\partial q_{1x}}\frac{\partial p_{2y}}{\partial p_{1y}} - \frac{\partial q_{2y}}{\partial p_{1y}}\frac{\partial p_{2y}}{\partial q_{1x}} \right) dq_{1x} \wedge dp_{1y} + \left(\frac{\partial q_{2y}}{\partial q_{1x}}\frac{\partial p_{2y}}{\partial p_{1x}} - \frac{\partial q_{2y}}{\partial p_{1x}}\frac{\partial p_{2y}}{\partial q_{1x}} \right) dq_{1x} \wedge dp_{1x} \ .
\end{aligned}
\tag{79}
$$

An dieser Stelle muß zur weiteren Argumentation ein wohlbekanntes Resultat aus der Hamiltonschen Mechanik verwendet werden [20]. Sortiert man in den Gln. (78) und (79) die Koeffizienten nach den verschiedenen Differentialformen, so erweisen sich diese als die verschiedenen *Lagrange*-Klammern $[. , .]$ zwischen q_{2i} und p_{2j}. Die Matrix L_{ij}, deren Koeffizienten durch die Lagrange-Klammern $[q_{2i},q_{2j}]$, $[q_{2i},p_{2j}]$ und $[p_{2i},p_{2j}]$ gegeben sind, ist invers zu der Matrix $P_{i,j}$, deren Koeffizienten durch die entsprechenden Poisson-Klammern definiert sind. Die Koeffizienten der letzteren Matrix sind nach Voraussetzung invariant bzw. bleiben konstant unter der Transformation T, was deshalb auch für erstere Matrix gelten muß. Deshalb können alle Indizes "2" in den Gln. (78) und (79) durch die entsprechenden Indizes "1" ersetzt werden. Hieraus folgt dann unmittelbar die Invarianz der Form $d\theta$ unter T, d.h. die Symplektizität von T.

Es soll nun mit Hilfe des obigen Kriteriums der Übergang von der paraxialen Wellenoptik zur Quantenmechanik skizziert werden. Hierzu sei nochmals daran erinnert, daß die paraxialen wellenoptischen Transformationen mit den geometrisch optischen Matrizen über die Charakteristiken verknüpft sind und insofern jeder optischen Matrix auch eine definierte paraxiale wellenoptische Transformation entspricht. Zur Vereinfachung sei ein eindimensionales optisches System vorausgesetzt.

Die speziellen Matrizen $M_z(s)$ und $M_r(t)$ der freien Propagation und der Brechung an einer sphärischen Fläche besitzen die Generatoren[5]

$$A_z = \begin{pmatrix} 0 & 1 \\ 0 & 0 \end{pmatrix} \quad , \quad A_r = \begin{pmatrix} 0 & 0 \\ 1 & 0 \end{pmatrix} . \tag{80}$$

Die hieraus resultierenden infinitesimalen Phasenraumtransformationen sind dann gegeben durch

$$\begin{pmatrix} q \\ p \end{pmatrix} \rightarrow \begin{pmatrix} 0 & 1 \\ 0 & 0 \end{pmatrix} \begin{pmatrix} q \\ p \end{pmatrix} \equiv \xi_{Hz} \begin{pmatrix} q \\ p \end{pmatrix} ,$$

$$\begin{pmatrix} q \\ p \end{pmatrix} \rightarrow \begin{pmatrix} 0 & 0 \\ 1 & 0 \end{pmatrix} \begin{pmatrix} q \\ p \end{pmatrix} \equiv \xi_{Hr} \begin{pmatrix} q \\ p \end{pmatrix} . \tag{81}$$

Die rechten Identitäten in Gl. (80) bringen die Tatsache zum Ausdruck, daß der Vektor (q,p) auch als die vektorwertige identische Funktion auf dem Phasenraum interpretiert werden kann, deren infinitesimale Transformation durch einen Generator des Typs aus Gl.(72) beschreibbar sein muß. Den Gl.(72) und (81) ist unmittelbar die funktionale Gestalt der Hamiltonfunktionen für die freie Propagation und die Brechung zu entnehmen, nämlich $H_z = \frac{1}{2}p^2$ und $H_r = \frac{1}{2}q^2$.

Aus Gl. (71) folgt weiterhin, daß eine *lineare* infintesimale Transformation nur dann vorliegen kann, wenn die zugehörige Hamiltonfunktion H quadratisch in q und p ist. Neben H_z und H_r gibt es die weitere quadratische Hamiltonfunktion $H_m = pq$. Für sie erhält man

$$\xi_{Hm} \begin{pmatrix} q \\ p \end{pmatrix} = \begin{pmatrix} q \\ -p \end{pmatrix} \equiv \begin{pmatrix} 1 & 0 \\ 0 & -1 \end{pmatrix} \begin{pmatrix} q \\ p \end{pmatrix} . \tag{82}$$

Andererseits entspricht die Matrix

$$\exp\left[t \begin{pmatrix} 1 & 0 \\ 0 & -1 \end{pmatrix} \right] = \begin{pmatrix} e^t & 0 \\ 0 & e^{-t} \end{pmatrix} \tag{83}$$

optisch einer Vergrößerung und ist demnach symplektisch. Hieraus ist zu schließen, daß *alle* quadratischen Polynome in q und p auch mögliche Generatoren linearer optischer Transformationen sind. Bildet man weiterhin die verschiedenen möglichen Poisson-Klammern

---

[5]Ein Matrix A heißt Generator der einparametrigen Matrixgruppe M_t, wenn gilt $M_t = \exp(tA)$.

zwischen den einzelnen quadratischen Polynomen, so resultieren gemäß Gl. (72) stets wieder quadratische Polynome. Man sagt, die quadratischen Polynome bilden eine (abgeschlossene) Lie-Algebra unter der multiplikativen Verknüpfung der Poisson-Klammern.

Werden nun die Phasenraumvariablen q und p als Orts- und Impuls*operatoren* interpretiert sowie die Poisson-Klammern durch *Kommutatoren* ersetzt, so gelangt man heuristisch zu einer analogen quantenmechanischen Formulierung,

$$\frac{q^2}{2} \to \frac{q^2}{2} \quad , \quad \frac{p^2}{2} \to \frac{p^2}{2} \quad , \quad pq \to \frac{1}{2}(qp+pq) \quad , \quad \{.,.\} \to -i\,[.,.] \quad . \tag{84}$$

Im folgenden Kapitel soll obiger Ansatz dem folgenden Bild entsprechend ausgearbeitet werden:

Die Matrixtransformationen der geometrischen Optik sind lineare Transformationen auf dem Phasenraum, deren Generatoren durch spezielle Hamilton-Funktionen beschrieben werden. Diesen Hamilton-Funktionen entsprechen quantenmechanisch Operatoren, die als Generatoren möglicher paraxialer optischer Propagationen zu interpretieren sind und die Gruppenstruktur bzw. symplektische Symmetrie der geometrischen Optik widerspiegeln sollten.

Die *klassische* Beschreibung paraxialer optischer Propagationen einer Feldverteilung u durch ein ABCD-System ist auf der anderen Seite wohlbekannt. Sie erfolgt, wie im letzten Kapitel dargelegt, durch das sog. Collins-Integral [29][30][31][32] (vgl. Gl. (64))

$$u(\underline{r}_2) = \frac{-i}{\lambda\,|\det B|^{\frac{1}{2}}} \int_{\mathbf{R}^2} u_1(\underline{r}_1)\,\exp\!\left[ikW(\underline{r}_1,\underline{r}_2)\right]\,d^2r_1 \quad ,$$

$$W(\underline{r}_1,\underline{r}_2) = \frac{1}{2}\left(\underline{r}_2^{T}DB^{-1}\underline{r}_2 - 2\underline{r}_1^{T}B^{-1}\underline{r}_2 + \underline{r}_1^{T}(B^{T})^{-1}A\underline{r}_1 \right) \tag{85}$$

bzw. dessen Grenzfall für $\det B \to 0$.

Wenn also der algebraische Ansatz konsistent sein soll, so müssen die Operatoren aus Gl. (84) das Collins-Integral reproduzieren. Dies soll im weiteren gezeigt werden. Darüberhinaus wird gezeigt werden, daß sich die symplektische Gruppenstruktur vollständig auf die Operatoren überträgt, so daß die optischen Operatoren eine unitäre Gruppe von Operatoren auf dem durch die optischen Felder aufgespannten Vektorraum darstellen werden. Diese Gruppe wird noch durch die Operatoren zu ergänzen sein, die Dejustagen beschreiben.

Aus diesem Ansatz heraus soll dann die Theorie der statistischen Momente entwickelt werden, welche die Grundlage der aktuellen Bestrebungen im Bereich der Laserstrahlcharakterisierung ist. Daß die statistischen Momente sich als natürliche Kandidaten zur Beschreibung der Strahlpropagation anbieten, leuchtet bereits an dieser Stelle ein, da Momente quantenmechanisch Erwartungswerte derjenigen Objekte sind, die optische Transformationen erzeugen.

3.2   Die Operatoren der paraxialen Wellenoptik

In diesem Kapitel soll gezeigt werden, daß sich das Collins-Integral (85) tatsächlich aus den Operatoren p^2 und q^2 (freie Propagation und Brechung) erzeugen läßt und daß sich die Gruppenstruktur der Matrixoptik vollständig auf den algebraischen Formalismus überträgt.

Für die weitere Argumentation wird entsprechend den Vorstellungen in der Quantenmechanik folgender Standpunkt eingenommen: Für ein gegebenes paraxiales ABCD-System repräsentiert das Collins-Integral (85) einen linearen Operator auf dem Raum $L^2(\mathbb{R}^2)^6$ der möglichen optischen Felder $u(x,y)$. Dieser Operator wird durch die 4x4-ABCD-Matrizen des analogen geometrisch optischen Systems vollständig bestimmt. Dies entspricht dem Schrödingerbild der Quantenmechanik; die optischen Leistungsdichten sind in diesem Sinne als Aufenthaltswahrscheinlichkeitsdichten für Photonen zu interpretieren. Was in der geometrischen Optik für einen Strahlvektor $(\underline{q},\underline{p})$ steht, wird im Schrödingerbild zu einer Vorschrift $(\underline{q},-i\nabla_q)$, die optische Wellenfunktion lokal auszuwerten. Die optische Wellenfunktion und ihre Ableitungen sind deshalb in jedem Punkt ein Maß dafür, wie stark ein Strahlvektor $(\underline{q},\underline{p})$ im aktuellen Zustand vertreten ist.

3.2.1 Das Collins-Integral in Operatorform

Zunächst wird nach dem Operator der freien Proagation gesucht, wie er sich aus dem Collins-Integral ergibt und das Resultat mit dem entsprechenden Generator aus dem letzten Kapitel verglichen (Gl.(84)). Die folgende Argumentation orientiert sich eng an [33][34].

Gemäß Gl. (85) wird die zweidimensionale freie Propagation durch folgende Gleichung beschrieben

---

[6]Der Raum $L^2(\mathbb{R}^2)$ repräsentiert den Vektorraum aller quadratintegrierbaren Funktionen auf der Menge $\mathbb{R}^2$.

$$u(\underline{r}_2) = \frac{-i}{\lambda z} \int_{\mathbb{R}^2} u_1(\underline{r}_1) \, \exp\left[i\frac{k}{2z}\left(r_2^2 - 2\underline{r}_1 \cdot \underline{r}_2 + r_1^2\right)\right] d^2 r_1$$

$$= \frac{-i}{\lambda z}\left(u_1 * \exp(\frac{ik}{2z}r^2)\right)(\underline{r}_2) \quad . \tag{86}$$

Die freie Propagation entspricht demnach einer Faltung, so daß eine Anwendung des Faltungssatzes für Fourier-Transformationen [35] auf

$$u(\underline{r}_2) = \frac{-i}{\lambda z} \, F^{-1}\left(F(u_1) \cdot F\left(\exp(\frac{ik}{2z}r^2)\right)(\underline{r}_2)\right) \tag{87}$$

führt, wobei die Symbole F und F^{-1} für die Fouriertransformation und ihre Inverse stehen.

Um Gl. (87) weiter umformen zu können, wird folgendes Resultat aus der Theorie der Fouriertransformationen [35] verwendet:

Sei $x=(x_1,x_2)$, $|\alpha|=\alpha_1+\alpha_2$, $x \in \mathbb{R}^2$, $x^\alpha = x_1^{\alpha_1} x_2^{\alpha_2}$, $D^\alpha = \partial^{\alpha_1 + \alpha_2}/\partial x_1^{\alpha_1} \partial x_2^{\alpha_2}$; dann gilt

$$\left[(i\xi)^\alpha D^\beta F(f)\right](\xi) = F(D^\alpha(-ix)^\beta f(x)) \tag{88}$$

für jede Funktion $f \in S(\mathbb{R}^2)$[7], wobei ξ die zu x konjugierte Variable ist.

Bezogen auf Gl. (87) besagt Gl. (88), daß die konjugierte Variable von x_i durch $-i\partial/\partial x_i$ gegeben ist. Dies ist die aus der Quantenmechanik wohlbekannte Darstellung der i-ten Komponente des Impulsoperators im Schrödingerbild.

Dieses Resultat wird nun in Gl. (87) eingesetzt. Hierzu ist die Fouriertransformierte der Exponentialfunktion zu bilden. Allgemein gilt für die Fouriertransformation einer n-dimensionalen Gauss-Verteilung

$$\frac{1}{\sqrt{2\pi}^n} \int_{\mathbb{R}^n} \exp(\frac{i}{2}x^T Q x - i\xi^T x)d^n x = |\det Q|^{-\frac{1}{2}}\exp(\frac{i\pi}{4}sgn Q)\,\exp(-\frac{i}{2}\xi^T Q^{-1}\xi) \quad . \tag{89}$$

Die Anwendung von Gl.(89) auf Gl.(87) führt auf

---

[7]$S(\mathbb{R}^2)$ ist der Schwartzraum der schnell fallenden Funktionen. Er liegt dicht im Raum $L^2(\mathbb{R}^2)$.

$$u(\underline{r}_2) = F^{-1}\left(\exp(\frac{-iz}{2k}\xi^2)\cdot F(u_1)\right) = F^{-1}\left(\sum_{m=0}^{\infty}\frac{1}{m!}\left(\frac{-iz}{2k}\right)^m\xi^{2m}F(u_1)\right)$$

$$= \left(\exp(\frac{iz}{2k}\Delta)\cdot u_1\right)(\underline{r}_2) \quad . \tag{90}$$

Der im Exponent auftretende Laplace-Operator entspricht im Schrödingerbild jedoch dem negativen quadrierten Impulsoperator. Berechnet man deshalb in Gl. (90) den Generator A_z der freien Propagation durch Differentiation nach z und Multiplikation mit -i, so folgt

$$A_z = \frac{1}{2k}p^2 \quad , \quad p^2 = -\Delta \quad . \tag{91}$$

Bis auf den konstanten Faktor k stimmt demnach der Generator A_z der freien Propagation mit der Hamiltonfunktion der freien Propagation auf dem klassischen Phasenraum überein. Gemäß Gl. (86) lautet die Operatorgleichung der freien Propagation somit

$$i\frac{\partial u}{\partial z} = A_z u \quad . \tag{92}$$

Dies ist die wohlbekannte paraxiale Wellengleichung [31]. Hätte man sie als Ausgangspunkt genommen, so hätte die umgekehrte Argumentation auf das Collins-Integral der freien Propagation geführt.

Läge bei der Herleitung von Gl. (92) der Fall vor, daß für zwei orthogonale, gegen das x,y-Koordinatensystem gedrehte Ebenen freie Propagationen über unterschiedliche Strecken z_1, z_2 durchzuführen sind, so käme völlig analog für den Generator die quadratische Form $A_{z1,z2}=1/2k\ \sum_{i,j}Z_{i,j}\ p_ip_j$ mit einer geeigneten symmetrischen 2x2-Matrix Z heraus.

Im nächsten Schritt soll der zur Wirkung einer brechenden sphärischen Fläche gehörige Operator ermittelt werden. Hierzu ist im Prinzip das zur entsprechenden geometrisch opti-schen ABCD-Matrix gehörige Collins-Integral zu berechnen. Letzteres existiert in dieser Form jedoch nicht, da detB=0 gilt. Aus diesem Grunde ist eine Grenzwertbetrachtung durch-zuführen, die von einer Matrix $M_{P\epsilon}$ ausgeht, welche einer freien Propagation über eine Strecke ϵ in Verbindung mit einer Brechung entspricht :

$$M_s = \begin{pmatrix} I & 0 \\ P & I \end{pmatrix} \cdot \begin{pmatrix} I & \epsilon I \\ 0 & I \end{pmatrix} = \begin{pmatrix} I & \epsilon I \\ P & I+\epsilon P \end{pmatrix} . \tag{93}$$

Gemäß Gl. (85) lautet das zur Matrix (93) gehörige Collins-Integral

$$u_\epsilon(\underline{r}_2) = \frac{-i}{\lambda\,|\det(\epsilon\mathbb{I})|^{\frac{1}{2}}} \int_{\mathbb{R}^2} u(\underline{r}_1)\exp\left[i\frac{k}{2}\left(\underline{r}_2^T(\mathbb{I}+\epsilon P)(\epsilon\mathbb{I})^{-1}\underline{r}_2 - 2\underline{r}_1^T(\epsilon\mathbb{I}^T)^{-1}\underline{r}_2 + \underline{r}_1^T(\epsilon\mathbb{I})^{-1}\underline{r}_1\right)\right]\,d^2r_1$$

$$= \frac{-i}{\lambda\epsilon}\,\exp(i\frac{k}{2}\underline{r}_2^T P\underline{r}_2)\int_{\mathbb{R}^2} u(\underline{r}_1)\,\exp\left[i\frac{k}{2\epsilon}(\underline{r}_2-\underline{r}_1)^2\right]\,d^2r_1 \quad . \tag{94}$$

Im Grenzfall $\epsilon\to 0$ wird Gl. (94) zu

$$\lim_{\epsilon\to 0} u_\epsilon(\underline{r}_2) = u(\underline{r}_2) = \exp(i\frac{k}{2}\underline{r}_2^T P\underline{r}_2)\,u(\underline{r}_2\equiv\underline{r}_1) \quad . \tag{95}$$

Hierbei wurde die Tatsache verwendet, daß die Fourier-Transformierte der Funktion $-i/\lambda\epsilon$ $\exp(ik/2\epsilon\ r^2)$ gegen die Einsfunktion konvergiert, so daß die Funktion selbst - interpretiert als Distribution - gegen die δ-Distribution konvergiert (letztere ist ja die Fourier-Transformierte der Einsfunktion).

Aus Gl. (95) schließt man, daß ein Generator A_P für die Brechung an einer sphärischen Oberfläche gegeben ist durch

$$A_P = \frac{k}{2}\sum_{i,j} P_{i,j}\,x_i\,x_j \quad . \tag{96}$$

Die konkrete Form hängt jeweils von der Gestalt der symmetrischen Matrix P ab, deren quadratische Form die brechende sphärische Fläche festlegt. Genau wie im Fall der freien Propagation zeigt Gl. (96), daß der Generator A_P bis auf den konstanten Faktor k mit der entsprechenden Hamiltonfunktion auf dem klassischen Phasenraum übereinstimmt.

Faßt man die bisherigen Ergebnisse zusammen, so läßt sich folgendes zur quantenmechanischen Struktur des Collins-Integrals sagen:

Die freie Propagation sowie die Brechung an einer sphärischen Oberfläche in einem paraxialen optischen System werden beschrieben durch einen Zustand u (d.h. durch eine komplexe Wellenfunktion) sowie dazu gehörige unitäre Operatoren

$$T_z = \exp(\frac{i}{2k}\underline{p}^T Z\underline{p}) \quad bzw. \quad T_P = \exp(\frac{ik}{2}\underline{r}^T P\underline{r}) \quad , \tag{97}$$

deren Anwendung auf den Zustand identisch mit der Berechnung der analogen Collins-Integrale ist. Des weiteren entsprechen die Generatoren der obigen Operatoren den quantisierten klassischen Objekten p^2 und x^2 auf dem Phasenraum, so daß ihre Beziehung zu den involvierten ABCD-Matrizen klar ist (vgl. Gl. (81)).

Die wichtige Frage, die noch zu klären bleibt, ist, ob sich die Gruppenstruktur der optischen Matrizen auch auf die zugehörigen Operatoren überträgt, d.h, ob der zu einem Produkt zweier optischer Matrizen vom Typ der freien Propagation oder der Brechung an einer sphärischen Oberfläche gehörende Operator dem Operator (d.h. dem Collins-Integral) der Produktmatrix entspricht. Ist dies darüberhinaus für das Produkt einer der obigen Matrizen mit einer beliebigen ABCD-Matrix der Fall, so folgt aus der Tatsache, daß sich *jede* optische Matrix aus den o.g. Elementarmatrizen aufbauen läßt, wiederum, daß die Operatoren T_z und T_P ausreichen, um *jede* paraxiale optische Transformation bzw. jedes Collins-Integral zu erzeugen. Alle weiteren Überlegungen ließen sich dann auf die Betrachtung dieser beiden Operatoren bzw. ihrer Generatoren reduzieren.

Das genannte Problem läßt sich wie folgt präzisieren:

Gegeben seien die beiden Matrizen

$$M_1 = \begin{pmatrix} A_1 & B_1 \\ C_1 & D_1 \end{pmatrix} \quad , \quad M_2 = \begin{pmatrix} A_2 & B_2 \\ C_2 & D_2 \end{pmatrix} \tag{98}$$

sowie ihr Produkt

$$M = M_2 \cdot M_1 = \begin{pmatrix} A & B \\ C & D \end{pmatrix} \quad , \tag{99}$$

wobei beide Matrizen entweder vom Typ $A=\mathbb{I}=D$, $B=z\mathbb{I}$, $C=0$ oder $A=\mathbb{I}=D$, $B=0$, $C=P$ sein können. Ist dann folgende Beziehung gültig

$$\frac{-i}{\lambda \,|\det B|^{\frac{1}{2}}} \int_{\mathbb{R}^2} u(\underline{r}_1) \, \exp\left[\frac{ik}{2}(\underline{r}_1^T B^{-1} A \underline{r}_1 - 2\underline{r}_2{}^T (B^T)^{-1} \underline{r}_1 + \underline{r}_2^T D B^{-1} \underline{r}_2)\right] d^2r_1$$

$$= \frac{-1}{\lambda^2 \,|\det B_2 B_1|^{\frac{1}{2}}} \int_{\mathbb{R}^2} \int_{\mathbb{R}^2} u(\underline{r}_1) \, \exp\left[\frac{ik}{2}(\underline{r}_2^T B_2^{-1} A_2 \underline{s} - 2\underline{r}_2^T (B_2^T)^{-1} \underline{s} + \underline{r}_2^T D_2 B_2^{-1} \underline{r}_2)\right] \cdot \tag{100}$$

$$\exp\left[\frac{ik}{2}(\underline{s}^T B_1^{-1} A_1 \underline{r}_1 - 2\underline{s}^T (B_1^T)^{-1} \underline{r}_1 + \underline{s}^T D_1 B_1^{-1} \underline{s})\right] d^2s \; d^2r_1 \quad ?$$

Für die möglichen Fälle $\det B_1 = 0$ oder $\det B_2 = 0$ ist das entsprechende Collins-Integral hierbei durch den Grenzfall (95) zu ersetzen. Die im Sinne der obigen Fragestellung möglichen Matrizenkombinationen werden im folgenden systematisch untersucht:

Fall 1:   **Brechung plus freie Propagation:**

$$M_2 \cdot M_1 = \begin{pmatrix} \mathbb{I} & z\mathbb{I} \\ 0 & \mathbb{I} \end{pmatrix} \cdot \begin{pmatrix} \mathbb{I} & 0 \\ P & \mathbb{I} \end{pmatrix} = \begin{pmatrix} \mathbb{I}+zP & z\mathbb{I} \\ P & \mathbb{I} \end{pmatrix} \equiv M \; . \tag{101}$$

Sei W_M die zur Matrix M gehörige Phasenfunktion im ersten Integranden von Gl. (101). Dann gilt mit $\underline{r}_1$, $\underline{r}_2 \in \mathbb{R}^2$ für den zugehörigen Integraloperator :

$$(T_M u)(\underline{r}_2) = \frac{-i}{\lambda \, |\det B|^{\frac{1}{2}}} \int_{\mathbb{R}^2} u(\underline{r}_1) \, \exp\big[ikW_M(\underline{r}_1,\underline{r}_2)\big] \, d^2\underline{r}_1 \quad ,$$

$$\tag{102}$$

$$\begin{aligned}
W_M(\underline{r}_1,\underline{r}_2) &= \frac{1}{2}\Big(z^{-1}\underline{r}_1^T(\mathbb{I}+zP)\underline{r}_1 \; - \; 2z^{-1}r_1^2 \; + \; z^{-1}r_2^2\Big) \\
&= \frac{1}{2}\Big(\underline{r}_1^T P \underline{r}_1 \; + \; [z^{-1}r_1^2 \; - \; 2z^{-1}\underline{r}_1\underline{r}_2 \; + \; z^{-1}r_2^2]\Big) \quad ,
\end{aligned}$$

so daß

$$(T_M u)(\underline{r}_2) = \frac{-i}{\lambda \, |\det B|^{\frac{1}{2}}} \int_{\mathbb{R}^2} \left[\exp(i\frac{k}{2}\underline{r}_1^T P \underline{r}_1) \, u(\underline{r}_1)\right] \exp\big[ikW_{M1}(\underline{r}_1,\underline{r}_2)\big] \, d^2\underline{r}_1$$

$$\tag{103}$$

$$= \Big[\, T_{M_2} \, [T_{M_1} u] \, \Big] (\underline{r}_2) \quad .$$

Für den betrachteten Fall ist die Gl.(101) somit erfüllt.

Fall 2:   **Zweimalige Brechung:**

$$M_2 \cdot M_1 = \begin{pmatrix} \mathbb{I} & 0 \\ P_2 & \mathbb{I} \end{pmatrix} \cdot \begin{pmatrix} \mathbb{I} & 0 \\ P_1 & \mathbb{I} \end{pmatrix} = \begin{pmatrix} \mathbb{I} & 0 \\ P_2+P_1 & \mathbb{I} \end{pmatrix} \equiv M \; . \tag{104}$$

Dieser Fall ist gemäß Gl. (95) trivialerweise erfüllt.

Fall 3:   Brechung plus beliebige ABCD-Matrix mit $\det B \neq 0$ (das allg. Collins-Integral mit $\det B = 0$ reduziert sich mit derselben Argumentation wie in Gl.(96) auf eine Multiplikation):

$$M_2 \cdot M_1 = \begin{pmatrix} I & 0 \\ P & I \end{pmatrix} \cdot \begin{pmatrix} A & B \\ C & D \end{pmatrix} = \begin{pmatrix} A & B \\ PA+C & PB+D \end{pmatrix} \equiv M \; . \tag{105}$$

Der Exponentialterm des zu M gehörigen Collins-Integrals ergibt sich in diesem Fall zu

$$\begin{aligned} W_M(\underline{r}_1,\underline{r}_2) &= \frac{1}{2}\Big[\underline{r}_1^T B^{-1} A \underline{r}_1 \; - \; 2\underline{r}_2^T (B^T)^{-1}\underline{r}_1 \; + \; \underline{r}_2^T (PB+D)B^{-1}\underline{r}_2\Big] \\ &= \frac{1}{2}\Big[\underline{r}_1^T B^{-1} A \underline{r}_1 \; - \; 2\underline{r}_2^T (B^T)^{-1}\underline{r}_1 \; + \; \underline{r}_2^T DB^{-1}\underline{r}_2\Big] \; + \; \frac{1}{2}\underline{r}_2^T P \underline{r}_2 \; . \end{aligned} \tag{106}$$

Wie in Gl. (103) folgt

$$(T_M u)(\underline{r}_2) = \Big[\; T_{M_2}\,[T_{M_1}u]\;\Big]\,(\underline{r}_2) \; . \tag{107}$$

Fall 4:   Freie Propagation plus beliebige ABCD-Matrix mit $\det B \neq 0$

$$M = \begin{pmatrix} I & zI \\ 0 & I \end{pmatrix} \cdot \begin{pmatrix} A & B \\ C & D \end{pmatrix} = \begin{pmatrix} A+zC & B+zD \\ C & D \end{pmatrix} \equiv M_2 \cdot M_1 \; . \tag{108}$$

In diesem Fall ist es günstiger, von der linken Seite in Gl. (100) auszugehen (d.h. von der iterierten Darstellung des Collins-Integrals) und zu zeigen, daß diese sich auf die linke Seite reduziert.

Schreibt man für den hier vorliegenden Fall die Gl. (101) in der Form

$$(T_M u)(\underline{r}_2) = \int_{\mathbb{R}^2} u(\underline{r}_1)\; K(\underline{r}_1,\underline{r}_2)\; d^2 r_1 \; , \tag{109}$$

so gilt für den Integralkern $K(\underline{r}_1,\underline{r}_2)$:

$$K(\underline{r}_1,\underline{r}_2) = \frac{-i}{\lambda z \, |detB|^{\frac{1}{2}}} \int_{\mathbf{R}^2} \exp\!\left[ikW(\underline{r}_1,\underline{r}_2,\underline{s})\right] d^2\underline{s} \ ,$$

$$W(\underline{r}_1,\underline{r}_2,\underline{s}) = \frac{1}{2}\left[\underline{s}^T(DB^{-1}+z^{-1})\underline{s} - 2s^T((B^T)^{-1}\underline{r}_1 + z^{-1}\underline{r}_2)\right]$$
$$+ \frac{1}{2}\left[\underline{r}_1^T B^{-1}A\underline{r}_1 + z^{-1}r_2^2\right] \ .$$

(110)

Das Integral (110) läßt sich mit Hilfe der Formel (89) unmittelbar lösen, wenn man $\xi=((B^T)^{-1}\underline{r}_1 + z^{-1}\underline{r}_2)$ setzt . Es ergibt sich

$$K(\underline{r}_1,\underline{r}_2) = \frac{-i}{\lambda z \, |detB|^{\frac{1}{2}}} \cdot \frac{\exp\!\left[i\frac{\pi}{4}sgn(z^{-1}+DB^{-1})\right]}{|det(z^{-1}+DB^{-1})|^{\frac{1}{2}}} \cdot \exp\!\left[\frac{-ik}{2}\xi^T(z^{-1}+DB^{-1})^{-1}\xi\right]$$
$$\cdot \exp\!\left[\frac{ik}{2}(\underline{r}_1^T B^{-1}A\underline{r}_1+z^{-1}r_2^2)\right] \ .$$

(111)

Zur weiteren Auswertung der Gl. (111) müssen der Vorfaktor sowie die Exponentialterme in $\underline{r}_1$ und in $\underline{r}_2$ untersucht werden. Die Koeffizientenmatrizen der in $\underline{r}_1$ und $\underline{r}_2$ quadratischen Ausdrücke und des Mischterms müssen mit den entsprechenden Untermatrizen von M in Gl.(108) übereinstimmen. Hierzu werden zunächst die Terme in Gl. (111) umgeordnet. Es gilt:

$$-\xi^T(z^{-1}+DB^{-1})^{-1}\xi + (\underline{r}_1^T B^{-1}A\underline{r}_1+z^{-1}r_2^2)$$
$$= -((B^T)^{-1}\underline{r}_1 + z^{-1}\underline{r}_2)^T (z^{-1}+DB^{-1})^{-1} ((B^T)^{-1}\underline{r}_1 + z^{-1}\underline{r}_2)$$
$$+ (\underline{r}_1^T B^{-1}A\underline{r}_1+z^{-1}r_2^2)$$
$$= \ ...$$
$$= \underline{r}_2^T D(B+zD)^{-1}\underline{r}_2 - \underline{r}_2^T((\mathbb{I}+zDB^{-1})^{-1}(B^T)^{-1}+B^{-1}(\mathbb{I}+zDB^{-1})^{-1})\underline{r}_1$$
$$- \underline{r}_1^T(B^{-1}(z^{-1}+DB^{-1})^{-1}(B^T)^{-1}-B^{-1}A)\underline{r}_1 \ .$$

(112)

Die Koeffizientenmatrix des in $\underline{r}_2$ quadratischen Terms muß gemäß Gl. (108) durch $D(B+zD)^{-1}$ gegeben sein, um Übereinstimmung mit dem Exponenten im allgemeinen Collins-Integral zu erzielen. Dies ist offensichtlich der Fall.

Für den in $\underline{r}_1$ quadratischen Term muß die Koeffizientenmatrix gemäß Gl. (108) durch

$(B+zD)^{-1}(A+zC)$ gegeben sein. Um hier die Übereinstimmung mit Gl. (112) zu sehen, verwendet man die beiden Symplektizitätsbedingungen $AD^T-BC^T=\mathbb{I}$ und $AB^T=BA^T$ (vgl. Gl. (30)):

$$\mathbb{I} = -CB^T + DA^T = -CB^T + DB^{-1}AB^T$$
$$\Leftrightarrow (B^T)^{-1} = (DB^{-1}A - C) \quad . \tag{113}$$

Dies in Gl. (112) eingesetzt führt auf

$$\begin{aligned}
& - \underline{r}_1^T(B^{-1}(z^{-1} + DB^{-1})^{-1}(B^T)^{-1} - B^{-1}A)\underline{r}_1 \\
= & - \underline{r}_1^T(B^{-1}(z^{-1} + DB^{-1})^{-1}(DB^{-1}A - C) - B^{-1}A)\underline{r}_1 \\
= & - \underline{r}_1^T(z(B + zD)^{-1}(DB^{-1}A - C) - B^{-1}A)\underline{r}_1 \\
= & \ \underline{r}_1^T z(B + zD)^{-1}\left[z^{-1}(B + zD)B^{-1}A - (DB^{-1}A - C) \right] \underline{r}_1 \\
= & \ \underline{r}_1^T(B + zD)^{-1}(A + zC)\,\underline{r}_1 \quad .
\end{aligned} \tag{114}$$

Im letzten Schritt ist noch der Mischterm in $\underline{r}_1$ und $\underline{r}_2$ zu untersuchen. Hier muß sich die Koeffizientenmatrix $(B+zD)^{-1}+((B+zD)^{-1})^T$ ergeben. Dies läßt sich zeigen, indem man den Mischterm aus Gl.(112) in Skalarproduktschreibweise darstellt:

$$\begin{aligned}
& \underline{r}_2^T((\mathbb{I}+zDB^{-1})^{-1}(B^T)^{-1} + B^{-1}(\mathbb{I}+zDB^{-1})^{-1})\underline{r}_1 \\
= & \ \underline{r}_2^T((B^T+zB^TDB^{-1})^{-1} + (B+zD)^{-1})\underline{r}_1 \\
= & \ \underline{r}_2^T(((B+zD)^T)^{-1} + (B+zD)^{-1})\underline{r}_1 \\
= & \ \left\langle (B+zD)^{-1}\underline{r}_2 , \underline{r}_1 \right\rangle + \left\langle \underline{r}_2 , (B+zD)^{-1}\underline{r}_1 \right\rangle \\
= & \ \left\langle [(B+zD)^{-1}+(B+zD)^{-1^T}] \underline{r}_2 , \underline{r}_1 \right\rangle \quad .
\end{aligned} \tag{115}$$

In Gl. (115) wurde beim Übergang von der zweiten zur dritten Zeile die Symplektizitätseigenschaft $B^TD=D^TB$ verwendet (vgl. Gl. (30)).

An dieser Stelle sind die von $\underline{r}_1$ und $\underline{r}_2$ abhängigen Terme in Gl. (111) als korrekt identifiziert worden; es verbleibt die Untersuchung des dortigen Vorfaktors. Für ihn muß gelten

$$\frac{-1}{\lambda z \, |det B|^{\frac{1}{2}}} \cdot \frac{\exp\left[i\frac{\pi}{4} sgn(z^{-1}+DB^{-1})\right]}{|det(z^{-1}+DB^{-1})|^{\frac{1}{2}}} = \frac{-i}{\lambda \, |det(B+zD)|^{\frac{1}{2}}} \cdot \tag{116}$$

Diese Identität ist jedoch unmittelbar aus dem Determinatenmultiplikationssatz einsichtig.

Mit den Gln. (109)-(116) ist gezeigt, daß sich die Gruppenstruktur der optischen Matrizen vollständig auf den Formalismus der wellenoptischen Propagation übertragen läßt. Im Schrödingerbild der Quantenmechanik bedeutet dies genauer, daß sich die Matrixgruppe $Sp(4,\mathbb{R})$ homomorph (d.h. strukturerhaltend) auf eine Gruppe unitärer Operatoren über dem Hilbertraum $L^2(\mathbb{R}^2)$ der optischen Wellenfunktionen übertragen läßt, deren Wirkung durch das Collins-Integral beschrieben wird und die sich aus den zwei Elementaroperatoren T_z und T_P aufbauen läßt. Der große Vorteil, den die quantenmechanische Betrachtungsweise bietet, liegt darin begründet, daß man prinzipiell nicht an das Schrödingerbild gebunden ist, sondern auch in beliebigen anderen Darstellungen bzw. Räumen arbeiten kann. Dies geschieht mit Vorteil dann, wenn sich die konkrete Gestalt des zu einer ABCD-Matrix gehörigen optischen Operators in einer bestimmten Darstellung stark vereinfacht (vgl. Kap. 7).

Von den erwähnten Möglichkeiten wird in späteren Kapiteln ausführlich Gebrauch gemacht. Es wird gezeigt werden, in welcher Weise sich der quantenmechanische Ansatz mit Gewinn für die Belange der wellenoptischen Strahlpropagation und der Laserstrahlcharakterisierung anwenden läßt. Bevor dies getan wird, muß jedoch die Theorie noch etwas weiter entwickelt werden, um die Voraussetzungen für praktisch handhabbare Methoden zu schaffen.

3.2.2 Ausarbeitung der algebraischen Theorie

Der formale Rahmen, innerhalb dessen im letzten Abschnitt der Gruppenhomomorphismus zwischen der linearen Matrixoptik und der paraxialen Wellenoptik dargelegt wurde, markierte den Verknüpfungspunkt zwischen Wellenoptik und Quantenmechanik. Alle optischen Propagationen in justierten Systemen lassen sich durch die Anwendung von unitären Operatoren auf Zustände beschreiben. Hierbei spielt die Wahl der Basis, bzgl. deren ein Zustand definiert ist, überhaupt keine Rolle. Wie in der Quantenmechanik lassen sich viele Überlegungen auf der Ebene der Operatoren durchführen, so daß eine Loslösung von konkreten Integraldarstellungen möglich ist und die viel einfacheren Methoden der unendlichdimensionalen linearen Algebra zur Anwendung kommen. Letztere reduzieren sich schließlich auf solche der endlichdimensionalen linearen Algebra, wenn numerische Methoden entwickelt werden (s. Kap. 7). Diese Sachverhalte rechtfertigen es, die auf dem quantenmechanischen Bild aufbauenden Methoden als algebraische Methoden zu bezeichnen.

In diesem Kapitel sollen mit Hilfe wohlbekannter Methoden der Quantenmechanik paraxiale Systeme algebraisch charakterisiert und im Hinblick auf konkrete Anwendungsfragen die erforderlichen Gesetzmäßigkeiten entwickelt werden. Die Grundlage aller Untersuchungen bilden hierbei die beiden Operatoren T_z und T_p. Es wird sich eine Reihe von Analogien zur klassischen geometrischen Optik auf dem Phasenraum ergeben, wie sie in Kapitel 2 dagelegt wurde.

In einem ersten Schritt soll die $Sp(4,\mathbb{R})$-Symmetriestruktur, die sich hinter der aus den beiden Operatoren T_z und T_p erzeugten unitären Gruppe verbirgt, noch weiter ausgearbeitet werden.

Die Gruppe $Sp(4,\mathbb{R})$ ist eine sog. Lie-Gruppe, d.h eine analytische Mannigfaltigkeit, die eine zusätzliche Gruppenstruktur besitzt. Was die hier verwendeten Eigenschaften von Lie-Gruppen anbelangt, sei auf [18][36][37][38] verwiesen. Als Mannigfaltigkeit ist jede Lie-Gruppe durch eine bestimmte Anzahl von unabhängigen Parametern gekennzeichnet. Im Falle von $Sp(4,\mathbb{R})$ sind dies 10 Parameter, denn gemäß Gl.(28) hat jedes Element $M \in Sp(4,\mathbb{R})$ 6 Nebenbedingungen zu erfüllen, so daß von den 16 Parametern einer reellen 4x4-Matrix noch 10 unabhängige verbleiben. Aus der analytischen Struktur einer Lie-Algebra folgt weiterhin, daß sich jedes Element M der Gruppe, welches in der Zusammenhangskomponente[8] der Eins liegt, in der Form M=exp(K) darstellen läßt. Schreibt man M(s)=exp(sK), so stellt M(s) eine einparametrige Untergruppe von $Sp(4,\mathbb{R})$ dar. Die Matrix K heißt dann infinitesimaler Generator von M(s), denn es gilt

$$K = \frac{dM(s)}{ds}\Big|_{s=0} \quad .\tag{117}$$

Aus der Symplektizitätsbedingung (28) ergibt sich für K

$$e^{sK^T}Je^{sK} = J \quad , \quad J = \begin{pmatrix} 0 & \mathbb{I} \\ -\mathbb{I} & 0 \end{pmatrix}\tag{118}$$

$$\Rightarrow \frac{d}{ds}\, e^{sK^T}Je^{sK}\Big|_{s=0} = 0 \quad \Rightarrow \quad K^TJ + JK = 0 \quad .$$

Ein allgemeiner Generator K läßt sich gemäß Gl.(118) somit schreiben als

---

[8]Die Zusammenhangskomponente der Eins enthält alle diejenigen Elemente, die sich durch stetige Variation der Parameter aus dem Einselement erhalten lassen.

$$K = \begin{pmatrix} V & W \\ X & -V^T \end{pmatrix} \quad , \quad W = W^T \; , \; X = X^T \quad . \tag{119}$$

Es läßt sich leicht nachrechnen, daß die Menge der Generatormatrizen K einen Vektorraum bildet, der zudem abgeschlossen unter der Kommutation ist. Damit wird dieser Raum zu einer Lie-Algebra, die mit sp(4,$\mathbb{R}$) bezeichnet wird. Gemäß der allgemeinen Lie-Gruppentheorie induziert eine Darstellung (hier insbes. die Darstellung auf dem Phasenraum) der Lie-Gruppe Sp(4,$\mathbb{R}$) über die Gl.(119) auch eine Darstellung der zugehörigen Lie-Algebra. Umgekehrt wird die auf die Zusammenhangskomponente der Eins beschränkte Lie-Gruppendarstellung via Exponentialabbildung durch die Darstellung der Lie-Algebra induziert, so daß insgesamt ein eineindeutiger Zusammenhang zwischen der Darstellung einer Lie-Algebra und der Zusammenhangskomponente der Eins der entsprechenden Lie-Gruppe existiert.

Wie weiter oben gezeigt wurde, ist die von den Operatoren T_z und T_P erzeugte unitäre Gruppe auf dem Hilbertraum $L^2(\mathbb{R}^2)$ ein homomorphes Bild der Gruppe Sp(4,$\mathbb{R}$) und somit ebenfalls eine Darstellung. Aus diesem Grunde ist die zugehörige Lie-Algebra ihrerseits homomorph zur Lie-Algebra sp(2,$\mathbb{R}$).

Im folgenden soll die entsprechende Lie-Algebra für die der Matrixgruppe Sp(4.$\mathbb{R}$) zugeordnete Operatorgruppe des letzten Abschnittes angegeben werden. Dies kann unmittelbar getan werden, da die Gruppe von Operatoren allein aus den zwei Elementen T_z und T_P aufgebaut werden kann und deren Generatoren bereits im letzten Kapitel (Gl.(91), Gl.(96)) berechnet wurden. Bis auf die Wellenzahl k haben diese Generatoren die folgende Gestalt

$$A_P = \frac{1}{2}\sum_{i,j=1}^{2} P_{i,j}\, x_i\, x_j \quad , \quad A_z = \frac{1}{2}\sum_{i,j=1}^{2} Z_{i,j}\, p_i\, p_j \quad . \tag{120}$$

Hierbei wurde die spezielle quadratische Form $\sum_i p_i^2$ durch eine allgemeinere symmetrische quadratische Form $\underline{p}^T Z \underline{p}$ ersetzt, welche sich bei der Herleitung von Gl.(92) ergeben hätte, wenn die freie Propagation in zwei senkrechten, gegenüber dem x,y-System gedrehten Schnittebenen über unterschiedliche Distanzen erfolgt wäre.

Je nach Wahl der symmetrischen Matrizen P und Z liefern die Gl.(120) insgesamt 6 verschiedene Generatoren. Die übrigen 4 Generatoren lassen sich berechnen, indem Kommutatoren aus obigen Summanden gebildet werden. Mit der Vertauschungsrelation $[x_k,p_j] = i\hbar\delta_{k,j}$ gilt:

$$[x_j\, x_k \, , \, p_m\, p_n] = i\hbar(\; x_j\, p_n\delta_{k,m} \;+\; x_k\, p_n\delta_{j,m} \;+\; p_m\, x_j\delta_{k,n} \;+\; p_m\, x_k\delta_{j,n} \;) \quad . \tag{121}$$

Hieraus wird klar, daß sich durch geeignete Wahl der Matrizen P und Z alle symmetrisierten Mischprodukte der Form $i/2(x_j p_k + p_k x_j)$ durch Kommutation bilden lassen. Hierbei gibt es insgesamt 4 Möglichkeiten. Eine unter Kommutation abgeschlossene Lie-Algebra X läßt sich deshalb folgendermaßen definieren:

$$X = \left\{ \frac{i}{2}x_j\, x_k \; , \; \frac{i}{2}p_j\, p_k \; , \; \frac{i}{2}(x_j\, p_k + p_k\, x_j) \; | \; j,\, k \in \{1,2\} \right\} \; . \tag{122}$$

Während die optische Wirkung der in x und p quadratischen Operatoren aus den bisherigen Betrachtungen klar ist, ist für die Operatoren $i/2(x_j p_k + p_k x_j)$ noch darzulegen, welche optischen Transformationen sie erzeugen. Die Generatoren der freien Propagation ergaben sich aus dem zur Matrix

$$M_z = \begin{pmatrix} \mathbb{I} & Z\mathbb{I} \\ 0 & \mathbb{I} \end{pmatrix} \tag{123}$$

gehörigen Collins-Integral, während die Generatoren einer brechenden sphärischen Oberfläche aus dem zur Matrix

$$M_P = \begin{pmatrix} \mathbb{I} & 0 \\ P & \mathbb{I} \end{pmatrix} \tag{124}$$

gehörigen Collins-Integral folgten. Gemäß Gl.(119) handeln diese beiden Fälle alle Generatoren der Matrix-Lie-Algebra bis auf den Typus

$$M_V = \exp\left[s \begin{pmatrix} V & 0 \\ 0 & -V^T \end{pmatrix} \right] \equiv \exp(s \cdot A_V) \tag{125}$$

ab. Im folgenden wird gezeigt, daß den Matrizen vom Typ A_V im Operatorbild Generatoren entsprechen, welche durch Mischprodukte aus den Operatoren x_j und p_k definiert sind. Hierzu wird wie folgt vorgegangen: Eine Matrix vom Typ A_V wird zunächst durch geeignete Kommutatoren von Matrizen des Typs A_z und A_P erzeugt. Der analoge Kommutator wird sodann im Operatorbild berechnet. Wegen der angesprochenen Homomorphie der beteiligten Lie-Algebren muß er dieselbe physikalische Bedeutung wie der Matrixkommutator haben. Es wird sich zeigen, daß dieser Kommutator tatsächlich aus Mischtermen in x_j und p_k besteht.

Zunächst werden im Matrixbild die beiden folgenden Kommutatoren berechnet:

$$[A_z, A_P] = \left[\begin{pmatrix} 0 & \mathbb{I} \\ 0 & 0 \end{pmatrix}, \begin{pmatrix} 0 & 0 \\ P & 0 \end{pmatrix} \right] = \begin{pmatrix} P & 0 \\ 0 & -P \end{pmatrix} ,$$

$$\left[[A_z, A_{P_1}], [A_z, A_{P_2}] \right] = \left[\begin{pmatrix} P_1 & 0 \\ 0 & -P_1 \end{pmatrix}, \begin{pmatrix} P_2 & 0 \\ 0 & -P_2 \end{pmatrix} \right] = \begin{pmatrix} [P_1, P_2] & 0 \\ 0 & [P_1, P_2] \end{pmatrix} \tag{126}$$

$$= \begin{pmatrix} [P_1, P_2] & 0 \\ 0 & -[P_1, P_2]^T \end{pmatrix} .$$

Die Matrizen $[P_1, P_2]$ repräsentieren den allgemeinst möglichen Fall einer antisymmetrischen 2x2-Matrix. Ferner läßt sich jede Matrix als Summe aus einer symmetrischen und einer antisymmetrischen Matrix schreiben. Mit $V = P + [P_1, P_2]$ läßt sich demnach die allgemeinste Matrix vom Typ A_V definieren. Im Operatorbild ergibt sich für die entsprechenden Kommutatoren durch Anwendung der kanonischen Vertauschungsrelationen zwischen x_j und p_k:

$$\left[A_z, A_P \right] = \frac{1}{4} \left[\sum_i p_i^2, \sum_{j,k} P_{j,k} x_j x_k \right] = \frac{-i\hbar}{2} \sum_{j,k} P_{j,k} \left(x_j p_k + p_j x_k \right)$$

$$= -\hbar \sum_{j,k} P_{j,k} \left(\frac{i}{2} (x_j p_k + p_j x_k) \right)$$

$$\left[[A_z, A_{P_1}], [A_z, A_{P_2}] \right] = \frac{-\hbar^2}{4} \sum_{j,k,l,m} P_{1,j,k} P_{2,l,m} \left[(x_j p_k + p_j x_k), (x_l p_m + p_l x_m) \right]$$

$$= \dots$$

$$= -\hbar^3 \sum_{j,k} [P_1, P_2]_{j,k} \left(\frac{i}{2} (x_j p_k + p_k x_j) \right) .$$

$$\tag{127}$$

Mit den obigen Gleichungen sind die Korrespondenzen zwischen der Matrixgruppe $Sp(4, \mathbb{R})$ und ihrer Lie-Algebra $sp(4, \mathbb{R})$ auf der einen Seite sowie der von T_z und T_P erzeugten Lie-Gruppe und deren Lie-Algebra auf der anderen Seite vollständig beschrieben. Diese Korrespondenzen seien in der folgenden Übersicht nochmals zusammengefaßt:

Lie-Gruppen	
Sp(4,$\mathbb{R}$)	Operatoren
$\begin{pmatrix} \mathbb{I} & tZ \\ 0 & \mathbb{I} \end{pmatrix}$	$\exp\left(\frac{i}{2}\sum_{j,k} Z_{j,k}\, p_j\, p_k\right)$
$\begin{pmatrix} \mathbb{I} & 0 \\ tP & \mathbb{I} \end{pmatrix}$	$\exp\left(\frac{i}{2}\sum_{j,k} P_{j,k}\, x_j\, x_k\right)$

Tabelle 1: Zuordnung zwischen optischen Matrizen und optischen Operatoren.

Lie-Algebren	
sp(4,$\mathbb{R}$)	Operatoren
$\begin{pmatrix} 0 & Z \\ 0 & 0 \end{pmatrix}$	$\frac{i}{2}\sum_{j,k} Z_{j,k}\, p_j\, p_k$
$\begin{pmatrix} 0 & 0 \\ P & 0 \end{pmatrix}$	$\frac{i}{2}\sum_{j,k} P_{j,k}\, x_j\, x_k$
$\begin{pmatrix} V & 0 \\ 0 & -V^T \end{pmatrix}$	$-\frac{i}{2}\sum_{j,k} V_{j,k}\, (x_j\, p_k + p_k\, x_j)$

Tabelle 2: Zuordnung zwischen optischen Matrizen und optischen Operatoren auf der Ebene infinitesimaler Transformationen.

3.2.3 Die Berücksichtigung von Dejustagen

Im letzten Unterkapitel wurde dargelegt, in welcher Weise sich die Transformationen der geometrischen Optik strukturerhaltend auf die Wellenoptik übertragen lassen, wobei dann die Wellenoptik in paraxialer Näherung als ein spezielles quantenmechanisches System erscheint, bei dessen Dynamik die symplektische Symmetrie eine fundamentale Rolle spielt; dieser Sachverhalt ist tatsächlich, wie unten zu sehen ist, völlig äquivalent zur Gültigkeit der Heisenbergschen Vertauschungsrelationen zwischen Orts- und Impulsoperator.

In diesem Kapitel soll die unitäre Gruppe der optischen Operatoren (welche die möglichen optischen Collins-Integrale erzeugen), noch durch einen weiteren Typus von Operatoren ergänzt werden, mit deren Hilfe auch Dejustagen eines optischen Systems adäquat beschrieben werden können. Auf der damit geschaffenen Struktur aufbauend wird es dann einfach möglich sein, praktische Fragestellungen zur wellenoptischen Propagation von Laserstrahlen numerisch zu behandeln.

Die Beschreibung der beiden Dejustagetypen des Strahlversatzes und der Strahlverkippung werden im Rahmen der Kirchhoff-Fresnel Theorie dadurch berücksichtigt, daß ein gegebenes optisches Feld $u(\underline{r})$ transformiert wird in $u(\underline{r}-\underline{r}_0)$ bzw. in $u(\underline{r})\exp(ik\alpha\,\underline{r}_0)$. Betrachtet man einen differentiellen Strahlversatz $d\underline{r}$ bzw. eine differentielle Phasenkorrektur $d\alpha$, so ergibt sich für die genannten Transformationen

$$u(\underline{r}-d\underline{r}) = u(\underline{r}) - (\nabla u)(\underline{r})\cdot d\underline{r} + O(dr^2)$$

$$= u(\underline{r}) - i\,(\underline{p}u)(\underline{r})\cdot d\underline{r} + O(dr^2) \tag{138}$$

$$u(\underline{r})\exp(id\alpha\,\underline{k}\cdot\underline{r}) = \Big(1 + ik\cdot d\alpha\,\underline{r} + O(d\alpha^2) \Big)\,u(\underline{r}) \quad .$$

Als infinitesimale Generatoren treten also in der Gl. (138) der Ortsoperator $\underline{r}$ und der Impulsoperator $\underline{p}=-i\nabla_r$ auf. Die Frage, die sich deshalb im Zusammenhang mit der Erweiterbarkeit der von T_z und T_P erzeugten unitären Gruppe stellt, ist, ob die von den quadratischen - Operatoren ix_ix_j, ip_ip_j und $\frac{1}{2}i(x_ip_j+p_jx_i)$ erzeugte Lie-Algebra sich noch in geeigneter Weise durch die linearen Operatoren x_i und p_j ergänzen läßt.

Jede Lie-Algebra muß abgeschlossen unter der Lie-Produktbildung sein. Im Falle der optischen Operatoren ist das Lie-Produkt zweier Operatoren durch den Kommutator $[.,.]$ gegeben. Aus der Heisenbergschen Vertauschungsrelation

$$[x_j\,,\,p_k] = i\delta_{j,k} \quad , \quad [x_j\,,\,x_k] = 0 = [p_j\,,\,p_k] \quad , j,k\in\{1,2\} \tag{139}$$

folgt, daß der von den linearen Polynomen erster Ordnung in x_j und p_j aufgespannte Vektorraum nicht abgeschlossen sein kann unter Kommutation. Dies gilt aber sehr wohl für den von den Elementen $\{ix_j,ip_j,i1\}$ erzeugten Vektorraum V.

Vorbereitend für weitere Überlegungen sollen an dieser Stelle die Vertauschungsrelationen (139) mit der Matrix J der symplektischen Form ω aus Gl.(28) in Beziehung gesetzt werden. Hierzu sei ein Polynom der Form $\sum_j(\alpha_j x_j + \beta_j p_j)$ durch den Koordinatenvektor $\underline{v}=(\alpha_1, \alpha_2, \beta_1, \beta_2)$ repräsentiert. Faßt man $\underline{v}_1, \underline{v}_2$ als geometrisch-optische Strahlvektoren auf, so lautet die Form ω aus Gl.(28)

$$\omega(\underline{v}_1, \underline{v}_2) = \begin{pmatrix} \alpha_{v1,1} \\ \alpha_{v1,2} \\ \beta_{v1,1} \\ \beta_{v1,2} \end{pmatrix}^T \cdot \begin{pmatrix} 0 & I \\ -I & 0 \end{pmatrix} \cdot \begin{pmatrix} \alpha_{v2,1} \\ \alpha_{v2,2} \\ \beta_{v2,1} \\ \beta_{v2,2} \end{pmatrix}$$

$$= \sum_{j=1}^{2} (\alpha_{v1,j}\, \beta_{v2,j} - \beta_{v1,j}\, \alpha_{v2,j}) \tag{140}$$

$$= -\frac{i}{\hbar} \sum_{j=1}^{2} \sum_{k=1}^{2} (\, \alpha_{v1,j}\, \beta_{v2,k}\, [x_j, p_k] + \beta_{v1,j}\, \alpha_{v2,k}\, [p_j, x_k]$$

$$+ \alpha_{v1,j}\, [x_j, x_k]\, \alpha_{v2,k} + \beta_{v1,j}\, [p_j, p_k]\, \beta_{v2,k}\,)$$

$$= -\frac{i}{\hbar} \left[\, \sum_{j=1}^{2} (\, \alpha_{v1,j}\, x_j + \beta_{v1,j}\, p_j\,)\,,\, \sum_{k=1}^{2} (\, \alpha_{v2,k}\, x_k + \beta_{v2,k}\, p_k\,)\,\right]$$

oder komponentenweise geschrieben

$$i\hbar\, \omega \left[\begin{pmatrix} 0 \\ 1_j \\ 0 \\ \vdots \\ 0 \end{pmatrix}, \begin{pmatrix} 0 \\ \vdots \\ 0 \\ 1_k \\ 0 \end{pmatrix} \right] = [x_j, p_k] = i\hbar\, \delta_{j,k}\,. \tag{141}$$

Die Gln.(140) und (141) zeigen, daß sich sämtliche Vertauschungsrelationen zwischen den Operatoren x_j und p_k mit Hilfe der kanonischen symplektischen Matrix J in einer einzigen Gleichung zusammenfassen lassen. Repräsentiert man in dem durch die Operatoren $\{x_j, p_j \mid j \in \{1,2\}\}$ aufgespannten Vektorraum die entsprechenden linearen Polynome durch die Vierervektoren ihrer Koeffizienten, so entsprechen in dieser Darstellung die Heisenbergschen kanonischen Vertauschungsrelationen *exakt* der kanonischen symplektischen Form ω der Matrixoptik. Es kristallisiert sich somit heraus, daß die paraxiale Wellenoptik sich im quantenmechanischen Bild auch als eine operatorwertige Matrixoptik präsentiert, in der die Strahlvektoren als Koeffizientenvektoren der linearen Operatorpolynome in x_j und p_k auf-

Sinne sich diese Vermutung *formal* explizit machen läßt, wird am Ende dieses Kapitels geklärt werden. Zunächst soll als Konsequenz von Gl.(139) folgende Lie-Algebra von Operatoren definiert werden:

$$h(4,\mathbf{R}) = span\left\{\begin{pmatrix} \alpha \\ \beta \\ 1 \end{pmatrix} \equiv \begin{pmatrix} \alpha_1 \\ \alpha_2 \\ \beta_1 \\ \beta_2 \\ 1 \end{pmatrix} \; : \; \alpha_1,\alpha_2,\beta_1,\beta_2 \in \mathbf{R}\right\} \; . \tag{142}$$

Die Lie-Algebra (142) ist in der Quantenmechanik als sog. *Heisenberg-Algebra h(4, R)* wohlbekannt [39][40]. Als Lie-Produkt {.,.} fungieren die Heisenbergschen Vertauschungsrelationen in der Form (140). Im folgenden soll das dort auftretende Plancksche Wirkungsquantum $\hbar$ gleich eins gesetzt werden. In der Notation (142) schreibt sich das Produkt zweier Lie-Vektoren dann wie folgt:

$$\left\{\begin{pmatrix} \alpha_1 \\ \beta_1 \\ \gamma_1 \end{pmatrix}, \begin{pmatrix} \alpha_2 \\ \beta_2 \\ \gamma_2 \end{pmatrix}\right\} = \begin{pmatrix} 0 \\ 0 \\ \alpha_1 \cdot \beta_2 - \beta_1 \cdot \alpha_2 \end{pmatrix} = \begin{pmatrix} 0 \\ 0 \\ \begin{pmatrix} \alpha_1 \\ \beta_1 \end{pmatrix}^T \begin{pmatrix} 0 & I \\ -I & 0 \end{pmatrix} \begin{pmatrix} \alpha_2 \\ \beta_2 \end{pmatrix} \end{pmatrix}$$

$$= \begin{pmatrix} 0 \\ 0 \\ \omega\left(\begin{pmatrix} \alpha_1 \\ \beta_1 \end{pmatrix}, \begin{pmatrix} \alpha_2 \\ \beta_2 \end{pmatrix}\right) \end{pmatrix} \; . \tag{143}$$

Nachdem die Lie-Algebra h(4,**R**) der Dejustageoperatoren definiert ist, stellt sich die Frage, wie die dazugehörige Lie-Gruppe als Analogon der von T_z und T_p erzeugten Gruppe aussieht. Es müssen also die zu den einzelnen Elementen der Algebra h(4,**R**) gehörigen Gruppenoperatoren durch Exponentiation bestimmt werden. Die Exponentiationsabbildung W lautet für die einzelnen Elemente:

$$W : h(4,\mathbf{R}) \rightarrow W(4,\mathbf{R}) \; , \; (0,0,\gamma) \rightarrow \exp(i\gamma) =: W(0,0,\gamma)$$

$$(\alpha,0,0) \rightarrow \exp(i\alpha T) =: W(\alpha,0,0) \tag{144}$$

$$(0,\beta,0) \rightarrow \exp(i\beta P) =: W(0,\beta,0) \; .$$

Weyl-Algebra bezeichnet [41][42]. Sie liefert entsprechend den Darstellungseigenschaften von Lie-Gruppen eine zu h(4,$\mathbb{R}$) völlig äquivalente Möglichkeit der Darstellung der Dejustageoperatoren $\underline{r}$ und $\underline{p}$. Die Abb. (144) der Heisenberg-Algebra auf die Weyl-Algebra ist homomorph, d.h. strukturverträglich mit dem Lie-Produkt. Dies soll im folgenden unter Verwendung der Baker-Campbell-Hausdorff Formel (BCH-Formel) [36] für Exponentialoperatoren demonstriert werden. Die BCH-Formel besagt, daß für zwei beschränkte Operatoren A und B folgende Beziehung gilt:

$$\exp(A+B) = \exp(A)\ \exp(B)\ \exp(C_2)\ \exp(C_3)\ \cdot\ \ldots$$

$$C_2 = -\frac{1}{2}\ [A,B]\ ,\quad C_3 = \frac{1}{6}\ [A,[A,B]] + \frac{1}{3}\ [B,[A,B]]\ .$$

(145)

Setzt man in Gl.(145) A=i$\alpha_j x_j$ und B=i$\beta_k p_k$, so folgt aus Gl.(144) C_2= -½i$\omega((\alpha_j,0),(0,\beta_k))$ und C_n=0 für alle n≥3. Dies bedeutet somit

$$\exp(i(\alpha_j x_j+\beta_k p_k)) = \exp(i\alpha_j x_j)\ \exp(i\beta_k p_k)\ \exp\left(\frac{i}{2}\omega((\alpha_j,0),(0,\beta_k))\right)$$

$$= \exp(i\alpha_j x_j)\ \exp(i\beta_k p_k)\ \exp\left(\frac{1}{2}[\alpha_j x_j,\beta_k p_k]\right)$$

$$\equiv \exp(i\beta_k p_k)\ \exp(i\alpha_j x_j)\ \exp\left(\frac{1}{2}[\beta_k p_k,\alpha_j x_j]\right)\ ,$$

(146)

woraus unmittelbar folgt, daß

$$\exp(\ [\alpha_j x_j,\beta_k p_k]\ ) = \exp(i\beta_k p_k)\ \exp(i\alpha_j x_j)\ \exp(-i\beta_k p_k)\ \exp(-i\alpha_j x_j)$$

$$\leftrightarrow\ W(\ [(\alpha_j,0,0),(0,\beta_k,0)]\ ) = W(0,\beta_k,0)W(\alpha_j,0,0)W(0,-\beta_k,0)W(-\alpha_j,0,0)\ .$$

(147)

Auf der rechten Seite von Gl.(147) steht aber gerade der integrale Ausdruck, der, nach $\alpha_j\ \beta_k$ differenziert, das Kommutatorprodukt der zu W(4,$\mathbb{R}$) gehörenden Lie-Algebra liefert [41].

Die obige Herleitung ist strenggenommen nicht ganz korrekt, da die Operatoren $\underline{r}$ und $\underline{p}$ nicht beschränkt sind. Eine genauere Betrachtung im Rahmen der Quantenmechanik zeigt jedoch, daß alle hier gezogenen Schlußfolgerungen auch für diesen Fall zutreffen. Für eine formal strenge Herleitung der obigen Beziehungen sei auf [41] verwiesen.

Mit Hilfe von Gl.(147) sind nun auch die Weyl-Operatoren definiert, die über die Definitionen in Gl.(144) hinausgehend, zu allgemeinen h(4,$\mathbb{R}$)-Elementen der Form $(\alpha_1,\alpha_2,\beta_1,\beta_2,\gamma)$ gehören. Ihre Wirkung auf ein Feld u läßt sich einfach angeben. Es gilt:

$$[W(\underline{\alpha},\underline{\beta},\gamma)u](\underline{r}) = \left[\ \exp\!\left(-i\,\left(\gamma+\frac{1}{2}\,\omega\,[(\underline{\alpha},0),(0,\underline{\beta})]\right)\right)\ \exp(i\underline{\alpha}\cdot\underline{r})\ \exp(i\underline{\beta}\cdot\underline{p})u\ \right](\underline{r})$$

$$= \exp\!\left(i\,\left(\gamma+\frac{1}{2}\,\omega\,[(\underline{\alpha},0),(0,\underline{\beta})]\right)\right)\ \exp(i\underline{\alpha}\cdot\underline{r})\ u(\underline{r}+\underline{\beta})\ .$$

(148)

Je nach Wahl von α_j, β_j und γ lassen sich alle möglichen Fälle realisieren. Insbesondere ist zu erkennen, daß gemäß Gl.(138) der Impulsoperator $\underline{p}$ einen lateralen Feldversatz induziert, während der Ortsoperator $\underline{r}$ einen linearen Phasenshift bzw. eine Verkippung des Feldes erzeugt.

Eine letzte wichtige formale Fragestellung im Zuge des Aufbaus der algebraischen Theorie der Wellenoptik ergibt sich aus folgendem Sachverhalt: Es wurden bis jetzt unabhängig voneinander zwei Lie-Gruppen unitärer Operatoren definiert. Die eine Lie-Gruppe wird von den Operatoren T_z der freien Propagation sowie den Operatoren T_P der Brechung an sphärischen Oberflächen erzeugt und repräsentiert die Gesamtheit möglicher paraxialer wellenoptischer Transformationen wie sie durch das Collins-Integral beschrieben werden. Die zweite Gruppe $W(4,\mathbb{R})$ wird von den Operatoren erzeugt, welche Verschiebungs- und Verkippungstransformationen beschreiben. Beide Lie-Gruppen können äquivalenterweise durch ihre Lie-Algebren der infinitesimalen Generatoren beschrieben werden. Diese bestehen im ersteren Fall aus dem Vektorraum der quadratischen Polynome in $\underline{r}$ und $\underline{p}$ (vgl. Tabelle 1) und im letzteren Fall aus den linearen Polynomen in $\underline{r}$ und $\underline{p}$ sowie dem Einsoperator. Da in realen optischen Systemen i.a. jedoch paraxiale Propagationen und Dejustagen kombiniert auftreten, stellt sich die Frage, ob sich die beiden genannten Darstellungen in ebenfalls geeigneter Weise kombinieren lassen.

Diese Frage soll im folgenden beantwortet werden. Dies wird gleichzeitig eine Antwort auf die an früherer Stelle aufgeworfenen Frage liefern, inwieweit die quantenmechanisch interpretierte Wellenoptik als eine operatorwertige Matrixoptik angesehen werden kann.

Die Grundlage bildet ein von J. von Neumann im Jahre 1931 bewiesener Sachverhalt, der besagt, daß die Weyl-Darstellung $W(4,\mathbb{R})$ der Heisenberg-Algebra $h(4,\mathbb{R})$ in folgendem Sinne die einzig mögliche ist:

Exisitert neben der Weyl-Gruppe $W(4,\mathbb{R})$ eine weitere Gruppe S unitärer Operatoren mit

$$S : h(4,\mathbb{R}) \to S \quad , \quad (\underline{\alpha},\underline{\beta},\gamma) \to S(\underline{\alpha},\underline{\beta},\gamma)$$

$$S(\underline{\alpha},\underline{\beta},\gamma) = S(\underline{\alpha},0,\gamma)\, S(0,\underline{\beta},\gamma)\, \exp\!\left(\frac{i}{2}\omega((\underline{\alpha},0),(0,\underline{\beta}))\right) \quad ,$$

$$(149)$$

dann existiert auch ein unitärer Operator U zwischen den Darstellungsräumen von S und W(4,$\mathbb{R}$), so daß gilt:

$$W(\underline{\alpha},\underline{\beta},\gamma) = U^{-1}S(\underline{\alpha},\underline{\beta},\gamma)U \quad , \quad \forall \underline{\alpha},\underline{\beta} \in \mathbb{R}^2 \, , \, \gamma \in \mathbb{R} \quad . \tag{150}$$

Gl.(150) besagt, daß die Wirkungsweise der Operatoren W und S physikalisch nicht unterscheidbar ist, denn in der Quantenmechanik entspricht jeder Meßwert dem Erwartungswert <...> des den Meßvorgang repräsentierenden Operators bzgl. eines gegebenen Zustandes u. Da unitäre Operatoren Skalarprodukte invariant lassen, gilt

$$\langle\, W(\underline{\alpha},\underline{\beta},\gamma)\, \rangle = \langle\, u|W(\underline{\alpha},\underline{\beta},\gamma)u\, \rangle = \langle\, u|U^{-1}S(\underline{\alpha},\underline{\beta},\gamma)Uu \rangle = \langle\, Uu|S(\underline{\alpha},\underline{\beta},\gamma)Uu \rangle$$

$$= \langle\, u|S(\underline{\alpha},\underline{\beta},\gamma)u \rangle = \langle\, S(\underline{\alpha},\underline{\beta},\gamma)\, \rangle \quad , \quad \forall\underline{\alpha},\underline{\beta} \in \mathbb{R}^2 \, , \, \gamma \in \mathbb{R} \quad . \tag{151}$$

Hierbei steht < . | . > für das Skalarprodukt. In diesem Sinne stellt die Gruppe W(4,$\mathbb{R}$) physikalisch die einzige Möglichkeit dar, die Heisenberg-Algebra h(4,$\mathbb{R}$) zu repräsentieren.

Eine weitere wichtige Eigenschaft der Gruppe W(4,$\mathbb{R}$), die J. von Neumann bewies, ist, daß sie irreduzibel ist [43]. Dies bedeutet, daß es ein einziges optisches Feld u_0 geben muß[9], aus dem sich jedes beliebige andere Feld u durch Anwendung eines geeigneten Operators aus W(4,$\mathbb{R}$) beliebig genau approximieren läßt. Wenn sich aber jedes Feld u in der Form $\Sigma_j c_j W(\alpha_1,\alpha_2,\beta_1,\beta_2,\gamma)u_0$ beliebig genau approximieren läßt, kann man ein Feld gleich durch den entsprechenden erzeugenden Operator ersetzen und nur noch auf der Ebene der Operatoren argumentieren. Dies gilt natürlich auch für die infinitesimalen Generatoren $\underline{r}$ und $\underline{p}$ der Operatoren W (die ja auch Grenzwerte des obigen Typs sind). In folgendem Sinne lassen sich deshalb die Elemente von h(4,$\mathbb{R}$) als operatorwertige Strahlvektoren identifizieren:

$$\binom{\underline{r}}{\underline{p}} u_0 = -i\frac{d}{dt}\, [\, \exp(it(\underline{r}+\underline{p}))u_0\,]_{|t=0} \quad . \tag{152}$$

In diesem Zusammenhang stellt sich unmittelbar die weitere Frage, ob gemäß Gl. (152) dann auch die Anwendung eines ABCD-Propagationsoperators T auf der rechten Seite der Gleichung zu folgender Identität führt:

---

[9]Hierbei handelt es sich um eine Gaußverteilung [43].

$$T\left[\begin{pmatrix} A & B \\ C & D \end{pmatrix}\begin{pmatrix} \underline{r} \\ \underline{p} \end{pmatrix}\right] u_0 = \begin{pmatrix} \underline{r} \\ \underline{p} \end{pmatrix} T\, u_0 \quad , \tag{153}$$

wobei T der zur optischen ABCD-Matrix gehörige Integraloperator gemäß Gl. (85) ist. Die Gl. (153) besagt, daß der vektorwertige Operator $(\underline{r},\underline{p})^{\mathsf{T}}$ in dem durch T transformierten Raum übergeht in

$$\begin{pmatrix} A & B \\ C & D \end{pmatrix} \cdot \begin{pmatrix} \underline{r} \\ \underline{p} \end{pmatrix} \quad , \tag{154}$$

also genau dem Matrixgesetz der geometrischen Optik genügt.

Daß Gl. (153) tatsächlich gültig ist, läßt sich leicht einsehen, wenn man nochmals auf die kanonischen Vertauschungsrelationen in Matrixform gemäß Gl. (140) und Gl. (141) zurückblickt: Sei M eine symplektische ABCD-Matrix und seien die Operatoren $\sum_j(\alpha_j x_j + \beta_j p_j) \in h(4,\mathbb{R})$ in der Vektorschreibweise gegeben durch $\underline{v}=(\alpha_1,\alpha_2,\beta_1,\beta_2)$. Dann gilt

$$\omega(M\underline{v}_1, M\underline{v}_2) = (M\underline{v}_1)^T J(M\underline{v}_2) = \underline{v}_1^T(M^T J M)\underline{v}_2 = \underline{v}_1^T J \underline{v}_2 = \omega(\underline{v}_1,\underline{v}_2) \quad , \tag{155}$$

so daß die Operatoren $(\alpha_1,\alpha_2,\beta_1,\beta_2)^{\mathsf{T}}\cdot(x_1,x_2,p_1,p_2)$ dieselben Vertauschungsrelationen erfüllen wie die Operatoren $(\alpha_1,\alpha_2,\beta_1,\beta_2)^{\mathsf{T}}\cdot M^{\mathsf{T}}(x_1,x_2,p_1,p_2)$. Da mit M auch die Matrix M^{T} symplektisch ist, lassen sich in Gl. (146) für jede beliebige ABCD-Matrix die Substitutionen

$$x_j \rightarrow (A\underline{r} + B\underline{p})_{xj} \quad , \quad p_j \rightarrow (C\underline{r} + D\underline{p})_{pj} \tag{156}$$

durchführen, ohne daß die Gleichung ihre Gültigkeit verliert. Wegen der Eindeutigkeit (150) der Weyl-Darstellung exisitert deshalb ein unitärer Operator U(M), so daß gilt

$$W\left(\begin{pmatrix} A & C \\ B & D \end{pmatrix}\begin{pmatrix} \underline{\alpha} \\ \underline{\beta} \end{pmatrix}\right) = U^{-1}(M)\; W\,(\underline{\alpha},\underline{\beta})U(M) \quad . \tag{157}$$

Um die Gültigkeit der Gl. (153) einzusehen, sind deshalb noch die Operatoren U(M) mit der in Kapitel 3.2.2 Gruppe der paraxialen Propagationsoperatoren des Collins-Integrals zu identifizieren.

Zunächst sei bemerkt, daß die Abbildung $M \rightarrow U(M)$ ein Gruppenhomomorphismus ist, denn es gilt gemäß Gl. (157):

1. $U(\mathbb{I}) = \mathbb{I}$.

Weiter findet man durch Iteration

$$U(M_2)^{-1}\ U(M_1)^{-1}\ W(\underline{\alpha},\underline{\beta})\ U(M_1)\ U(M_2) = U(M_2)^{-1}\ W\left(M_1^T\begin{pmatrix}\alpha\\\beta\end{pmatrix}\right)\ U_2(M_2) \quad (158)$$

$$= W\left(M_1^T M_2^T\begin{pmatrix}\alpha\\\beta\end{pmatrix}\right) = U(M_2 M_1)^{-1}\ W(\underline{\alpha},\underline{\beta})\ U(M_2 M_1)\ .$$

Gl.(158) besagt, daß

2. $U(M_2)\ U(M_1) = U(M_2 M_1)$.

Setzt man für M_2 die (ebenfalls symplektische) Matrix M_1^{-1} ein, so folgt aus 2. unmittelbar

3. $U(M^{-1}) = U^{-1}(M)$.

Aus den Beziehungen 1.-3. folgt, daß die Operatoren $U(M)$, $M \in SP(4,\mathbb{R})$ eine Gruppe auf dem Raum der optischen Felder bilden. Es wird nun gezeigt, wie die Operatoren $U(M)$ konkret auf ein optisches Feld u wirken. Genauer soll folgende Korrespondenz gezeigt werden:

$$M_z = \begin{pmatrix}\mathbb{I} & z\mathbb{I}\\0 & \mathbb{I}\end{pmatrix} \quad \leftrightarrow \quad U(M_z) = \textit{freie Propagation}\ ,$$

$$ \quad (159)$$

$$M_P = \begin{pmatrix}\mathbb{I} & 0\\P & \mathbb{I}\end{pmatrix} \quad \leftrightarrow \quad U(M_P) = \textit{brechende Oberfläche}\ .$$

Hierzu wird die Gl. (157) für die Operatoren $W(\alpha_1,\alpha_2,0,0)$ und $W(0,0,\beta_1,\beta_2)$ ausgewertet. Alle weiteren Fälle ergeben sich dann aus den Weyl-Relationen Gl. (147). Für die Operatoren $U(M)$ werden die Collins-Operatoren T_z und T_P aus Gl. (97) verwendet. Ist die Gl. (157) mit diesen Konstellationen von Operatoren erfüllt, so läßt sich leicht schließen, daß T_z und T_P identisch sein müssen mit $U(M_z)$ und $U(M_P)$.

Zunächst sei der Fall $U(M_z)$ der freien Propagation betrachtet. Es gilt

$$T_z^{-1}\ W(\underline{\alpha},0)\ T_z = \exp\left[\frac{iz}{2k}(p_1^2 + p_2^2)\right]\exp[i(\alpha_1 x_1 + \alpha_2 x_2)]\exp\left[-\frac{iz}{2k}(p_1^2 + p_2^2)\right] \quad (160)$$

Bezogen auf den infinitesimalen Generator von $W(\alpha_1,\alpha_2,0,0)$ lautet Gl. (160)

$$T_z^{-1} \, (\alpha_1 x_1 + \alpha_2 x_2) \, T_z \; = \; \exp\left[\frac{iz}{2k}(p_1^2 + p_2^2)\right] (\alpha_1 x_1 + \alpha_2 x_2) \, \exp\left[-\frac{iz}{2k}(p_1^2 + p_2^2)\right]$$

$$= \left([\exp\left[\frac{iz}{2k}(p_1^2 + p_2^2)\right],(\alpha_1 x_1 + \alpha_2 x_2)] + (\alpha_1 x_1 + \alpha_2 x_2) \, \exp\left[\frac{iz}{2k}(p_1^2 + p_2^2)\right]\right) \exp\left[-\frac{iz}{2k}(p_1^2 + p_2^2)\right]$$

$$= \left((x_1 + \frac{z}{k} \, p_1) \, \alpha_1 + (x_2 + \frac{z}{k} \, p_2) \, \alpha_2\right) \; .$$

(161)

Beim Übergang von der zweiten zur dritten Zeile wurden die Vertauschungsrelationen zwischen x_i und p_j verwendet.

In völliger Analogie zu den Gln. (160),(161) läßt sich der Fall $W(0,0,\beta_1\beta_2)$ auswerten. Da die p_i-Operatoren untereinander vertauschen, ergibt sich

$$T_z^{-1} \, (\beta_1 p_1 + \beta_2 p_2) \, T_z \; = \; \exp\left[\frac{iz}{2k}(p_1^2 + p_2^2)\right] (\beta_1 p_1 + \beta_2 p_2) \, \exp\left[-\frac{iz}{2k}(p_1^2 + p_2^2)\right]$$

$$= (\,\beta_1 p_1 + \beta_2 p_2\,) \; .$$

(162)

Insgesamt also transformiert sich der Generator eines allgemeinen Operators $W(\alpha_1,\alpha_2,\beta_1,\beta_2)$ gemäß

$$(\alpha_1 \;\; \alpha_2 \;\; \beta_1 \;\; \beta_2)^T \cdot \begin{pmatrix} x_1 \\ x_2 \\ k^{-1}p_1 \\ k^{-1}p_2 \end{pmatrix} \; \rightarrow \; (\alpha_1 \;\; \alpha_2 \;\; \beta_1 \;\; \beta_2)^T \cdot \begin{pmatrix} \mathbb{I} & z\mathbb{I} \\ 0 & \mathbb{I} \end{pmatrix} \cdot \begin{pmatrix} x_1 \\ x_2 \\ k^{-1}p_1 \\ k^{-1}p_2 \end{pmatrix} \; . \qquad (163)$$

Dies wiederum bedeutet, daß die Gl. (157) für $U(M) = T_z$ erfüllt ist. Ersetzt man in den Gln. (160)-(163) den Operator T_z durch T_P, so ergibt sich anstatt Gl. (163) die Beziehung

$$(\alpha_1 \ \ \alpha_2 \ \ \beta_1 \ \ \beta_2)^T \cdot \begin{pmatrix} x_1 \\ x_2 \\ k^{-1}p_1 \\ k^{-1}p_2 \end{pmatrix} \ \rightarrow \ (\alpha_1 \ \ \alpha_2 \ \ \beta_1 \ \ \beta_2)^T \cdot \begin{pmatrix} \mathbb{I} & 0 \\ P & \mathbb{I} \end{pmatrix} \cdot \begin{pmatrix} x_1 \\ x_2 \\ k^{-1}p_1 \\ k^{-1}p_2 \end{pmatrix} \ . \qquad (164)$$

Somit ist die Gl. (157) auch für $U(M) = T_P$ erfüllt. Insgesamt läßt sich demnach folgendes schließen:

Sei T_M der zur ABCD-Matrix M gehörige Collins-Operator und $U(M)$ der entsprechende unitäre Operator aus Gl. (157). Dann gilt

$$T_M^{-1} \ W(\underline{\alpha},\underline{\beta}) \ T_M \ = \ U(M)^{-1} \ W(\underline{\alpha},\underline{\beta}) \ U(M)$$

$$\leftrightarrow \ U(M)T_M^{-1} \ W(\underline{\alpha},\underline{\beta}) \ = \ W(\underline{\alpha},\underline{\beta}) \ U(M)T_M^{-1} \qquad (165)$$

$$\leftrightarrow \ [\ U(M)T_M^{-1} \ , \ W(\underline{\alpha},\underline{\beta}) \ ] = 0 \ .$$

Weil nun aber, wie oben erwähnt, die Weyl-Darstellung irreduzibel ist [43], folgt aus dem Lemma von Schur für irreduzible Darstellungen auf Hilberträumen [41], daß

$$U(M) = c_M \cdot T_M \ , \ \ |c_M| = 1 \ . \qquad (166)$$

Die zu einer ABCD-Matrix M gehörigen Operatoren $U(M)$ und T_M stimmen demnach bis auf einen Phasenfaktor c_M miteinander überein. Für die konkrete Gestalt von c_M sei auf die quantenmechanische Literatur zur Weyl-Darstellung verwiesen [41][43].

Die obigen Betrachtungen zeigen formal exakt auf, in welcher Weise die geometrische Matrixoptik Eingang in die paraxiale Wellenoptik findet (Gl. (153)) und welche Rolle dabei das Collins-Integral spielt, welches als Integraloperator durch T_M oder gemäß Gl.(166) äquivalenterweise durch $U(M)$ gegeben ist, wenn M eine geometrisch-optische ABCD-Matrix ist.

Die theoretischen Grundlagen für das Verständnis und die Ausarbeitung der im weiteren Verlauf der Arbeit zu diskutierenden konkreten Anwendungen im Bereich der Strahlpropagation sind damit bereitgestellt. Bevor auf diese praktischen Belange eingegangen wird, soll der physikalische Inhalt des algebraischen Bildes nochmals formuliert werden:

In der algebraischen Beschreibung sind die Bausteine, aus denen sich die gesamte Theorie der paraxialen Optik entwickeln läßt, durch die linearen und quadratischen Polynome in den

Orts- und Impuls- bzw. Winkelkoordinaten x_i und p_i bzw. $\theta_i = p_i/k$ gegeben. Ein beliebiges optisches Feld u läßt sich mit Hilfe der Weyl-Operatoren $W(\alpha_1, \alpha_2, \beta_1, \beta_2)$ beliebig genau aus einer Gauß-Verteilung u_0 erzeugen. In diesem Sinne kann ein optisches Feld auch durch seine Bestimmungskoeffizienten $(\alpha_1, \alpha_2, \beta_1, \beta_2)$ beschrieben werden. Letztere aber transformieren sich in einem ABCD-System wie die Koeffizienten eines geometrisch-optischen Strahlvektors. Ein paraxiales wellenoptisches System ist deshalb exakt ein matrixoptisches System, wenn die Abstands- und Winkelvektoren der geometrischen Optik durch die Orts- und Impulsoperatoren der Quantenmechanik ersetzt werden. Dieses einfache Übersetzungsschema führt auf einen sehr effektiven Formalismus der Strahlcharakterisierung, zumal die hierfür notwendigen mathematischen Grundlagen seit langem in der Quantenmechanik bereitgestellt sind.

Im nächsten Kapitel werden die bislang entwickelten Grundlagen angewendet, um den Formalismus der statistischen Momente zu entwickeln, auf dessen Basis gegenwärtig versucht wird, verbindliche Standards zur Strahlcharakterisierung festzuschreiben.

4. Statistische Momente in der Laseroptik

Eine wichtige Zielsetzung dieser Arbeit besteht darin, theoretisch und experimentell zu Fragen der Strahlcharakterisierung Stellung zu beziehen, wie sie bei industriell eingesetzten Lasersystemen unter Berücksichtigung alltäglicher Einsatzbedingungen relevant sind. Dies tangiert unmittelbar auch den aktuellen Stand der internationalen Normung auf diesem Gebiet. In den einschlägigen Normungsgremien (ISO/TC 172/SC 9/WG 1) werden gegenwärtig unterschiedliche Ansätze zur Definition und meßtechnischen Bestimmung von Strahldurchmessern, Strahldivergenzwinkeln und der sog. Beugungsmaßzahl M^2 verfolgt und mit dem Ziel der Etablierung eines verbindlichen Standards untersucht.

Einer dieser Ansätze beruht auf der aus der klassischen Wahrscheinlichkeitstheorie bekannten Methode der statistischen Momente. Hierbei wird die normierte Leistungsdichteverteilung eines Laserstrahls als Wahrscheinlichkeitsdichteverteilung interpretiert, aus deren statistischen Momenten sich dann Strahlkenngößen ableiten lassen [44][45][46][47][48].

Dieser Ansatz fügt sich nahtlos in den Rahmen der im letzten Kapitel entwickelten Theorie und soll dementsprechend mit Hilfe der dort gewonnenen Resultate im folgenden eingehend beleuchtet werden. Dies bedeutet zum einen, daß konkrete Methoden zur numerischen Handhabung des Charakterisierungsverfahrens bereitgestellt werden. Wichtige Anforderungen an eine numerische Beschreibung sind etwa

1. die Formulierung von Propagationsgesetzen für die mit der verwendeten Meßmethode gewonnenen Strahlkenngrößen, um Meßgrößen an verschiedenen Strahlpositionen korrelieren zu können, ohne immer wieder neu messen zu müssen[1],
2. die Auffindung von Invarianten eines Laserstrahls, die unabhängig von der konkreten Strahlführungskonstellation den Laserstrahl als solchen kennzeichnen,
3. die quantitative Beschreibung von Störeinflüssen, die allgegenwärtig sind, und die im Vergleich zur idealen paraxialen Optik Korrekturen in der Strahlbeschreibung erforderlich machen.

Auf der anderen Seite muß eine praktikable Beschreibung jedoch auch einen meßtechnischen Zugang bereitstellen, der im industriellen Umfeld mit vertretbarem Zeit- und Kostenaufwand bei hinreichender Genauigkeit unmsetzbar ist.

Im folgenden Unterkapitel werden das Konzept der statistischen Momente in der Laseroptik dargelegt und die wichtigsten Gesetze abgeleitet.

---

[1] In der Tat ist die Korrelierbarkeit von Meßgrößen an verschiedenen Strahlpositionen eines der wichtigsten Probleme bei Meßverfahren, die sich nicht auf die Momentenmethode stützen.

4.1   Definition und Interpretation statistischer Momente

Der Ansatz der statistischen Momente zur Charakterisierung von Laserstrahlen paßt deshalb so gut in den Kontext der algebraischen Theorie, weil in der Quantenmechanik *sämtliche* meßbaren Größen ebenfalls als Momente definiert sind.

Im letzten Kapitel wurde dargelegt, daß sich die komplette Beschreibung eines paraxialen optischen Systems mit Hilfe einer gegebenen Feldverteilung u (d.h. eines Zustandes) sowie der Operatoren 1, x_i, p_i, x_i^2, p_i^2 und $(x_i p_i + p_i x_i)$ ($i \in \{1,2\}$) ableitet. Die Operatoren selbst gestatten noch keine Aussage über Meßwerte. Letztere ergeben sich erst als Erwartungswerte der Operatoren bzgl. eines gegebenen Zustandes.

Die Feldverteilungen, die in der Laseroptik von größter Bedeutung sind, sind die Eigenmodensysteme unbegrenzter stabiler Resonatoren. Diese Modensysteme stellen mathematisch gesehen vollständige Orthonormalsysteme im Raum $L^2(\mathbb{R}^2)$ der quadratintegrierbaren komplexwertigen Funktionen über $\mathbb{R}^2$ dar, was bedeutet, daß sich jede beliebige Feldverteilung als geeignete Überlagerung von Moden beliebig genau generieren läßt. Je nachdem, ob die Feldverteilungen in kartesischen oder in Polarkoordinaten berechnet werden, wählt man in der Laseroptik die Gauß-Hermite-Moden (GHM) u_{nm} oder die Gauß-Laguerre-Moden (GLM) u_{pl}. Die funktionale Gestalt der GHM lautet

$$u_{nm}(x,y,z) =$$

$$\sqrt{2}\,\frac{\exp\left[-i\left(n+\frac{1}{2}\right)\left(\psi_x(z)-\psi_x(z_0 x)\right)-i\left(m+\frac{1}{2}\right)\left(\psi_y(z)-\psi_y(z_0 y)\right)\right]}{\sqrt{\pi\,2^{n+m}n!\,m!\,w_x(z)\,w_y(z)}} \cdot$$

$$\cdot H_n\left(\frac{\sqrt{2}x}{w_x(z)}\right) H_m\left(\frac{\sqrt{2}y}{w_y(z)}\right) \exp\left[-ik\left(\frac{x^2}{2R_x(z)}+\frac{y^2}{2R_y(z)}\right)-ik\left(\frac{x^2}{w_x(z)^2}+\frac{y^2}{w_y(z)^2}\right)\right],$$

$$(167)$$

die der GLM

$$u_{pl}(r,\theta,z) = \sqrt{\frac{2p!}{1+\delta_{0,l}\pi(l+p)!}}\ \exp\left[i(2p+l+1)(\psi(z)-\psi(z_0))\right]\cdot$$

$$\cdot\left(\frac{\sqrt{2}r}{w(z)}\right)^l L_p^l\left(\frac{2r^2}{w(z)^2}\right)\exp\left[-ik\left(\frac{r^2}{2R(z)}-\frac{r^2}{w(z)^2}\right)+il\theta\right]\ .$$

$$(168)$$

Hierbei steht $\psi(z)$ für den sog. Guoy-Phasenshift [31], den der Grundmode beim Durchgang durch die Taille aufweist. Er läßt sich für eine Propagation zwischen zwei Positionen z_0 und z aus dem komplexen Strahlparameter $q(z)=z+iz_R$ berechnen zu

$$\exp(i(\psi(z)-\psi(z_0))) = \sqrt{\frac{q(z_0)\,q(z)^*}{q(z_0)^*\,q(z)}}\ . \qquad (169)$$

Bezeichnet z_0 die Taillenposition, so ergeben sich beim Grundmode für $z-z_0\rightarrow\pm\infty$ demnach Phasenverschiebungen von $\pm\tfrac{1}{2}\pi$. Für die höheren Moden sind die zugehörigen Phasenverschiebungen gemäß den Gln. (167) bzw. (168) um die Faktoren $m+n+1$ bzw. $2p+l+1$ vergrößert.

Die Funktionen H_n bzw. H_m stehen für die Hermite-Polynome, die Funktionen L_p^l für die Laguerre-Polynome entsprechender Ordnung. Was die mahematischen Eigenschaften der beiden obigen Funktionensysteme anbelangt, sei auf [49] verwiesen. An dieser Stelle sei nur erwähnt, daß beide Systeme mathematisch völlig äquivalent und durch eine unitäre Transformation ineinander überführbar sind [50]. Welches Modensystem im konkreten Fall gewählt wird, entspringt der praktischen Erwägung. jeweils mit möglichst wenigen Einzelmoden in einer Reihenentwicklung auszukommen. Im Falle rotationssymmetrischer Feldverteilungen ergibt sich aus Gl. (168) unmittelbar, daß das reduzierte GLM System $\{u_{pl=0}\,,\ p\in\mathbb{N}\}$ eine vollständige Beschreibung liefert.

Die GHM und GLM stellen im algebraischen bzw. quantenmechanischen Bild der Optik, wie es in den letzten Kapiteln entwickelt wurde, die möglichen *reinen* Zustände eines optischen Systems dar und sind dementsprechend die geeigneten Objekte zur Beschreibung *kohärenter* optischer Systeme. Wird ein optisches Feld durch einen der obigen Zustände beschrieben, so kann dessen Betragsquadrat als transversale Wahrscheinlichkeitsdichteverteilung der im Feld befindlichen Photonen in einer Ebene $z=$const. interpretiert werden. Der als Meßwert beobachtete Erwartungswert einer Observablen A bzgl. eines Zustandes u_{mn} z.B. ist dann gegeben durch

$$< A > \; = \; < u_{mn} , Au_{mn} > \; \equiv \int \int_{R^2} u_{mn}^*(x,y) \; A(x,y,p_x,p_y) \; u_{mn}(x,y) \; dxdy \quad . \qquad (170)$$

Speziell für optische Systeme sind die relevanten Observablen, wie oben ewähnt, die Polynome in den Operatoren x_i und p_j. Ist $P(x_1,x_2,p_1,p_2)$ ein solches Polynom n-ter Ordnung, so bezeichnet man den Ausdruck

$$< P > \; = \; < u_{mn} , Pu_{mn} > \; \equiv \int \int_{R^2} u_{mn}^*(x,y) \; P(x,y,p_x,p_y) \; u_{mn}(x,y) \; dxdy \quad . \qquad (171)$$

als gemischtes Moment n-ter Ordnung.

Um den Anschluß an die Terminologie der Strahlcharakterisierung herzustellen, sollen die Momente erster und zweiter Ordnung etwas genauer betrachtet werden, wobei im folgenden wieder die Notation (x_1,x_2) anstatt (x,y) gewählt wird.

Erste Momente bzgl. der Koordinaten x_i stellen gemäß der statistischen Interpretation die Koordinatenwerte der Leistungsdichteschwerpunkte eines optischen Feldes dar. Konkret gibt der Vektor $(<x_1>,<x_2>)$ demnach die Strahllage relativ zur optischen Achse an.

Zweite Momente bzgl. der Koordinaten x_i stellen statistisch gesehen Streuungen bzw. Varianzen für zentrierte Verteilungen dar, geben also Auskunft über die mittlere Ausdehnung eines statistischen Ensembles. Deshalb werden die Wurzeln aus den zentrierten zweiten Momenten, $(<x^2>-<x_i^2>)^{1/2}$ bis auf einen Proportionalitätsfaktor mit Strahldurchmessern in der betreffenden Richtung identifiziert. Der Proportionalitätsfaktor wird hierbei so gewählt, daß der auf dem zweiten Moment basierende Strahldurchmesser des Gaußschen Grundmodes mit dessen $1/e^2$-Durchmesser übereinstimmt.

Um die ersten und zweiten Momente der Observablen p_i zu interpretieren, betrachtet man zweckmäßigerweise den Energieerhaltungssatz in der Form

$$E^2 \; = \; p^2c^2 + m_0^2c^4 \quad . \qquad (172)$$

Da die Ruhemasse eines Photons Null ist, ergibt sich zwischen Energie und Impuls folgende Beziehung

$$p \; = \; \frac{E}{c} \; = \; \frac{\hbar\omega}{c} \; = \; \hbar k \quad , \quad k \; = \; \frac{2\pi}{\lambda} \qquad (173)$$

oder vektoriell mit der Konvention $\hbar=1$

$$(p_1,p_2) \; = \; (k_1,k_2) \; = \; k \; (\sin\theta_1,\sin\theta_2) \; \approx \; k \; (\theta_1,\theta_2) \quad , \qquad (174)$$

da die Winkel relativ zur optischen Achse in der paraxialen Näherung klein sind. In Gl. (174) bezeichnen k_1 und k_2 die Komponenten des Wellenvektors $\underline{k}$ in x- und y-Richtung, wenn die Propagationsrichtung durch die z-Achse gegeben ist. Der Wellenvektor schließt mit der x- und y-Achse des Laborsystems die Winkel θ_1 und θ_2 ein. Gl. (174) zeigt somit, daß der Impulsoperator Strahldivergenzwinkel in Einheiten der Wellenzahl k mißt. In völliger Analogie zur Interpretation der Momente in den Ortsvariablen geben erste Momente der Impulsoperatoren p_i also k-fache mittlere Strahlrichtungen an, während die Wurzeln zentrierter zweiter Momente bis auf einen Proportionalitätsfaktor k-fache mittlere Divergenzwinkel angeben.

Um Berechnungen mit Momenten durchführen zu können, muß man in einer ganz konkreten Darstellung arbeiten. Dies ist in vielen Fällen die *Schrödingerdarstellung*. Hier schreiben sich die Orts- und Impulsmomente explizit wie folgt:

$$< x_j^{\,m} > \; = \; \int\!\!\int_{\mathbf{R}}^{2} x_j^{\,m} \; |u_{mn}(x_1,x_2)|^2 \; dx_1 dx_2 \quad ,$$

$$< \theta_j^{\,m} > \; = \; \frac{(-i)^m}{k^{\,m}} \int\!\!\int_{\mathbf{R}}^{2} u_{mn}(x_1,x_2) \; \frac{\partial^m}{\partial x_j^{\,m}} u_{mn}^{*}(x_1,x_2) \; dx_1 dx_2 \quad . \tag{175}$$

Neben den oben diskutierten reinen Momenten der Orts- und Impulsoperatoren können auch Mischmomente auftreten. Um stets symmetrische Operatoren zu haben, werden Mischmomente in symmetrisierter Form definiert:

$$< x_j^{\,m} \theta_j^{\,n} > \; = \; \frac{i^{\,n}}{2k^{\,n}} \; [\; \int\!\!\int_{\mathbf{R}^2} u_{mn}(x_1,x_2) \; x^{\,m} \frac{\partial^n}{\partial x_j^{\,n}} u_{mn}^{*}(x_1,x_2) \; dx_1 dx_2 \; +$$

$$+ \; (-1)^n \!\!\int\!\!\int_{\mathbf{R}^2} u_{mn}^{*}(x_1,x_2) \; x^{\,m} \frac{\partial^n}{\partial x_j^{\,n}} u_{mn}(x_1,x_2) dx_1 dx_2 \;] \tag{176}$$

$$\equiv \; \frac{(-1)^n}{2k^{\,n}} \; (x_j^{\,m} p_j^{\,n} + p_j^{\,n} x_j^{\,m}) \quad .$$

Was sich in der algebraischen Terminologie sehr einfach als symmetrisierte oder nicht symmetrisierte Form von Mischmomenten unterscheiden läßt, war in jüngerer Vergangenheit Anlaß scheinbarer Inkonsistenzen in der Literatur, wo manche Autoren implizit in der einen oder anderen Form gearbeitet haben, ohne diese Randbedingung näher zu präzisieren [9][51][52][53]. Die Darstellung in der dritten Zeile von Gl. (176) bietet eine einfache Möglichkeit, symmetrisierte und nicht symmetrisierte Darstellungen von Momenten mittels der kanonischen Vertauschungsrelationen zwischen x_j und p_j ineinander umzurechnen [54].

Die physikalische Bedeutung des Mischmoments zweiter Ordnung (m=n=1 in Gl. (176)) ist nicht so offensichtlich wie die der reinen Momente. Die folgende Analyse soll zeigen, daß in Mischmomenten Phaseninformationen über ein Feld enthalten sind.

Es sei $u(x_1,x_2)$ eine Feldverteilung, die keinem reinen Mode entsprechen muß. Betrachtet werden das zweite Orts- und Impulsmoment $<x_i^2>$ und $<p_i^2>$. Wie an späterer Stelle im Rahmen der Ableitung von Propagationsgesetzen für Momente dargelegt wird, transformieren sich die obigen Momente unter der freien Propagation über eine Strecke z gemäß

$$< x_j^2 > \rightarrow < (x_j + \frac{z}{k} p_j)^2 > \ , $$
$$< p_j^2 > \rightarrow < p_j^2 > \ . $$

(177)

Wird Gl. (177) für das zweite Ortsmoment und die Feldverteilung $u(x_1,x_2)$ ausgewertet, so resultiert ein Polynom zweiter Ordnung in z. Sei z_0 eine zugehörige Nullstelle, d.h.

$$\frac{d}{dz}< (x_j + \frac{z}{k} p_j)^2 >_{|z=z_0} = 0 \ , $$

(178)

dann gilt

$$0 \equiv \frac{d}{dz} < (x_j + \frac{z}{k} p_j)^2 >_{|z=z_0} = \frac{1}{k} < p_j (x_j + \frac{z}{k} p_j) + $$

$$+ (x_j + \frac{z}{k} p_j) p_j >_{|z=z_0} = 2 < \bar{x} \ \bar{\theta} >_{|z=z_0} \ , $$

(179)

wobei die Querstriche die transformierten Momente bezeichnen.

Es ist klar, daß die Nullstelle z_0 als Extremalebene für das zweite Moment die Taillenebene markiert, so daß gemäß Gl. (179) die Mischmomente zweiter Ordnung in der Taillenebene verschwinden. Dies legt die Vermutung nahe, daß die Mischmomente zweiter Ordnung Phasenkrümmungen messen. Um diese Vermutung explizit zu machen, beachte man, daß $\frac{1}{2} (x_jp_j+p_jx_j) = -\frac{1}{2} i + x_jp_j$. Es gilt dann mit obiger Verteilung $u(x_1,x_2)$

$$-\frac{i}{2} + <u\,,\,x_j\,p_{ju}> \; = \; -\frac{i}{2} - i\!\int \int_{\mathbf{R}^2} x_j\, u^*(x_1,x_2)\frac{\partial}{\partial x_j}u(x_1,x_2)\; dx_1dx_2$$

$$= \frac{i}{2}\left[1 + \int \int_{\mathbf{R}^2} x_j\, u^*(x_1,x_2)\frac{\partial}{\partial x_j}u(x_1,x_2)\; dx_1dx_2 \right] \qquad (180)$$

$$-\frac{i}{2}\int \int_{\mathbf{R}^2}\left[u^*(x_1,x_2) + x_j\,\frac{\partial}{\partial x_j}u^*(x_1,x_2) \right] u(x_1,x_2)\; dx_1dx_2$$

$$= \frac{i}{2}\int \int_{\mathbf{R}^2} x_j\left[u(x_1,x_2)\frac{\partial}{\partial x_j}u^*(x_1,x_2) - u^*(x_1,x_2)\frac{\partial}{\partial x_j}u(x_1,x_2) \right] dx_1dx_2 \quad .$$

Schreibt man nun das Feld u in der Form $u(x_1,x_2) = v(x_1,x_2)\,\exp(ik\varphi(x_1,x_2))$ mit einer reellen Funktion φ, so lautet das Integral (180)

$$k \int \int_{\mathbf{R}^2} x_j\, \frac{\partial}{\partial x_j}\varphi(x_1,x_2)\; |u(x_1,x_2)|^2\; dx_1dx_2 \quad . \qquad (181)$$

Die Gl. (181) zeigt, daß das Mischmoment $<x_j\theta_j>$ verschwindet, wenn die Phasenkrümmung Null ist ($\partial_{x_j}\varphi(x_1,x_2)=0$). Stellt man überdies die eine Kugelwelle mit Radius R repräsentierende Phasenfunktion $\varphi(x_1,x_2)$ als Potenzreihe dar,

$$\varphi(x_1,x_2) \; = \; \varphi(0,0) + \frac{x_1^2 + x_2^2}{2R} - \frac{(x_1^2 + x_2^2)^2}{8R^3} \pm \; \cdots \quad , \qquad (182)$$

so ergibt sich für den x_j-Anteil zweiter Ordnung von Gl. (181)

$$k \int \int_{\mathbf{R}^2} \frac{x_j^2}{R}\; |u(x_1,x_2)|^2\; dx_1dx_2 \; = \; k\,\frac{<x_j^2>}{R}. \qquad (183)$$

Gl. (183) zeigt explizit, wie das Mischmoment zweiter Ordnung in paraxialer Näherung mit dem Krümmungsradius R der Phasenfront verknüpft ist. Mischmomente müssen i.a. nicht explizit berücksichtigt werden, wenn die Beugungsmaßzahl eines Laserstrahls bestimmt werden soll. Diese ergibt sich nämlich, wie an späterer Stelle gezeigt wird, als ein invarianter Ausdruck zweiter Momente unter der paraxialen Propagation und kann deshalb an jedem beliebigen Ort, d.h. insbesondere in der Taillenebene, gemessen werden, wo gemäß Gl.(179) die involvierten Mischmomente verschwinden. Bevor im weiteren die Propagationsgesetze für beliebige Momente abgeleitet werden, sei zusammenfassend nochmals erwähnt, daß die

Bedeutung der Momente darin liegt, daß sie zum einen als Erwartungswerte optischer Operatoren den direkten Anschluß an die paraxiale wellenoptische Theorie liefern, zum anderen aber auch meßtechnisch zugänglich sind, was im nächsten Kapitel zu zeigen sein wird.

4.2   Propagationsgesetze für statistische Momente

Die Propagationsgesetze für statistische Momente in paraxialen optischen Systemen, d.h., Systemen, die sich durch eine symplektische Propagationsmatrix M charakterisieren lassen, können mit Hilfe der theoretischen Vorbereitungen in Kapitel 3 nun sehr einfach abgeleitet werden. Seien hierzu das Mischmoment ½ $<x_j^m p_j^n + p_j^n x_j^m>$ (m+n)-ter Ordnung sowie ein Feld u gegeben. Dann gilt mit Gl.(144)[2]

$$\frac{1}{2} < x_j^m p_j^n + p_j^n x_j^m >$$

$$= \frac{(-i)^{n+m}}{2} \frac{d^m}{dt^m} \frac{d^n}{ds^n} <u,[\exp(itx_j)\exp(isp_j)+\exp(itx_j)\exp(isp_j)]u>_{|\,t=0=s} \qquad (184)$$

$$= \frac{(-i)^{n+m}}{2} \frac{d^m}{dt^m} \frac{d^n}{ds^n} <u,[W(\underline{\alpha},0)W(0,\underline{\beta})+W(0,\underline{\beta})W(\underline{\alpha},0)]u>_{|\,t=0=s} \quad ,$$

wobei $(\alpha_1,\alpha_2)\in\{(t,0,0,0),(0,t,0,0)\}$ $(\beta_1,\beta_2)\in\{(0,0,s,0),(0,0,0,s)\}$. Gemäß dem Propagationsgesetz (157) gilt für das transformierte Mischmoment

$$\frac{1}{2} < \overline{x_j^m}\ \overline{p_j^n} + \overline{p_j^n}\ \overline{x_j^m} > =$$

$$= \frac{(-i)^{n+m}}{2} \frac{d^m}{dt^m} \frac{d^n}{ds^n} <U(M)u,\ U(M)W(\underline{\alpha},0)W(0,\underline{\beta})+W(0,\underline{\beta})W(\underline{\alpha},0)u>_{|\,t=0=s}$$

$$= \frac{(-i)^{n+m}}{2} \frac{d^m}{dt^m} \frac{d^n}{ds^n} <u,\ U^{-1}(M)[W(\underline{\alpha},0)W(0,\underline{\beta})+W(0,\underline{\beta})W(\underline{\alpha},0)]\ U(M)u>_{|\,t=0=s}$$

$$= \frac{(-i)^{n+m}}{2} \frac{d^m}{dt^m} \frac{d^n}{ds^n} <u,\ W(M(\underline{\alpha},0))W(M(0,\underline{\beta}))+W(M(0,\underline{\beta}))W(M(\underline{\alpha},0))u>_{|\,t=0=s}$$

$$= \frac{1}{2} <u,\ \left[(Ax_j+Bp_j)^m(Cx_j+Dp_j)^n+(Cx_j+Dp_j)^n(Ax_j+Bp_j)^m\right]u> \quad .$$

$$(185)$$

Gl. (185) ist von fundamentaler Bedeutung, da sie die Propagationsgesetze für beliebige

---

[2]Für Momente der Form $(x_i^m p_j^n + p_j^n x_i^m)$, $i\neq j$ läuft die folgende Argumentation völlig analog. Dieser Fall wird jedoch wegen der umständlichen Indizierung hier nicht explizit ausgeführt.

Momente unter paraxialen optischen Transformationen beinhaltet. Dank der im letzten Kapitel herausgearbeiteten theoretischen Struktur ergibt sich dieses Propagationsgesetz fast trivial, ohne daß irgendwelche Integrationen auszuführen sind [53].

Spezialisiert man die Gl. (185) auf die beiden Fälle m=1, n=0 und n=1, m=0, so ergeben sich folgende Transformationsgesetze für erste Momente

$$< x_j > \; \to \; < Ax_j + Bp_j > \; = A <x_j> + B <p_j> \; , \qquad (186)$$
$$< p_j > \; \to \; < Cx_j + Dp_j > \; = C <x_j> + D <p_j>$$

oder

$$\begin{pmatrix} < x_j > \\ < p_j > \end{pmatrix} \to \begin{pmatrix} A & B \\ C & D \end{pmatrix} \begin{pmatrix} < x_j > \\ < p_j > \end{pmatrix} . \qquad (187)$$

Erste Momente bzw. die Erwartungswerte von x_j und p_j transformieren sich somit exakt genauso wie die Vektoren (x_j, nx_j') der geometrischen Matrixoptik. Dies ist übrigens Ausdruck des sog. *Ehrenfestschen Theorems* [55][56], das besagt, daß sich in der linearen Theorie die Erwartungswerte quantenmechanischer Observablen wie die zugehörigen klassischen Variablen transformieren. In diesem Sinne verhält sich die paraxiale Wellenoptik zur geometrischen Matrixoptik wie die Quantenmechanik zur Newtonschen Mechanik.

Nachdem die Propagationsgesetze für statistische Momente bereitgestellt sind, werden im nächsten Kapitel optische Invarianten unter der paraxialen Propagation untersucht, da diese potentielle Kandidaten für Strahlcharakterisierungsparameter sind.

4.3 Paraxiale optische Invarianten

In diesem Kapitel wird gezeigt, wie sich aus der symplektischen Symmetrie optischer Propagationen Erhaltungsgrößen ableiten lassen, die mit Hilfe statistischer Momente formulierbar sind. Hierbei ist prinzipiell zwischen Systemen mit einfachem und allgemeinem Astigmatismus zu unterscheiden. Unter einfach astigmatischen Systemen sind hier diejenigen zu verstehen, bei denen die Feldverteilungen zwar elliptisch sein dürfen, wo aber die durch die Ellipse ausgezeichneten Hauptachsenrichtungen konstant bleiben müssen. Dieser Fall tritt z.B. auf, wenn bei der Strahlführung mit Off-Axis Spiegeloptiken gearbeitet wird (s. Kapitel 6).

Bei verallgemeinertem Astigmatismus hingegen können die Feldverteilungen unterschiedlich orientierte Phasen- und Amplitudenellipsen besitzen, deren Orientierung sich während der Propagation sowohl absolut, als auch relativ zueinander ändern kann [16][57][58][59][60].

Allgemeinen Astigmatismus kann man z.B. dadurch erreichen, daß verschiedene Spiegel-optiken um unterschiedlich orientierte Achsen gegeneinander verkippt werden.

Zunächst seien nur Systeme betrachtet, die keinen allgemeinen Astigmatismus zeigen. Ausgangspunkt der folgenden Überlegungen sind die im letzten Kapitel abgeleiteten Propagationsgesetze für Produkte der Operatoren x_i und p_j. Die Propagationsmatrixelemente (A,B,C,D) für die mit i indizierten Operatoren seien ebenfalls mit i indiziert. Wendet man diese Propagationsgesetze auf die Generatoren der paraxialen optischen Transformationen selbst an, so ergibt sich

$$\frac{x_i^2}{\sqrt{2}} \rightarrow \frac{1}{\sqrt{2}} \left(A_i^2 x_i^2 + B_i^2 p_i^2 + A_i B_i (x_i p_i + p_i x_i) \right)$$

$$\frac{p_i^2}{\sqrt{2}} \rightarrow \frac{1}{\sqrt{2}} \left(C_i^2 x_i^2 + D_i^2 p_i^2 + C_i D_i (x_i p_i + p_i x_i) \right) \qquad (188)$$

$$\frac{(x_i p_i + p_i x_i)}{2} \rightarrow \left(2A_i C_i\, x_i^2 + 2B_i D_i\, p_i^2 + (A_i D_i + B_i C_i)\cdot(x_i p_i + p_i x_i) \right) \ ,$$

wobei aus formalen Gründen[3] die Operatoren mit Wurzeln skaliert wurden. Schreibt man Gl. (188) als Matrixgleichung, so folgt

$$\begin{pmatrix} \dfrac{x_i^2}{\sqrt{2}} \\[2ex] \dfrac{p_i^2}{\sqrt{2}} \\[2ex] \dfrac{x_i p_i + p_i x_i}{2} \end{pmatrix} \rightarrow \begin{pmatrix} A_i^2 & B_i^2 & \sqrt{2}A_i B_i \\[1ex] C_i^2 & D_i^2 & \sqrt{2}C_i D_i \\[1ex] \sqrt{2}A_i C_i & \sqrt{2}B_i D_i & A_i D_i + B_i C_i \end{pmatrix} \cdot \begin{pmatrix} \dfrac{x_i^2}{\sqrt{2}} \\[2ex] \dfrac{p_i^2}{\sqrt{2}} \\[2ex] \dfrac{x_i p_i + p_i x_i}{2} \end{pmatrix} . \qquad (189)$$

Die Gl. (189) kann so interpretiert werden, daß zu jeder ABCD-Matrix T, welche eine optische Transformation für die ersten Momente beschreibt, auch eine Matrix $\Gamma(T)$ gehört, welche dieselbe Transformation für die zweiten Momente beschreibt. Die dadurch definierte Abbildung

---

[3] Hier wird die formale Äquivalenz zur Drehgruppe SO(3) ausgenützt, wo bei der Erzeugung von Darstellungen auf dem Raum der homogenen Polynome vom Grade n eine ganz ähnliche Konstruktion durchgeführt wird. Für weitere Informationen sei auf [61] verwiesen.

$$
T \rightarrow \Gamma(T) \quad : \quad
\begin{pmatrix} A_i & B_i \\ C_i & D_i \end{pmatrix}
\rightarrow
\begin{pmatrix}
A_i^2 & B_i^2 & \sqrt{2}A_iB_i \\
C_i^2 & D_i^2 & \sqrt{2}C_iD_i \\
\sqrt{2}A_iC_i & \sqrt{2}B_iD_i & A_iD_i + B_iC_i
\end{pmatrix}
\tag{190}
$$

besitzt, wie einfach nachzurechnen ist, folgende Eigenschaften:

$$
\Gamma(\mathbb{I}) = \mathbb{I} \; ,
$$

$$
\det \Gamma(T) = 1 \; ,
$$

$$
\Gamma(T_1)\cdot\Gamma(T_2) = \Gamma(T_1\cdot T_2) \; ,
\tag{191}
$$

$$
\Gamma(J) =
\begin{pmatrix}
0 & 1 & 0 \\
1 & 0 & 0 \\
0 & 0 & -1
\end{pmatrix} \; ,
$$

wobei T, T_1, T_2 für eine beliebige ABCD-Matix stehen und J die invariante symplektische Matrix der Vertauschungsrelationen aus Gl. (143) ist. Diagonalisiert man nun noch die Matrix $\Gamma(J)$ durch den Basiswechsel

$$
\left(\frac{x_i^2}{\sqrt{2}} \quad \frac{p_i^2}{\sqrt{2}} \quad \frac{x_ip_i + p_ix_i}{2} \right)
\rightarrow
\left(\frac{x_i^2 + p_i^2}{2} \quad \frac{x_i^2 - p_i^2}{2} \quad \frac{x_ip_i + p_ix_i}{2} \right) \; ,
\tag{192}
$$

so nimmt sie die Form

$$
\Gamma(J) =
\begin{pmatrix}
1 & 0 & 0 \\
0 & -1 & 0 \\
0 & 0 & -1
\end{pmatrix}
\tag{193}
$$

an. Aus den Gln. (189)-(193) schließt man, daß sich die für die ABCD-Matrizen gültige Gruppenstruktur $(Sp(2,\mathbb{R}))$ auch auf die Operatoren der zweiten Momente übertragen läßt. Genauer gesagt gilt für beide Indizes das folgende Invarianzgesetz:

$$\left(\Gamma(T) \cdot \begin{pmatrix} \dfrac{\langle x_i^2+p_i^2\rangle}{2} \\[2ex] \dfrac{\langle x_i^2-p_i^2\rangle}{2} \\[2ex] \dfrac{\langle x_i\,p_i+p_i\,x_i\rangle}{2} \end{pmatrix}\right)^T \cdot \Gamma(J) \cdot \left(\Gamma(T) \cdot \begin{pmatrix} \dfrac{\langle x_i^2+p_i^2\rangle}{2} \\[2ex] \dfrac{\langle x_i^2-p_i^2\rangle}{2} \\[2ex] \dfrac{\langle x_i\,p_i+p_i\,x_i\rangle}{2} \end{pmatrix}\right)$$

$$= \begin{pmatrix} \dfrac{\langle x_i^2+p_i^2\rangle}{2} \\[2ex] \dfrac{\langle x_i^2-p_i^2\rangle}{2} \\[2ex] \dfrac{\langle x_i\,p_i+p_i\,x_i\rangle}{2} \end{pmatrix}^T \cdot \Gamma(T^T J T) \cdot \begin{pmatrix} \dfrac{\langle x_i^2+p_i^2\rangle}{2} \\[2ex] \dfrac{\langle x_i^2-p_i^2\rangle}{2} \\[2ex] \dfrac{\langle x_i\,p_i+p_i\,x_i\rangle}{2} \end{pmatrix} \tag{194}$$

$$= \begin{pmatrix} \dfrac{\langle x_i^2+p_i^2\rangle}{2} \\[2ex] \dfrac{\langle x_i^2-p_i^2\rangle}{2} \\[2ex] \dfrac{\langle x_i\,p_i+p_i\,x_i\rangle}{2} \end{pmatrix}^T \cdot \Gamma(J) \cdot \begin{pmatrix} \dfrac{\langle x_i^2+p_i^2\rangle}{2} \\[2ex] \dfrac{\langle x_i^2-p_i^2\rangle}{2} \\[2ex] \dfrac{\langle x_i\,p_i+p_i\,x_i\rangle}{2} \end{pmatrix} = \langle x_i^2\rangle\langle p_i^2\rangle - \left(\frac{\langle x_i\,p_i+p_i\,x_i)}{2}\right)^2 .$$

Da die Invarianz für beide Indizes separat gültig ist, ist auch die Summe der entsprechenden Ausrücke über i invariant. Die Invarianten (194) sind in der Literatur als Vielfache der sogenannten *Beugungsmaßzahlen*[4] M^2 bekannt [2][7][63][64][65][66][67][68]. Genauer gesagt, gilt für eine beliebige paraxiale Feldverteilung u

---

[4]Der Begriff der Beugungsmaßzahl ist erst unlängst verbindlich geprägt worden [62]. Den Reziprokwert der Beugungsmaßzahl, $1/M^2$, bezeichnet man als Strahlpropagationsfaktor $K=1/M^2$.

$$\langle x_i^2\rangle\langle p_i^2\rangle \;-\; \left(\frac{\langle x_i\, p_i{+}p_i\, x_i\rangle}{2}\right)^2 \;=\; \frac{M_i^4}{4}\;,$$

$$\sum_{i=1}^{2}\langle x_i^2\rangle\langle p_i^2\rangle \;-\; \left(\frac{\langle x_i\, p_i{+}p_i\, x_i\rangle}{2}\right)^2 \;=\; \frac{M^4}{2}\;.$$

$$(195)$$

Gemäß Gl. (179) verschwindet das Mischmoment in der Taille einer Feldverteilung. Damit erhält man dort die anschauliche Interpretation, daß die Beugungsmaßzahl angibt, wie gut für eine gegebene Feldverteilung der Strahlradius und die Divergenz simultan klein gehalten werden können. In der Sprache der Quantenmechanik gibt die Beugungsmaßzahl an, wie nahe eine gegebene Feldverteilung an die minimal mögliche Unschärferelation zwischen den zwei kanonisch konjugierten Variablen herankommt. Aus der Quantenmechanik ist des weiteren bekannt, daß die Unschärferelation (195) in der Taille eines Feldes gerade durch eine Gaußverteilung minimiert wird [54]; in diesem Sinne ist der Gaußsche Grundmode beugungs- bzw. Unschärfe-begrenzt und damit die bestmögliche Verteilung.

Die Beugungsmaßzahl hat in den vergangenen Jahren im Bereich der Laserstrahlcharak- terisierung große praktische Bedeutung als Qualitätsparameter für kommerzielle Laser gewon- nen. Viele Hersteller von Strahlanalysemodulen haben Meßverfahren zur Bestimmung von M bereits integriert. Ein bis heute nicht zufriedenstellend gelöstes Problem hierbei ist, daß verschiedene alternative Meßmethoden zur Anwendung kommen, welche die korrekte Momentenbestimmung nicht *realisieren* sondern nur *simulieren*.

Neben der Definition des Strahlradius als einem bestimmten Vielfachen des zweiten Momen- tes der Leistungsdichteverteilung ist es z.B. üblich, Strahlradien über diejenigen Flächen oder Abstände zu definieren, innerhalb derer ein bestimmter Anteil der gesamten Strahlleistung eingeschlossen ist. Die Definitionen sind jeweils so gestaltet, daß für eine Gaußverteilung Übereinstimmung mit der Momentenmethode besteht. Die Hauptargumente für solche alternativen Definitionen sind, daß

- die Messung statistischer Momente eine ortsaufgelöste Messung der Leistungsdichtever- teilung erfordert, was vergleichsweise zeitintensiv ist,
- die Messung statistischer Momente sehr hohe Signal-zu-Rausch Verhältnisse erfordert, da Rauscheffekte transversal verstärkt werden,
- bei Anwesenheit harter Aperturen (Blenden) im Strahlengang zweite Momente divergieren und somit nicht mehr definierbar sind.

Diese Einwände sind zum Teil berechtigt, zum Teil aber auch gegenstandslos. Im nächsten

Kapitel wird ein einfaches Meßverfahren zur Bestimmung erster und zweiter Momente theoretisch und experimentell diskutiert. Wie sich zeigen wird, entkräftet diese Methode das Argument des hohen Meßaufwands sowie der nicht tolerierbaren Rauscheffekte; sie ist im Gegenteil schneller als die heutzutage praktizierten Verfahren. Auf den Einwand im Zusammenhang harter Aperturen wird im letzten Kapitel eingegangen, welches einer einfachen numerischen Methode zur Propagation durch optische Systeme mit Aperturen gewidmet ist.

Nach diesem kurzen Ausblick soll im weiteren der Fall allgemein astigmatischer Systeme behandelt sowie Verfahren aufgezeigt werden, Invarianten höherer als zweiter Ordnung zu konstruieren.

Ausgangspunkt für die Betrachtung allgemein astigmatischer Systeme ist wieder die Lie-Algebra h(4,$\mathbb{R}$). Das vektorielle erste Moment (x_1,x_2,p_1,p_2) werde im folgenden durch $(\underline{r}.\underline{p})$ dargestellt. Gemäß den Propagatopnsgesetzen für Momente erster Ordnung transformiert sich das vektorielle erste Moment wie ein geometrischer Strahlvektor direkt mit einer zugehörien 4x4-ABCD-Matrix T. Das Tensorprodukt[5] $(\underline{r},\underline{p})\otimes(\underline{r}.\underline{p})$ transformiert sich dann gemäß

$$\begin{pmatrix} \underline{r} \\ \underline{p} \end{pmatrix} \otimes \begin{pmatrix} \underline{r} \\ \underline{p} \end{pmatrix} \;\rightarrow\; T^T \begin{pmatrix} \underline{r} \\ \underline{p} \end{pmatrix} \otimes \begin{pmatrix} \underline{r} \\ \underline{p} \end{pmatrix} T. \qquad (196)$$

Für die Matrix $(\underline{r},\underline{p})\otimes(\underline{r},\underline{p})\cdot J$ ergibt sich damit das Transformationsgesetz

$$\begin{pmatrix} \underline{r} \\ \underline{p} \end{pmatrix} \otimes \begin{pmatrix} \underline{r} \\ \underline{p} \end{pmatrix} \cdot J \;\rightarrow\; T^T \begin{pmatrix} \underline{r} \\ \underline{p} \end{pmatrix} \otimes \begin{pmatrix} \underline{r} \\ \underline{p} \end{pmatrix} T \cdot J = T^T \begin{pmatrix} \underline{r} \\ \underline{p} \end{pmatrix} \otimes \begin{pmatrix} \underline{r} \\ \underline{p} \end{pmatrix} \cdot J \; (T^T)^{-1} \; . \qquad (197)$$

Bildet man den matrixwertigen Erwartungswert obiger Gleichung, so ergibt sich aus der symmetrisierten Ähnlichkeitstransformation (197), daß das Spektrum der Matrix

---

[5]   Zur Definition von Tensorprodukten s. z.B. [69][70].

$$
\begin{pmatrix}
-\dfrac{\langle \underline{r} \otimes \underline{p} + \underline{p} \otimes \underline{r} \rangle}{2} & \langle \underline{r} \otimes \underline{r} \rangle \\[2ex]
-\langle \underline{p} \otimes \underline{p} \rangle & \dfrac{\langle \underline{r} \otimes \underline{p} + \underline{p} \otimes \underline{r} \rangle}{2}
\end{pmatrix} =
$$

$$
\begin{pmatrix}
-\dfrac{1}{2} \begin{pmatrix} \langle x_1\,p_1{+}p_1\,x_1 \rangle & \langle x_1\,p_2{+}p_2\,x_1 \rangle \\ \langle x_2\,p_1{+}p_1\,x_2 \rangle & \langle x_2\,p_2{+}p_2\,x_2 \rangle \end{pmatrix} & \begin{pmatrix} \langle x_1^2 \rangle & \langle x_1\,x_2 \rangle \\ \langle x_2\,x_1 \rangle & \langle x_2^2 \rangle \end{pmatrix} \\[4ex]
-\begin{pmatrix} \langle p_1^2 \rangle & \langle p_1\,p_2 \rangle \\ \langle p_2\,p_1 \rangle & \langle p_2^2 \rangle \end{pmatrix} & \dfrac{1}{2}\begin{pmatrix} \langle x_1\,p_1{+}p_1\,x_1 \rangle & \langle x_2\,p_1{+}p_1\,x_2 \rangle \\ \langle x_1\,p_2{+}p_2\,x_1 \rangle & \langle x_2\,p_2{+}p_2\,x_2 \rangle \end{pmatrix}
\end{pmatrix}
\tag{198}
$$

invariant ist und somit auch die Koeffizienten des charakteristischen Polynoms. Dieses lautet

$$
\lambda^4 - \lambda^2 \left[\left(\langle x_1^2 \rangle \langle p_1^2 \rangle - \frac{\langle x_1\,p_1{+}p_1\,x_1 \rangle^2}{4} \right) + \left(\frac{\langle x_2^2 \rangle \langle p_2^2 \rangle - \langle x_2\,p_2{+}p_2\,x_2 \rangle^2}{4} \right) \right.
$$
$$
\left. - 2 \left(\langle x_1\,x_2 \rangle \langle p_1\,p_2 \rangle - \frac{\langle x_1\,p_2{+}p_2\,x_1 \rangle}{2}\,\frac{\langle x_2\,p_1{+}p_1\,x_2 \rangle}{2} \right) \right]
\tag{199}
$$
$$
+ \det \left\langle \begin{pmatrix} \underline{r} \\ \underline{p} \end{pmatrix} \otimes \begin{pmatrix} \underline{r} \\ \underline{p} \end{pmatrix} \right\rangle .
$$

Die Gl. (199) enthält zwei Invarianten. Die erste (als Koeffizient von λ^2) ist eine Verallgemeinerung der Invarianten der Beugungsmaßzahl (195) für einfach astigmatische Systeme, wo die Momente $\langle x_1 x_2 \rangle$, $\langle p_1 p_2 \rangle$ sowie die Mischmomente $\langle x_i p_{k{\neq}i} + p_{k{\neq}i} x_i \rangle$ verschwinden, wenn im Hauptachsensystem der Strahlellipse gemessen bzw. gerechnet wird. Die zweite Invariante (als Koeffizient von λ^4) ist durch die Determinante der Momentenmatrix gegeben.

Die Gln. (195) und (199) liefern die paraxialen optischen Invarianten zweiter Ordnung für ein- und zweidimensionale Systeme. Mit Hilfe der Lie-Algebren der ersten und zweiten Momente und den Matrizentransformationen T und $\Gamma(T)$ lassen sich jedoch auch noch Invarianten gewinnen, die durch Momente höherer Ordnung zu bilden sind. Dies soll an dieser Stelle nur kurz skizziert werden, da Momente höherer Ordnung meßtechnisch nur sehr eingeschränkt zugänglich sind. Betrachtet man die direkte Summe der Momentenvektoren erster und zweiter Ordnung

$$\underline{u}_2 \oplus \underline{u}_3 := (x_i, p_i) \oplus \left(\frac{x_i^2 + p_i^2}{2}, \frac{x_i^2 - p_i^2}{2}, \frac{x_i\, p_i + p_i\, x_i}{2} \right), \qquad (200)$$

so transformiert sich diese mit der Matrix T$\oplus\Gamma$(T), und in Analogie zu Gleichung (197) ergibt sich folgendes Transformationsverhalten für die Tensorprodukte:

$$(\underline{u}_2 \oplus \underline{u}_3) \otimes (\underline{u}_2 \cdot J \oplus \underline{u}_3 \cdot \Gamma(J))$$

$$\rightarrow \begin{pmatrix} T^T\, \underline{u}_2 \otimes \underline{u}_2 J\, (T^T)^{-1} & T^T \underline{u}_2 T \otimes \Gamma(T^T)\underline{u}_3\Gamma(J)\Gamma(T^T)^{-1} \\[2ex] \Gamma(T^T)\underline{u}_3\Gamma(T) \otimes T^T\underline{u}_2 J\, (T^T)^{-1} & \Gamma(T^T)\underline{u}_3 \otimes \underline{u}_3\Gamma(J)\, \Gamma(T^T)^{-1} \end{pmatrix}.$$

$$(201)$$

Die Matrix in Gl. (201) ist eine 5x5-Matrix. Es treten Momente zweiter, dritter und vierter Ordnung auf. Wie in Gl. (198) gewinnt man Invarianten z.B. aus den Koeffizienten des charakteristischen Polynoms der rechts unten stehenden 3x3-Untermatrix. Es sind dies Invarianten aus Momenten vierter Ordnung. Insbesondere findet man auch sämtliche Invarianten aus [71]. Auf konkrete Herleitungen soll jedoch an dieser Stelle verzichtet werden, da Invarianten höherer Ordnung im weiteren nicht näher untersucht werden.

Nachdem im vorliegenden Kapitel statistische Momente eingeführt und mit Erwartungswerten identifiziert sowie darüberhinaus die nötigen Propagationsgesetze bereitgestellt wurden, wird im folgenden Kapitel die experimentelle Umsetzung der Momentenmethode ausführlich diskutiert, wobei Momente bis zur maximal zweiten Ordnung berücksichtigt werden. Momente höherer Ordnung sind dann erst im übernächsten Kapitel wieder relevant, wo der Einfluß optischer Aberrationen auf die Propagation untersucht wird.

5. Experimentelle Verfahren zur Bestimmung statistischer Momente

5.1   Das Meßprinzip

Nachdem in den letzten Kapiteln die theoretischen Grundlagen zur Charakterisierung von Laserstrahlung mittels statistischer Momente gelegt wurden, sollen in diesem Kapitel experimentelle Verfahren zur direkten Messung solcher Momente diskutiert werden.

Obwohl es prinzipiell eine Reihe sinnvoller Definitionen zur begrifflichen Festlegung dessen, was ein Strahldurchmesser sein soll, gibt, so spielt die an den statistischen Momenten orientierte Definition doch eine exponierte Rolle, da nur sie eine theoretische Basis für Propagationsgesetze und Propagationsinvarianten zur Verfügung stellt. Dementsprechend gab es in der jüngeren Vergangenheit eine Reihe von Ansätzen, statistische Momente auf direktem oder indirektem Wege zu messen [72][73][74][75][76]. Die bislang praktizierte direkte Methode stützt sich auf die Verwendung von CCD-Kameras, mit denen Leistungsdichteverteilungen direkt als Graustufenverteilungen aufgenommen werden können. Aus letzteren lassen sich dann durch numerische Integrationen die einzelnen Ortsmomente $<x_i^n>$ bestimmen. Abgesehen davon, daß der Einsatz von CCD-Kameras wegen der nötigen zweidimensionalen Abtastung einer Verteilung ein relativ zeitaufwendiges Verfahren darstellt, werden bei einer Messung auch hohe Anforderungen an die Rauschkompensation gestellt, wie in mehreren einschlägigen Veröffentlichungen dargelegt wurde [77][78][79][80]. Das liegt daran, daß z.B. bei der Bestimmung von Strahlradien gemäß der Definition zweiter Momente Rauscheffekte auf einem CCD-Chip quadratisch mit dem Abstand vom Strahlschwerpunkt verstärkt werden.

Indirekte Methoden zur Bestimmung von statistischen Momenten orientieren sich an alternativen Strahlradiendefinitionen, die meßtechnisch einfacher und zuverlässiger zu realisieren sind als die erwähnten Kameramessungen. Gängigen alternativen Definitionen zufolge, die auch explizit im aktuellen ISO-Standard erwähnt sind [62], können Strahlradien bei rotationssymmetrischen Strahlen[1] durch den Radius derjenigen Kreisfläche definiert werden, die jeweils 86.5% der gesamten Leistung einschließt. Bei elliptischen Strahlen lassen sich die Strahldurchmesser längs der beiden Hauptachsen über den Abstand derjenigen Ebenen senkrecht zur jeweiligen Hauptachse definieren, die Leistungsbeschnitte von 16% bzw. 84% markieren.

Auf der Basis dieser alternativen Definitionen wird dann mittels empirisch ermittelter Korrelationen eine Umrechnungsvorschrift auf momentengestützte Radienwerte vorgegeben. Die alternativen Radiendefinitionen sind allesamt so gefaßt, daß sie für Gaußverteilungen

---

[1]Gemäß dem aktuellen ISO-Dokument gelten alle Strahlen als rotationssymmetrisch, für die das Hauptachsenverhältnis der Leistungsdichteellipse den Wert 1.15 nicht überschreitet. Die Länge einer Hauptachse ist hierbei der Durchmesser der längs dieser Achse genommenen eindimensionalen Leistungsdichteverteilung.

identische Ergebnisse liefern. Indes zeigen vergleichende Messungen an nicht Gaußschen Strahlen [81], daß die Konsistenz der einzelnen Verfahren und damit ihr diagnostischer Wert für die Propagation zu wünschen übrig läßt.

In diesem Kapitel wird ein neuer Ansatz vorgestellt, der die *direkte* Messung von Momenten gestattet, *ohne* die komplette Leistungsdichteverteilung eines Strahls messen zu müssen. Die Idee dieses Verfahrens ist sehr einfach zu erläutern.

Betrachtet man z.B. eine Leistungsdichteverteilung $I(x_1,x_2)$, deren zweites Ortsmoment in x_i-Richtung bestimmt werden soll, so ist gemäß Kapitel 4, Gl.(175) folgender Ausdruck zu berechnen

$$\langle x_i^2 \rangle = \frac{\int_R\int_R x_i^2 \cdot I(x_1,x_2)\, dx_1 dx_2}{\int_R\int_R I(x_1,x_2)\, dx_1 dx_2} \quad . \tag{202}$$

Die Funktion $f(x_1,x_2)=x_i^2$ im Integranden von Gl. (202) kann als Verstärkungsfunktion interpretiert werden, die punktweise auf die Leistungsdichte $I(x_1,x_2)$ wirkt. Setzt man nun voraus, daß zu einer gegebenen Genauigkeit ϵ ein Integrationsintervall I gehört , so daß gilt

$$\left| \frac{\int_R\int_R x_i^2 \cdot I(x_1,x_2)\, dx_1 dx_2}{\int_R\int_R I(x_1,x_2)\, dx_1 dx_2} - \frac{\int_I\int_I x_i^2 \cdot I(x_1,x_2)\, dx_1 dx_2}{\int_I\int_I I(x_1,x_2)\, dx_1 dx_2} \right| < \epsilon \quad ,$$

$$\tag{203}$$

so variiert, wenn man x_i durch die Funktion $x_i/X_{i,\epsilon}$ ersetzt, die Verstärkungsfunktion nur zwischen Null und Eins und kann deshalb durch ein geeignetes *Transmissionsprofil* bzw. *Transmissionsfilter* realisiert werden. Passiert ein optisches Feld eine Apertur mit einem derartigen Transmissionsprofil, so wird die zur Momentenbestimmung nötige Integration rein *optisch* ausgeführt, ohne daß weitere meßtechnische Maßnahmen erforderlich sind. Dies hat den Vorteil, daß Momentenmessungen sich auf reine Leistungsmessungen reduzieren, die sehr schnell durchführbar sind. Insbesondere lassen sich Momente auch für gepulste Systeme messen. Ein weiterer positiver Aspekt ist, wie sich zeigen wird, daß dieses Meßverfahren in weiten Bereichen wellenlängenunabhängig ist.

Die folgenden Unterkapitel sind der Ausarbeitung des vorgestellten experimentellen Ansatzes gewidmet, wobei folgende Fragen im Detail untersucht werden sollen:

1. Welche Arten von statistischen Momenten lassen sich als Transmissionsstrukturen realisieren und in welchem Zusammenhang stehen sie zu einzelnen Strahlkenngrößen?

2. Welche Designmöglichkeiten gibt es für gegebene Transmissionsprofile?

3. Welche Parameter bestimmen die Funktionalität der Transmissionsstrukturen (z.B. den Dynamikbereich)?

4. Wie stabil ist die Meßmethode gegenüber Störeinflüssen wie Dejustagen oder Polarisationsänderungen[2]?

Die Fragestellungen werden theoretisch und anhand experimenteller Untersuchungen diskutiert, die mit verfügbaren Filterprototypen durchgeführt wurden.

5.2   Typen von Transmissionsfiltern und Designmöglichkeiten

Im Prinzip lassen sich Transmissionsprofile für jede Art von Ortsmomenten herstellen, jedoch nimmt, wie die Diskussion an späterer Stelle zeigen wird, die Dynamik, d.h, der nutzbare Meßbereich sehr schnell mit der Ordnung der Momente ab. Aus diesem Grunde werden hier eingehend nur die zur Messung von ersten und zweiten Momenten verwendbaren Filterstrukturen diskutiert. Im folgenden bezeichne t_0 die Grundtransmission einer verwendeten Filterstruktur und $d = 2a$ deren Durchmesser.

5.2.1 Lineare Filter

Das Transmissionsprofil $t_l(x_1)$ linearer Filter ist gegeben durch

$$t_l(x_1) = t_0 + (1-t_0)\cdot\frac{x_1}{2a} \quad , \quad -a \leq x \leq a \ . \tag{204}$$

Die Struktur ist eindimensional; die x_1- und x_2-Richtung können durch zwei Messungen mit orthogonaler Filterorientierung vermessen werden. Der analog zu Gl. (202) erhaltene Meßwert liefert

---

[2]Poalrisationseinflüsse könnten auftreten, wenn Transmissionsprofile, wie später getan, durch diskrete Linienstrukturen realisiert werden.

$$\frac{\int_{-a}^{a}\int_{-a}^{a} t_l(x_i+a)\cdot I(x_1,x_2)\ dx_1 dx_2}{\int_{-a}^{a}\int_{-a}^{a} I(x_1,x_2)\ dx_1 dx_2} = t_0 + \frac{1-t_0}{2a}\cdot(<x_i>+a\ )$$

$$= \frac{1}{2}(1+t_0) + \frac{1-t_0}{2a}<x_i>\ .$$

(205)

Wie Gl. (205) zeigt, liefern lineare Filter die ersten Momente nicht direkt, da keine negativen Transmissionen existieren, jedoch lassen sie sich leicht aus den Meßwerten rekonstruieren.

5.2.2 Quadratische Filter

Bei quadratischen Filtern gibt es prizipiell zwei unterschiedliche Typen, nämlich zum einen Filter, die homogene quadratische Strukturen tragen und zum anderen die Filter mit gemischten quadratischen Strukturen. Das Transmissionsprofil des ersteren Typs ergibt sich zu

$$t_q(x) = t_0 + (1-t_0)\cdot(\frac{x}{a})^2 \quad , \quad |x| \leq a \quad ,$$

(206)

wobei zwischen eindimensionalen und rotationssymmetrischen Strukturen zu unterscheiden ist. Im ersteren Fall steht x wiederum für x_1 oder x_2 mit $-a \leq x_i \leq a$, im letzteren Fall steht x für die Radialkoordinate mit $0 \leq x \leq a$. Der mit einem homogenen quadratischen Filter erhaltene Meßwert lautet im eindimensionalen Fall

$$\frac{\int_{-a}^{a}\int_{-a}^{a} t_q(x_i)\cdot I(x_1,x_2)\ dx_1 dx_2}{\int_{-a}^{a}\int_{-a}^{a} I(x_1,x_2)\ dx_1 dx_2} = t_0 + \frac{1-t_0}{a^2}<x_i^2> \quad ,$$

(207)

im rotationssymmetrischen Fall entsprechend $t_0 + (1-t_0)/a^2 <r^2>$. Es sind also direkt zweite Momente meßbar. Der andere erwähnte Filtertyp besitzt ein Transmissionsprofil der Form

$$t_{qm}(x_1,x_2) = t_0 + \frac{(1-t_0)}{d^2}x_1 x_2 \quad , \quad 0 \leq x_1,x_2 \leq d$$

(208)

und ist somit echt zweidimensional. Das zugehörige normierte Transmissionssignal lautet

$$\frac{\int_{-a}^{a}\int_{-a}^{a} t_{qm}(x_1+a,x_2+a)\cdot I(x_1,x_2)\ dx_1 dx_2}{\int_{-a}^{a}\int_{-a}^{a} I(x_1,x_2)\ dx_1 dx_2}$$

(209)

$$= t_0 + \frac{1-t_0}{d^2}[<x_1 x_2>+a(<x_1>+<x_2>)+a^2]$$

und liefert somit insbesondere das Mischmoment zweiter Ordnug $<x_1 x_2>$. Bildet man aus den homogenen zweiten Momenten und dem Mischmoment zweiter Ordnung die Matrix

$$\Sigma^2 = \begin{pmatrix} <x_1^2> & <x_1 x_2> \\ <x_1 x_2> & <x_2^2> \end{pmatrix} \ ,$$

(210)

so lassen sich über deren Diagonalisierung die Strahlabmessungen längs der beiden Hauptachsen sowie die Orientierung der Strahlellipse berechnen [62].

Die dargestellten Filterstrukturen geben sämtlich idealisierte Transmissionsprofile an, die sich für eine praktische Umsetzung mit den verfügbaren technischen Möglichkeiten nur näherungsweise realisieren lassen, da stets Fertigungstoleranzen auftreten. Im folgenden werden zwei mögliche Konzepte zur Realisierung linearer und quadratischer Transmissionsprofile des obigen Typs vorgestellt.

5.2.3 Designmöglichkeiten für lineare und quadratische Filterstrukturen

Zunächst seien rotationssymmetrische Transmissionsprofile betrachtet. Lineare sowie gemischte quadratische Transmissionsprofile sind in diesem Fall irrelevant. Symmetriebedingt hat man den Vorteil, daß Strukturelemente azimuthal beliebig umverteilt werden können. Insbesondere kann für quadratische Transmissionsprofile gemäß Gl. (210) eine binäre Transmissionsstruktur verwendet werden, wenn die Bedingung erfüllt wird, daß der transmittierende azimuthale Bereich quadratisch als Funktion des Radius wächst. Dies führt auf folgende Gleichung für die transmittierenden azimuthalen Zonen:

$$\varphi(r) = 2\pi\cdot(\frac{r}{a})^2 \ .$$

(211)

Diese Gleichung läßt sich z.B. durch sog. Rosettenstrukturen unterschiedlicher Zähligkeit erfüllen, wie sie in Bild 4 dargestellt sind.

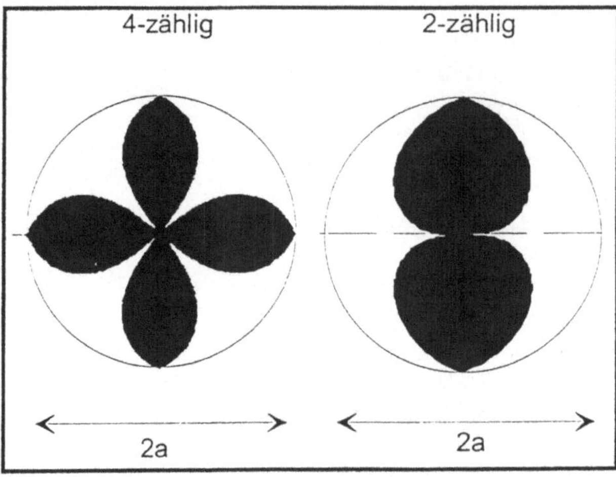

Bild 4: Zwei- und vierzählige Rosetten als mögliche Strukturen zur Messung zweiter
Momente.

Wie leicht einzusehen ist, gibt es neben den Rosettenstrukturen noch beliebig viele alternative
Realisierungsmöglichkeiten für rotationssymmetrische Filter.

Bei eindimensionalen Strukturen lassen sich die obigen symmetriebedingten Vereinfachungen
nicht anwenden, so daß die kontinuierlichen linearen oder quadratischen Transmissionsprofile
so gut wie möglich direkt approximiert werden müssen. Eine Möglichkeit hierzu bieten
Beschichtungsverfahren, bei denen während der Beschichtung eine Blende über dem jeweiligen Substrat mit variabler Geschwindigkeit aufgezogen und auf diese Weise eine Beschichtung des gewünschten Transmissionsprofils hergestellt werden kann.

Diese Möglichkeit wurde zunächst getestet, wobei eine Schicht mit quadratischer Trans-
missionscharakteristik auf einem Glassubstrat ($\lambda=514nm$) gefertigt werden sollte. Es zeigte
sich jedoch, daß das Transmissionsprofil nicht nur quadratische Anteile, sondern auch
beachtliche Anteile vierter Ordnung aufwies. Darüberhinaus war der spezifizierte Wellen-
längenbereich sehr klein. Aus diesem Grund wurde eine andere Strategie verfolgt.

Da sich binäre Transmissionsstrukturen viel einfacher und über viel größere Wellenlän-
genbereiche realisieren lassen als Strukturen variabler Transmission (welche spezifische
Beschichtungen erfordern) kann man versuchen, die zu den einzelnen Momenten gehörigen
Transmissionsprofile durch entsprechende binäre Masken zu approximieren. Für eindimensionale lineare und quadratische Profile kommen hier z.B. Linienstrukturen oder statistische
Pixelstrukturen in Frage, für rotationssymmetrische Profile Ringstrukturen oder ebenfalls
statistische Strukturen.

Die Funktionalität solcher Profile zur Messung von Momenten ist, wenn die Qualität der verwendeten Detektoren vorerst außer Acht gelassen wird, abhängig vom Durchmesser der Gesamtstruktur sowie von der minimalen Strukturgröße. Diese Parameter werden an späterer Stelle ausführlich diskutiert.

Hier sollen zunächst die numerischen Verfahren diskutiert werden, mit deren Hilfe sich binäre Maskenstrukturen berechnen lassen:

1. Linienfilter

Bei der Berechnung von Linienfiltern sind ein Filterdurchmesser d=2a sowie eine minimale Strukturgröße Δ vorgegeben. Die lokale Transmission wird über die Abstände benachbarter Linien bestimmt, wobei alle Linien die minimale Breite Δ haben. Bei eindimensionalen linearen und quadratischen Strukturen brauchen aus Symmetriegründen nur die halben Masken berechnet zu werden. Die Gesamtstruktur ergibt sich bei linearen Filtern dann dadurch, daß die berechnete durch die gespiegelte komplementäre Struktur[3] ergänzt wird. Bei quadratischen Filtern kann die berechnete Struktur direkt gespiegelt werden. Die Struktur von Ringfiltern schließlich ist nur entlang einer radialen Linie zu berechnen.

Entscheidend für die Genauigkeit der Transmissionsprofile ist den Algorithmus, nach dem die Abstände benachbarter opaker Strukturen berechnet werden. Er ist wie folgt zu beschreiben:

Beginnend mit einem an der Stelle x=0 lokalisierten opaken Strukturelement S_1 der Breite Δ wird der Abstand d_{S_1} zum nächsten Strukturelement S_2 so gewählt, daß das über das Intervall $[0,\Delta+d_{S_1}]$ integrierte exakte Transmissionsprofil t(x) mit dem Transmissionsverhältnis $d_{S_1}/(d_{S_1}+\Delta)$ übereinstimmt. Diese Bedingung ist dann auch für jedes neu hinzukommende Strukturelement zu erfüllen. Dies führt auf folgendes System von Gleichungen:

$$\sum\nolimits_{k=1}^{n} d_{Sk} = \int_0^{n\cdot\Delta + \sum_{k-1}^{n} d_{Sk}} t(x)\,dx \quad , \quad 1 \le n \le n_{max} \quad , \tag{212}$$

wobei n_{max} durch die Bedingung

$$\left([n_{max}-1]\Delta + \sum\nolimits_{k=1}^{n_{max}-1} d_{Sk} \right) \le a \le \left(n_{max}\Delta + \sum\nolimits_{k=1}^{n_{max}} d_{Sk} \right) \tag{213}$$

festgelegt ist. Im Falle von Ringfiltern ergeben sich analoge Bedingungen für die radialen Abstände benachbarter Ringe. DieBilder 5 und 6 zeigen Beispiele berechneter linearer und

---

[3]Komplementär bedeutet, daß transparente Strukturelemente durch opake ersetzt werden und umgekehrt.

quadratischer eindimensionaler Filterstrukturen. Sie machen deutlich, daß die linearen Filter einen größeren Transmissionsgradienten aufweisen als die quadratischen, was bereits erkennen läßt, daß bei Messungen mit quadratischen Filtern für vergleichbare Auflösungen bessere Signal-zu-Rausch-Verhältnisse (S/N) erforderlich sind.

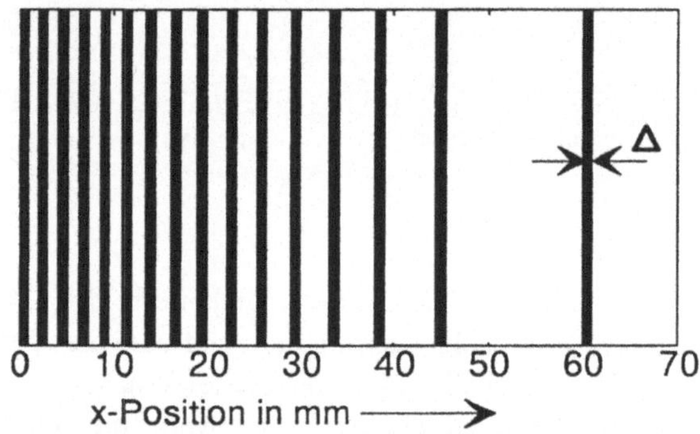

Bild 5 :   Beispiel eines linearen eindimensionalen Linienfilters.

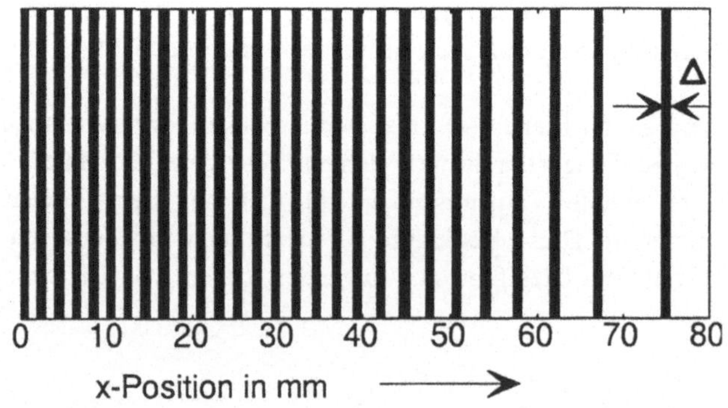

Bild 6 :   Beispiel eines quadratischen eindimensionalen Linienfilters.

2. Statistische Filter

Bei statistischen Filtern werden die Filterstrukturen nicht systematisch berechnet, sondern auf
der Basis von Wahrscheinlichkeitsverteilungen, die den durch die einzelnen Momente
gegebenen Transmissionsgewichtungen entsprechen. Dies sei am Beispiel eines statistischen
Filters zur Realisierung des Mischmomentes zweiter Ordnung gemäß Gl. (208) erläutert.

Hierzu seien wieder ein Filterdurchmesser d=2a und eine minimale Struktur- bzw. Pixelgröße
Δ gegeben. Zunächst wird die Filterfläche in ein Array von a/Δ Zeilen und Spalten unterteilt
und eine Wahrscheinlichkeitsverteilung $W(x_1,x_2)$ definiert gemäß

$$W(x_1,x_2) = 4\frac{x_1 x_2}{d^4} \; . \tag{214}$$

Im nächsten Schritt wird das Array zeilenweise abgetastet, wobei im Punkt $(x_{1i},x_{2j}) \equiv (i,j) \cdot a/\Delta$
eine Zufallszahl ausgelost wird, die mit der Wahrscheinlichkeit $W(x_{1i},x_{2j})$ den Wert Eins und
mit der Wahrscheinlichkeit $1-W(x_{1i},x_{2j})$ den Wert Null annimmt. Im Falle des Wertes Null
wird ein Pixel gesetzt (keine Transmission), im Falle des Wertes Eins nicht. Auf diese Weise
entsteht eine zweidimensionale statistische Verteilung von Pixeln, die insgesamt das zum
Mischmoment zweiter Ordnung gehörige Transmissionsprofil widerspiegelt. Eine nach diesem
Schema berechnete Struktur zeigt Bild 7.

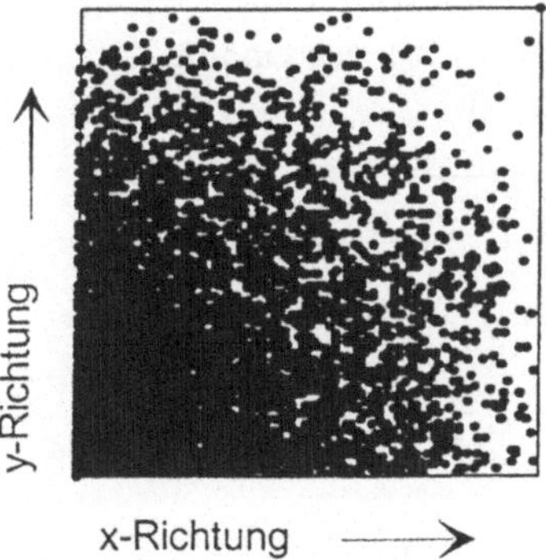

Bild 7: Beispiel eines statistischen zweidimensionalen Filters zur Messung von Mischmomenten zweiter Ordnung.

Es ist offensichtlich, daß die statistischen Strukturen nicht 100%-ig reproduzierbar sind, da
bei jeder Berechnung die Zufallszahlen neu ausgelost werden. Bei hinreichend feiner Auflösung fällt dies nach dem Gesetz der großen Zahlen [82] jedoch nicht ins Gewicht.

Nachdem die Verfahren zum Design von Filterstrukturen dargelegt sind, sollen im folgenden die Parameter diskutiert werden, die die Funktionalität der Filter für den praktischen Einsatz bestimmen. Hierbei werden sowohl theoretische Überlegungen angestellt, als auch experimentelle Ergebnisse mit realen Filterstrukturen präsentiert.

5.3   Funktionalitätsparameter für die einzelnen Transmissionsfilter

Die Funktionalität einzelner Filtertypen für den praktischen Einsatz wird zum einen durch die Designparameter der Filterstrukturen selbst und zum anderen durch das zur Signalverarbeitung verwendete experimentelle Equipment bestimmt. Beide Einflußmechanismen werden im weiteren für lineare und quadratische Transmissionsprofile separat untersucht. Hierzu sei der Durchmesser der betrachteten Strukturen wieder d=2a und die minimale Strukturgröße Δ.

5.3.1   Filter mit linearem Transmissionsprofil

5.3.1.1 Auslegungsbetrachtungen

Der dynamische Bereich eines linearen Filters ist durch die minimal und maximal meßbare transversale Verschiebung eines Strahlprofils bestimmt. Zunächst werde der durch die Diskretisierung der Filterstruktur bedingte Fehler vernachlässigt, d.h., es werde ein ideales lineares Transmissionsprofil vorausgesetzt. Besitzt ein lineares Filter die minimale Transmission $t_0=0$, so ist der Meßwert $s(w,x_0)$, den ein um x_0 transversal verschobenes Gaußprofil mit Radius w liefert, gegeben durch

$$s(w,x_0) = \sqrt{\frac{2}{\pi w^2}} \int_{-a}^{a} \exp[-2(\frac{x}{w})^2] \cdot \frac{(x+a+x_0)}{2a} dx$$

$$= \sqrt{\frac{2}{\pi}} \int_{-\frac{1}{p}}^{\frac{1}{p}} \exp(-2y^2) \cdot \frac{(wy+a+x_0)}{2a} dy \qquad (215)$$

$$=: s'(p,\frac{x_0}{2a}) \quad , \quad p = \frac{w}{a} \quad .$$

Eine erste wichtige Frage ist, wie groß der Strahlradius w maximal sein darf, damit eine kleine transversale Verschiebung δx_0 noch zuverlässig gemessen werden kann. Um eine normierte Darstellung zu erhalten, werden hierzu die Verschiebungen in Einheiten von d=2a ($\delta_0 = \delta x_0/(2a)$) und der Strahlradius in Einheiten von a betrachtet (p=w/a). Das Verschiebungssignal ist dann durch $s''(p,\delta_0)=s'(p,x_0/(2a)+\delta_0)-s'(p,x_0/(2a))$ gegeben und hat demnach folgende Gestalt

$$s''(p,\delta_0) = \sqrt{\frac{2}{\pi}}\ \delta_0 \int_{-\frac{1}{p}}^{\frac{1}{p}} \exp(-2y^2)\,dy \quad . \tag{216}$$

In Bild 8 ist s"(p,1) als Funktion von p dargestellt. Es zeigt, daß für eine Genauigkeit von beispielsweise 5% der Strahldurchmesser nicht größer als der Filterdurchmesser sein sollte. Derartige Forderungen bestimmen die obere Grenze des Dynamikbereichs eines linearen Filters.

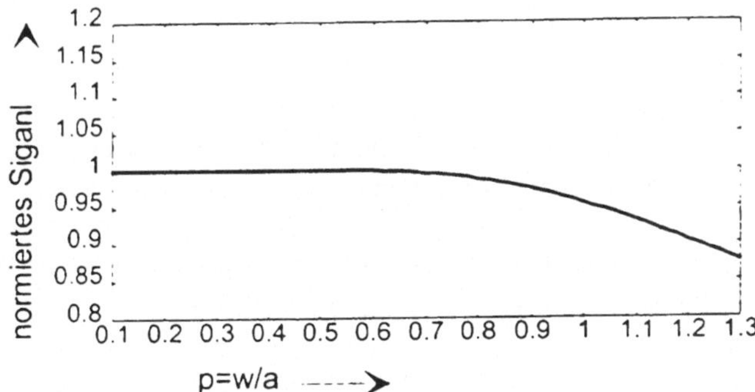

Bild 8: Normiertes Verschiebungssignal als Funktion des normierten Strahlradius p=w/a.

Um die untere Grenze des Dynamikbereiches zu bestimmen, ist die auf die Gesamtleistung bezogene Signaländerung als Funktion der transversalen Verschiebung zu berechnen. Dies ist wiederum in normierter Darstellung in Bild 9 gezeigt.

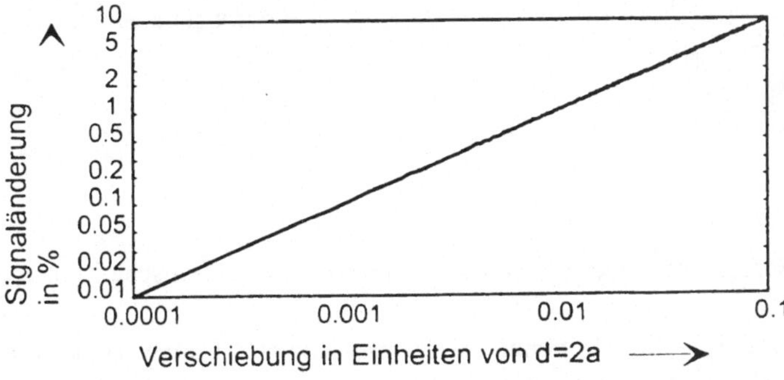

Bild 9: Normiertes Verschiebungssignal als Funktion der transversalen Verschiebung in Einheiten von d=2a.

Hierbei wurde ein Strahlradius gewählt, der kleiner als der Filterdurchmesser ist. Bild 9 ist dann wie folgt zu interpretieren: Lassen sich mit einer verwendeten Detektorelektronik z.B. 0.1% der Gesamtleistung eines Gaußstrahls als Signal auflösen, so sind gerade noch Verschiebungen meßbar, die dem 10^{-3}-fachen Filterdurchmesser entsprechen, was dann die untere Grenze des Dynamikbereiches für das vorliegende Filter ergibt.

Faßt man beide Ergebnisse zusammen, so gilt für den auflösbaren Verschiebungsbereich I einer auf dem Filter zentrierten Gaußverteilung mit Parameter p und einer Signalauflösung von 0.1% I=[10^{-3}d .a·max(0,0.5-p)], wenn die Meßgenauigkeit mindestens 5% betragen soll. Der Ausdruck "max(0,0.5-p)" garantiert, daß der Strahl gemäß Bild 8 innerhalb seines einfachen Radius die Filterstrukturgrenze nicht überschreitet.

Alle Aussagen gelten unter der Voraussetzung, daß ideale Transmissionsprofile zur Verfügung stehen. Es liegt auf der Hand, daß diskretisierte Linienstruktren, wie sie in den Bildern 5 und 6 dargestellt wurden, zusätzliche Einschränkungen hinsichtlich der Meßgenauigkeit bedingen. Diese Problematik soll nun genauer untersucht werden.

Hierzu werde ein lineares Filter mit d=2mm und Δ=2μm betrachtet. Bild 10 zeigt die nach dem an früherer Stelle beschriebenen numerischen Verfahren berechneten Positionen der opaken Strukturelemente (Linien) für eine Filterhälfte. Im Vorgriff auf die spätere Diskussion quadratischer Transmissiosprofile sind auch die entsprechend für ein quadratisches Filter mit Grundtransmission t_0=0 berechneten Linienpositionen dargestellt.

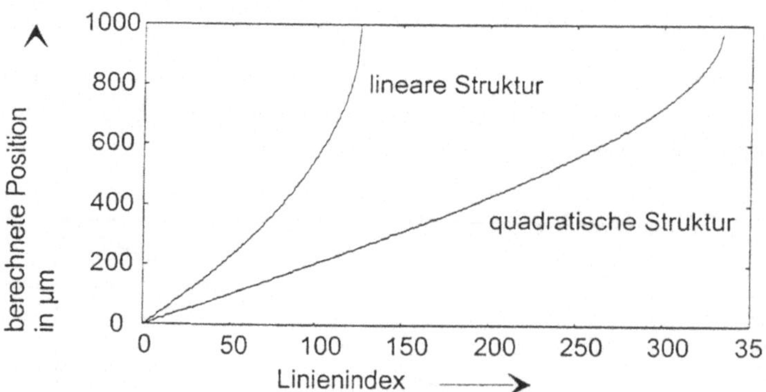

Bild 10:   Berechnete Linienpositionen für lineare und quadratische Transmissionsprofile.

Bezeichnen x_k und x_{k+1} die Positionen zweier benachbarter Linien, so berechnet sich die zugehörige lokale Transmission gemäß t(0.5·(x_k+x_{k+1}))=(x_{k+1}-x_k-Δ)/(x_{k+1}-x_k). Die so berechneten Transmissionskurven sind in Bild 11 zu sehen. Sie geben den tatsächlichen Verlauf sehr gut wieder, wobei die Fehler jeweils von der Mitte nach außen abnehmen. Insbesondere bei den quadratischen Profilen ist in der Mitte wegen der geringen Kurvensteigung die

Stufigkeit des rekonstruierten Profils zu erkennen.

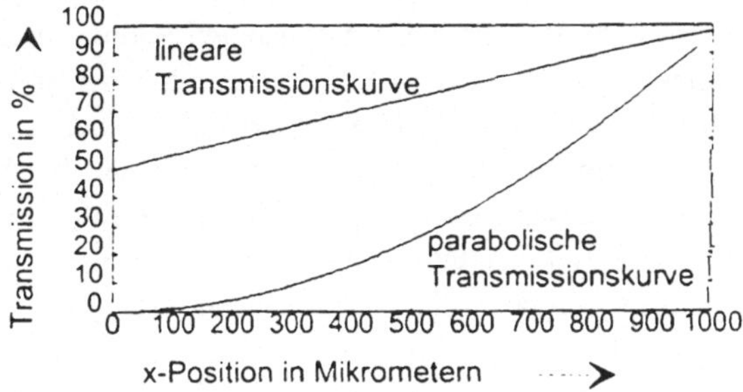

Bild 11:   Rekonstruierte lineare und quadratische Tansmissionsprofile gemäß Bild 10.

Um den Einfluß der diskreten Linienstrukturen auf die Meßgenauigkeit zu untersuchen, wird im folgenden das Transmissionssignal von Gaußprofilen als Funktion des Strahlradius an unterschiedlichen transversalen Filterpositionen betrachtet. Bezeichnet w den Strahlradius und x_0 die auf die Filtermitte bezogene Strahlposition, so wird nach Normierung auf die Strahlleistung vor dem Filter hinter dem Filter die folgende Strahllage $s(w,x_0)$ gemessen (vgl. Gl. (205)):

$$s(w,x_0) = d \left[\sqrt{\frac{2}{\pi w^2}} \sum_{k=1}^{n} \int_{x_{k-\Delta}}^{x_{k-1}} \exp[-2(\frac{x-x_0}{w^2})] \, dx - 0.5 \right] , \qquad (217)$$

wobei x_k die Position des k-ten von n opaken Linienelementen bezeichnet. In Bild 12 sind die berechneten Strahlpositionen gemäß Gl. (217) als Funktion des Strahlradius w dargestellt, die sich für $x_0 \in \{100\mu m, 200\mu m, \dots , 700\mu m\}$ ergeben.

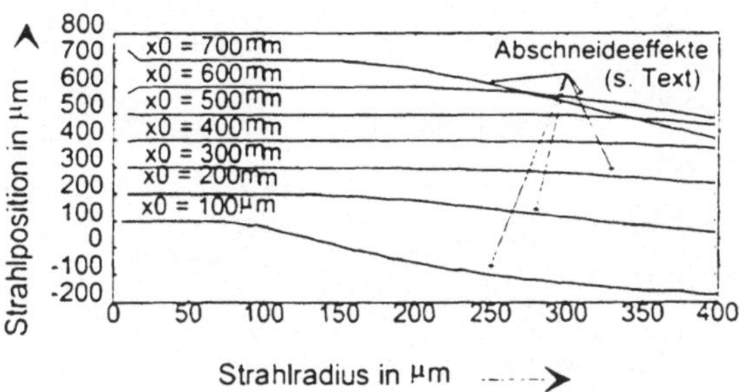

Bild 12:   Simulierte Schwerpunktmessungen für Gaußstrahlen unterschiedlicher Radien
                  mit einem linearen Filter.

Zunächst fällt auf, daß bei Strahlpositionen von x_0=100µm, 200µm, 300µm ... außerhalb der Mitte die berechneten Positionskurven bei Strahlradien von w≥75µm, 150µm, 250µm ... falsche Werte liefern. Dieser Effekt ist jedoch ein Artefakt, denn Gl. (217) wurde für halbe Filterstrukturen ausgewertet, so daß sich bei den genannten Radius-Strahlversatzkonstellationen numerische Abschneideeffekte in der Filtermitte oder, bei den großen Strahlradien von 500µm und 600µm, am Filterrand gemäß Bild 8 bemerkbar machen. Echte Ungenauigkeiten treten nur bei den Strahlpositionen 600µm und 700µm für einen Strahlradius von w≤8µm auf. Dies liegt daran, daß an diesen Positionen die kleinen Strahlradien in den Bereich der Linienabstände auf dem Filter kommen und demnach falsche Transmissionswerte resultieren. An der Position x_0=600µm betragen die Linienabstände ca. 8µm. Da gemäß Bild 12 Strahlradien von ca. 16µm dort noch korrekt erfaßt werden, bedeutet dies, daß der Strahl mindestens so groß sein sollte, daß er ein komplettes Linienpaar überdeckt. Wird diese Bedingung berücksichtigt, so sind die berechneten Positionswerte sehr genau.

Neben den minimal zulässigen Strahlradien ist auch die Frage nach den minimal erfaßbaren Positionsänderungen Δx_0 von Interesse. Um hierüber Aussagen zu erhalten, werden im folgenden 20 im Abstand von 0.5µm zueinander positionierte Gaußstrahlen vorgegeben und deren Schwerpunktpositionen gemäß Gl. (217) rekonstruiert. Um die Grenze auflösbarer Strahlradien zu erfassen, sind die Ergebnisse in Bild 13 für die Gaußstrahlradien w=7µm, 8µm, 10µm, 100µm und 150µm dargestellt. Da wiederum nur ein Halbfilter betrachtet wird, ist die Bezugsposition der Strahlen 350µm außerhalb der Filtermitte gelegen. Wie man sieht, liegen alle Kurven, die zu w>10µm gehören, exakt übereinander, so daß mit 2µm-Strukturelementen Verschiebungen von 0.5µm noch gut nachweisbar sind. Diskretisierungsfehler machen sich bei w=7µm und w=8µm bemerkbar. Der lokale Linienabstand in 350µm Entfernung von der Filtermitte beträgt ca. 7µm, so daß sich erneut die Bedingung bestätigt, daß ein Strahldurchmesser mindestens ein Linienpaar überdecken sollte. Ist diese Bedingung verletzt, so zeigt sich ein oszillatorisches Verhalten der Meßwerte um die exakte Kurve.

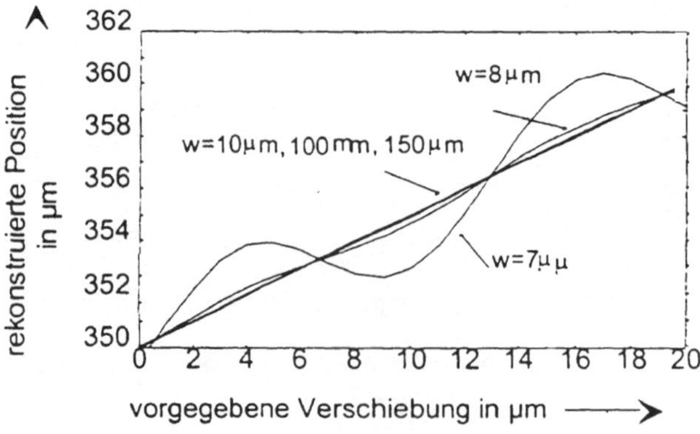

Bild 13:   Auflösbarkeit transversaler Verschiebungen bei verschiedenen Strahlradien

5.3.1.2 Experimentelle Verifizierung

Den bislang angestellten theoretischen Abschätzungen sollen nun Meßergebnisse mit realen Transmissionsfiltern gegenübergestellt werden. Hierzu standen lineare Transmissionsfilter mit einem Durchmesser von d=16mm und Strukturgrößen Δ von 2µm, 16µm und 100µm zur Verfügung. Eine Skizze des Versuchsaufbaus ist in Bild 14 dargestellt.

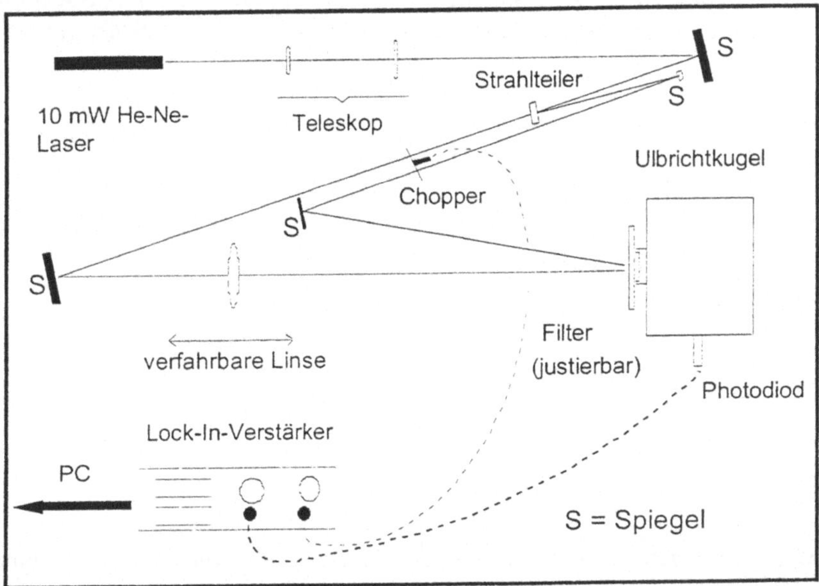

Bild 14: Experimenteller Aufbau zur Durchführung der Transmissionsfiltermessungen

Als Strahlquelle diente ein 10mW HeNe-Laser, dessen Strahl mit einem nachgeschalteten Teleskop auf einen 86.5%-Durchmesser von ca. 12mm aufgeweitet wurde. Der sich in der Abbildung anschließende Strahlteiler spielte nur bei der Vermessung quadratischer Filterstrukturen eine Rolle (Offsetkompensation, s.u.) und entfiel bei linearen Strukturen sowie der zum Mischmoment zweiter Ordnung gehörenden Struktur[4]. Da die Signale mit Lock-In-Technik verarbeitet wurden, wurde ein optischer Chopper verwendet. Mit Hilfe einer verfahrbaren Linse ließ sich auf dem vor einer Spectralon-Ulbrichtkugel angebrachten Filter ein variabler Strahldurchmesser einstellen.

---

[4] Das Mischmoment zweiter Ordnung ist eine multiplikative Überlagerung zweier orthogonaler linearer Strukturen.

Die linearen Filter waren für die Messung auf einem motorisch gesteuerten Mikrometertisch montiert, mit dem sich transversale Verschiebungen von 10mm mit einer Auflösung von Δx von $\geq 1\mu m$ realisieren ließen. Es ist sehr wichtig, daß die Filter möglichst nahe an der Öffnung der Ulbrichtkugel montiert sind, da sie aufgrund der kleinen Strukturgrößen als starke Beugungsgitter wirken. Der Dynamikbereich der Meßelektronik betrug ca. 1:1000, so daß sich gemäß Bild 9 Positionsänderungen von $\pm16\mu m$ gerade noch auflösen lassen sollten. Bild 15 zeigt Meßergebnisse für ein Filter mit 2µm Strukturgröße und Strahlradien von w=15µm, w=1mm bzw. w= 3mm. Die Übereinstimmung ist so gut, daß sich die Ergebnisse für die verschiedenen Strahlradien erst bei der Betrachtung der absoluten Positionsfehler gut separieren lassen.

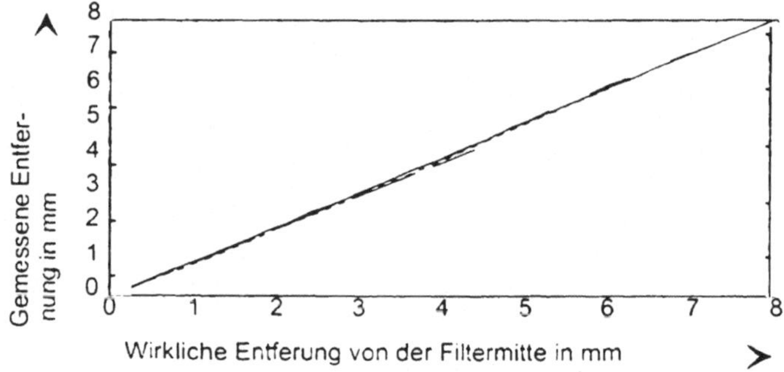

Bild 15: Gemessene erste Momente mit linearen Filtern (Strukturgröße 2µm, d=16mm) bei verschiedenen Strahldurchmessern.

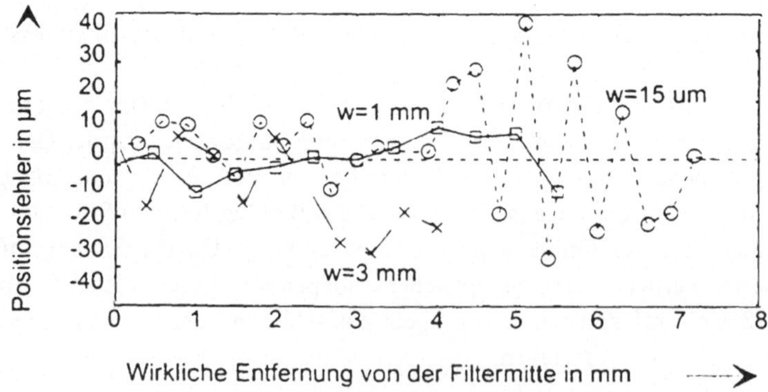

Bild 16: Absolute Positionsfehler als Funktion der tatsächlichen Entfernung des Strahlschwerpunktes von der Filtermitte für eine minimale Strukturgröße von 2µm.

Die gemessenen Strahlpositionen sind im Rahmen der obigen Abschätzungen genau. Die andeutungsweise zu erkennenden unterschiedlichen Längen der einzelnen Geraden rühren daher, daß eine Strahlverschiebung auf dem Filter sinnvollerweise nur so weit erfolgen sollte, daß der Strahl noch vollständig von der Filterstruktur erfaßt wird. Die kürzeste der dargestellten Geraden gehört zum Strahldurchmesser w=3mm. Sie zeigt bereits bei Abständen von 3-4mm von der Filtermitte Abweichungen von der Sollposition, was daran liegt, daß nicht mehr der ganze Strahldurchmesser durch das Filter abgedeckt ist. Die zum Strahlradius w=15µm gehörende Gerade zeigt ab Abständen von 5-6mm von der Filtermitte sich periodisch verhaltende, anwachsende Abweichungen. Dies ist durch Diskretisierungsfehler zu erklären, da die lokalen Linienabstände im Vergleich zum Strahldurchmesser zu groß werden.

Die nächsten beiden Abbildungen zeigen noch die Fehlerkurven der entsprechenden Messungen für die Filter mit Strukturgrößen von 16µm bzw. 100µm, wobei im letzteren Fall anstatt des Strahlradius w=15µm der Strahlradius w=300µm betrachtet wurde. Die Messungen wurden wie oben wieder nur über Distanzen innerhalb des Filtermeßbereichs durchgeführt. Der in Bild 17 bei einer Strukturgröße von 16µm für den Strahlradius w=15µm auftretende starke Knick betrifft einen einzelnen Meßpunkt und ist offensichtlich kein Struktureffekt.

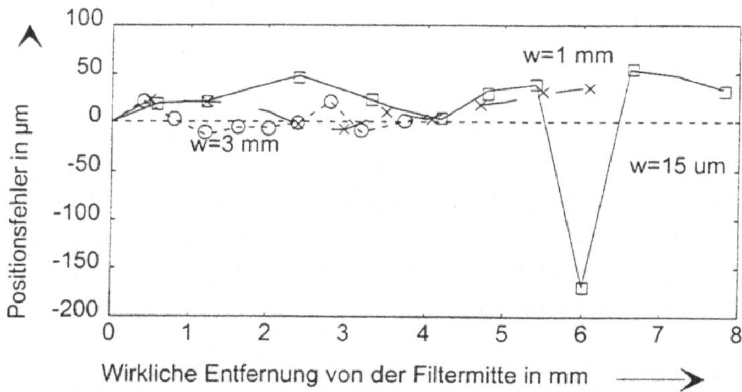

Bild 17: Absolute Positionsfehler als Funktion der tatsächlichen Entfernung des Strahlschwerpunktes von der Filtermitte für eine minimale Strukturgröße von 16µm.

Bei der Strukturgröße 100µm schließlich werden die Meßfehler deutlich größer, wie Bild 18 unmittelbar zu entnehmen ist. Eine genauere Fehleranalyse zeigt, daß sich die Positionsfehler im Bereich der minimalen Strukturgröße, d.h, bei ca. ±200µm bewegen, sofern nicht noch Diskretisierungs- oder Abschneideeffekte hinzukommen. Insofern ist als weitere Bedingung für eine konkrete Auslegung zu beachten, daß die minimale Strukturgröße deutlich unter dem gewünschten Auflösungsvermögen liegt.

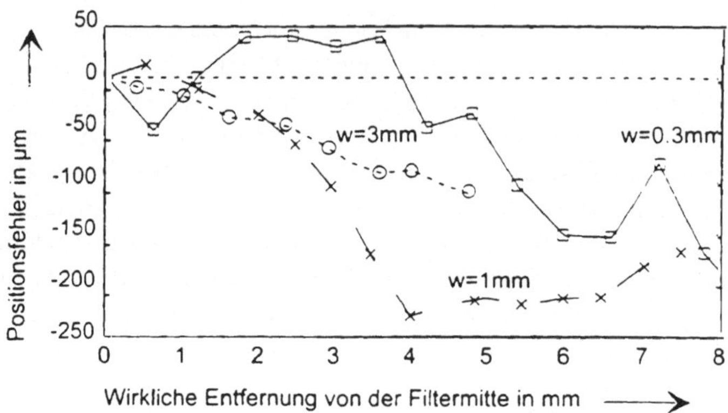

Bild 18: Absolute Positionsfehler als Funktion der tatsächlichen Entfernung des Strahl-schwerpunktes von der Filtermitte für eine minimale Strukturgröße von 100µm.

Bevor im weiteren auf die Diskussion quadratischer Filter zur Messung von Strahlradien ein-gegangen wird, seien an dieser Stelle noch Messungen mit einem statistischen Filter zur Be-stimmung gemischter Momente zweiter Ordnung diskutiert. Wie an früherer Stelle bereits erwähnt, handelt es sich hierbei um eine multiplikative Überlagerung zweier orthogonaler linearer Transmissionsstrukturen. Um dieses Filter zu charakterisieren, wurde ein HeNe-La-serstrahl in verschiedenen Höhen (y-Positionen) auf der linken Seite des Filters so positoniert, daß der Strahl sowohl in x-, als auch in y-Richtung hinreichend von der Struktur erfaßt wurde. Wenn nun das Filter für jede y-Position transversal in x-Richtung verfahren wird, so müssen sich insgesamt Geraden ergeben, deren jede eine für ihre y-Position charakteristische Steigung besitzt. Darüberhinaus müssen alle Geraden einen gemeinsamen Schnittpunkt bei dem Transmissionswert Null besitzen.

Bild 19 zeigt das Ergebnis einer solchen Messung, bei der vier verschiedene äquidistante y-Positionen gewählt wurden. Die Strahlen hatten jeweils einen Durchmesser von ca. 2.5mm, der Verfahrweg in x-Richtung betrug 6mm. Neben den gemessenen Kurven sind die zugehö-rigen exakten Geraden aufgetragen.

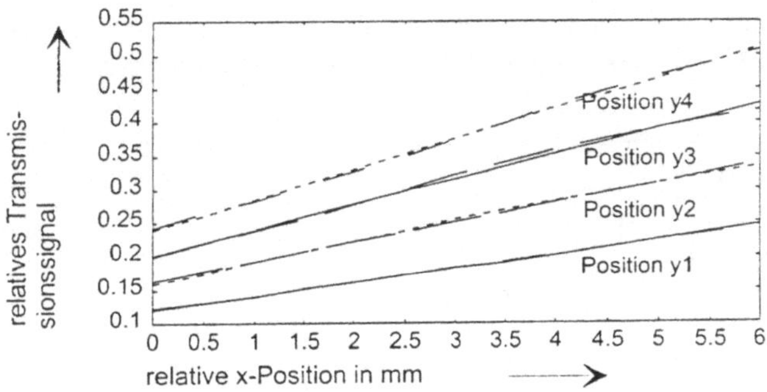

Bild 19: Messungen mit einem statistischen Filter für das gemischte Moment zweiter Ordnung

Die zugehörige Fehlerkurven sind inBild 20 zu sehen.

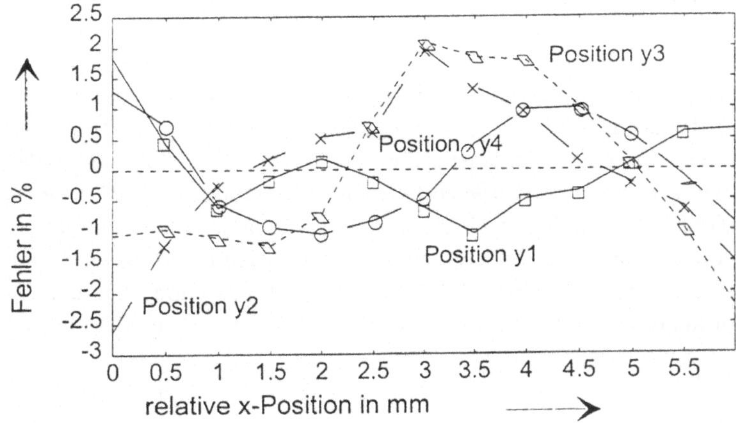

Bild 20: Fehlerkurven zu den Messungen mit dem statistischen Filter gemäß Bild 19.

Man sieht in Bild 20, daß die Fehler an beiden Filterrändern tendenziell am größten werden.
Dies ist in erster Linie dadurch zu erklären, daß statistische Schwankungen hinsichtlich der
Pixeldichte sich am stärksten in den Bereichen extremer Transmissionen (0% und 100%)
auswirken. Mit Werten von ±2.5% sind die Genauigkeiten jedoch über den gesamten Bereich
sehr zufriedenstellend.

Bild 21 zeigt das Ergebnis einer rückwärtigen Extrapolation der gemessenen Geraden. Wie
zu erwarten, besitzen die einzelnen Geraden einen gemeinsamen Schnittpunkt. Dieser liegt
bei einem Transmissionswert von ca. 3%, so daß das vermessene statistische Filter insgesamt
gesehen Meßergebnisse liefert, die im 3%-Bereich genau sind.

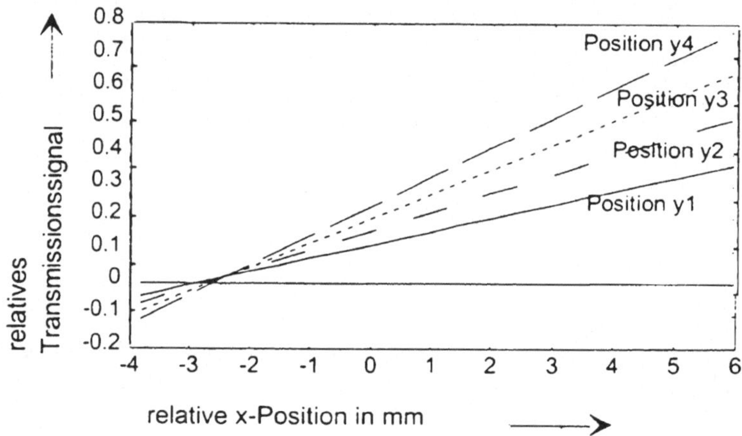

Bild 21: Rückwärtige Extrapolation der mit dem statistischen Filter aufgenommenen Meßkurven.

Faßt man an dieser Stelle die Ergebnisse für lineare Filterstrukturen zusammen, so läßt sich
sagen, daß sich die aus den theoretischen Erwägungen gewonnenen Genauigkeitsabschätzun-
gen experimentell sehr gut reproduzieren lassen, so daß für konkrete Anwendungen eine
solide Parameterbasis für eine zufriedenstellende Auslegung zur Verfügung steht. Es sei
nochmals hervorgehoben, daß der Genauigkeit bzw. dem dynamischen Bereich der verwendeten Elektronik zur Signalaufbereitung eine sehr wichtige Rolle im Hinblick auf die
erzielbaren Auflösungen zukommt. Dies wird noch bedeutsamer bei den im nächsten
Unterkapitel diskutierten quadratischen Transmissionsstrukturen zur Messung von Strahlradien.

5.3.2   Filter mit quadratischem Transmissionsprofil

5.3.2.1 Auslegungsbetrachtungen

Die Diskussion der quadratischen Filter verläuft in Analogie zu der der linearen Filter, wobei
auf das numerische Design nicht weiter eingegangen wird; letzteres wurde im vorangegange-
nen Kapitel bereits diskutiert.

Im ersten Schritt werden wiederum Diskretisierungseffekte vernachlässigt. Die quadratischen Strukturen besitzen im Scheitel einen minimalen Transmissionswert t_0, und das zu einem Strahl mit Radius w gehörige Signal werde mit s(w) bezeichnet.

Bei einem quadratischen Filter ist der dynamische Bereich durch das Verhältnis aus dem maximal und dem minimal meßbaren Strahlradius definiert. Wie bereits im Falle linearer Filter ist die obere Grenze des Dynamikbereichs durch die Filtergeometrie bestimmt, während die untere vom S/N der verwendeten Elektronik zur Signalaufnahme abhängt. Im folgenden besitze ein Transmissionsfilter wieder den Durchmesser d=2a und die minimale Strukturgröße Δ. Zunächst wird die obere Grenze meßbarer Radien für verschiedene Feldverteilungen (TEM_{00}-Mode, TEM_{10}-Mode und TEM_{20}-Mode) betrachtet. Wie im Falle linearer Filter wird eine normierte Darstellung gewählt, wo der Strahlradius durch den Parameter p=w/a beschrieben wird[5].

Um für ein gegebenes Filter die obere Grenze meßbarer Strahlradien als Funktion von p zu bestimmen, werden für jeden der oben angegebenen Moden die zweiten Momente gemäß Gl.(175), Kapitel 4 berechnet, wobei die Integration jeweils nur bis zu dem der Filtergrenze entsprechenden Wert ausgeführt wird. Die Resultate sind in Bild 22 zu sehen.

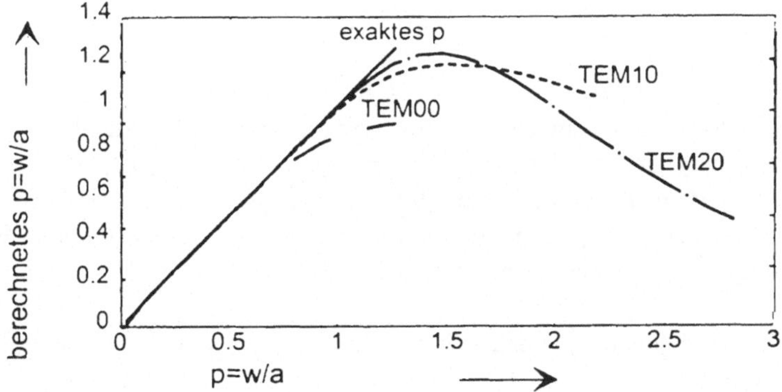

Bild 22: Berechneter normierter Strahlradius p als Funktion des tatsächlichen normierten Strahlradius für verschiedene Moden.

Anders als im Falle linearer Filter wird der Radius des Grundmodes sehr gut reproduziert, solange die Transmissionsstruktur ca. den 1.6-fachen Strahldurchmesser abdeckt. Bei den höheren Moden wird die Situation günstiger. Wie Bild 22 zeigt, kann bereits für den TEM_{10}-

---

[5] Bei höheren Moden steht w für den auf dem zweiten Moment basierenden Radius.

und den TEM_{20}-Mode der Strahldurchmesser etwa dem 0.9-fachen Filterdurchmesser entsprechen, um noch genau erfaßt zu werden. Dies ist nochmals in Bild 23 gezeigt, wo die prozentualen Meßfehler für die einzelnen Moden aufgetragen sind.

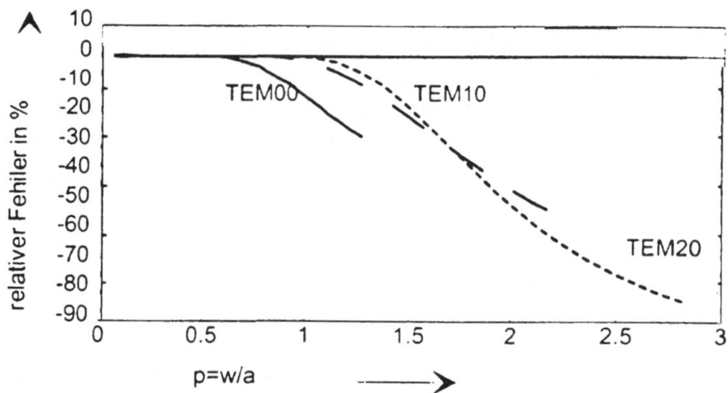

Bild 23: Prozentuale Fehler bei der Berechnung von p=w/a.

Man sieht direkt, daß modenunabhängig für $p \leq 0.6$ Genauigkeiten von besser als 5% zu erwarten sind, und daß die zulässigen p-Grenzen mit wachsender Modenordnung ebenfalls schnell anwachsen.

Um die untere Grenze des Dynamikbereichs anzugeben, ist das normierte Transmissionssignal für eine Feldverteilung als Funktion von p zu berechnen. Um so kleiner p ist, desto kleiner ist das Transmissionssignal. Bezogen auf Momentenradien w liefert der TEM_{00}-Mode ein kleineres Signal als der TEM_{10}- oder der TEM_{20}- Mode. Aus diesem Grunde wird für die folgenden Überlegungen nur der Grundmode betrachtet.

Bild 24 stellt die Verhältnisse für den Fall eindimensionaler sowie den Fall rotationssymmetrischer Strukturen dar.

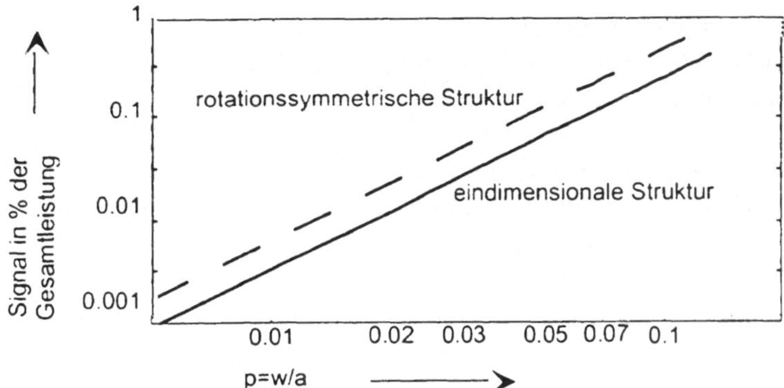

Bild 24: Untere Grenze des Dynamikbereichs für eindimensionale und rotationssymmetrische
quadratische Transmissionsstrukturen.

Auffallend ist zunächst, daß bei gleichem Parameter p die rotationssymmetrischen Strukturen
doppelt so große Signale liefern wie die eindimensionalen Strukturen, was der Tatsache
Rechnung trägt, daß das radiale zweite Moment $<x^2-y^2>$ dem halben Strahlradius entspricht,
während das eindimensionale zweite Moment $<x^2>$ nur einem Viertel entspricht. Dies
bedeutet, daß bei einem gegebenen S/N der Auswerteelektronik mit rotationssymmetrischen
Strukturen kleinere minimale Strahlradien gemessen werden können als mit eindimensionalen
Strukturen. Ein genauer Vergleich der beiden obigen Kurven ergibt, daß zur Erhaltung eines
gegebenen Signals der Strahlradius auf der eindimensionalen Struktur um den Faktor $\sqrt{2}$
größer sein muß als der auf der rotationssymmetrischen Struktur, oder umgekehrt, daß
rotationssymmetrische Strukturen ein um den Faktor $\sqrt{2}$ besseres Auflösungsvermögen
besitzen.

Um wie im Fall linearer Filter ein konkretes Beispiel zu geben, sei ein Filter mit a=8mm und
eine Signalauflösung von 0.1% vorausgesetzt. Gemäß der obigen Abbildung lassen sich dann
mit eindimensionalen Strukturen Gaußsche Strahlradien von w=p·a=0.0625·8mm=500µm
auflösen, mit rotationssymmetrischen Strukturen hingegen Strahlradien von w=p·a=
0.0442·8mm=350µm.

Wenn die Ergebnisse für die obere und die untere Grenze des Dynamikbereichs eines Filters
mit quadratischem Transmissionsprofil zusammengefaßt werden, so ergibt sich, bezogen auf
den auf dem zweiten Moment basierenden Strahlradius als Bereich I_a meßbarer Radien
I'_a=[0.0625p,0.6p] für eindimensionale Strukturen und I^2_a=[0.0442p,0.6p] für rotationssymmetrische Strukturen, was Dynamikbereichen von ca 1:10 bzw. 1:14 entspricht.

Es liegt auf der Hand, daß das dynamische Verhalten kritisch vom jeweiligen S/N abhängt. Verwendet man z.B. Detektoren, welche 0.01% der Gesamtleistung noch als Signal messen können, so ändern sich obige Intervalle I^i_σ zu $I^1_\sigma=[0.02p\,,\,0.6p]$ bzw. $I^2_\sigma=[0.014p\,,\,0.6p]$, was Dynamikbereichen von 1:50 bzw. 1:71 entspricht. Durch Kombination von Strukturen unterschiedlicher Durchmesser d läßt sich der Dynamikbereich überdies noch vergrößern.

Zur weiteren Analyse quadratischer Transmissionsfilter soll nun auf den Einfluß der diskreten Struktur quadratischer Linienfilter eingegangen werden. Hierzu wird das im letzten Unterkapitel numerisch generierte Linienprofil mit a=1mm und $\Delta=2\mu m$ verwendet. Alle Berechnungen werden mit einer TEM_{00}- und einer TEM_{10}-Verteilung durchgeführt. In Analogie zu Kapitel 5.3.1 ist das zur Leistungsdichteverteilung I(x,y,w) und einem Strahlradius w gemessene Momentensignal s(I,w) gegeben durch

$$s(I,w) = 2a^2 \left[\; \frac{1}{P_0}\sum_{k=1}^n \int_{-a}^{a}\int_{x_{k-\Delta}}^{x_{k+1}} I(x,y,w)\; dxdy\; -\; t_0 \right]\;,\qquad(218)$$

wobei P_0 die zu I(x,y,w) gehörende Gesamtleistung bezeichnet und die Grundtransmission t_0 im vorliegenden Fall Null ist. In Bild 25 ist die Auswertung der Gl. (218) für den Radienbereich von $w=2\mu m$ bis $w=600\mu m$ dargestellt, wobei neben den berechneten Radienwerten für die einzelnen Moden noch die Referenzgerade der vorgegebenen Radien eingezeichnet ist.

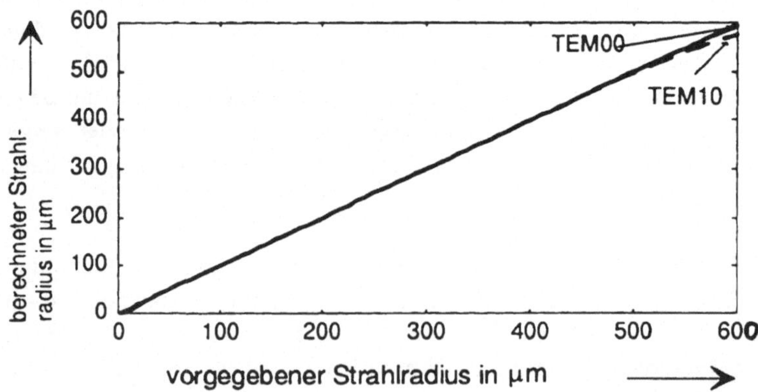

Bild 25: Berechnete Strahlradien für quadratische Linienfilter gemäß Kapitel 5.3.1.

Die tatsächlichen Strahlradien werden für beide Feldverteilungen über weite Bereiche exzellent reproduziert. Um die Auflösungsgrenzen hervorzuheben, zeigt Bild 26 die zugehörigen Fehlerkurven.

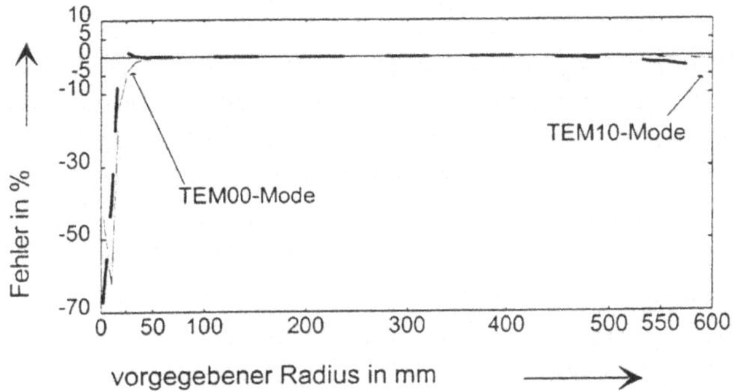

Bild 26: Prozentuale Fehler bei der Radienmessung mit quadratischen Linienfiltern.

Wenn wiederum 5% als maximal tolerierbarer Fehler zugrundegelegt werden, so sollten bei der hier relevanten minimalen Strukturgröße von $2\mu m$ die Strahlradien (2. Moment) mindestens $25\mu m$ groß sein, d.h. der Strahldurchmesser sollte ca. der 25-fachen minimalen Strukturgröße entsprechen. Berechnungen mit anderen minimalen Strukturgrößen bestätigen diesen Wert [83]. Die obere Grenze der tolerierbaren Strahlradien wurde bereits an früherer Stelle diskutiert: sie hängt nicht von der diskreten Natur der Filterstrukturen ab.

Wenn man die bisherigen Resultate für quadratische Filter zusammenfaßt, so ist festzuhalten, daß der tatsächliche Dynamikbereich eines Transmissionsfilters sowohl vom Auflösungsvermögen der Detektorelektronik, als auch von der minimalen Strukturgröße der Linienelemente abhängt. Die letztere Abhängigkeit ist hierbei wesentlich gravierender als bei linearen Transmissionsprofilen.

5.3.2.2 Experimentelle Verifizierung

Bevor im weiteren Meßergebnisse mit quadratischen Transmissionsfiltern diskutiert werden, soll auf die Unterschiede hingewiesen werden, die im Vergleich zu linearen Filtern bestehen.

Die für die Messungen verfügbaren quadratischen Filter besaßen eine Grundtransmission t_0 von 20%. Will man damit Strahlradien nahe der unteren Auflösungsgrenze messen, so bedeutet dies meßtechnisch, daß sehr kleine informationstragende Signale von einem sehr großen Offset (20% des gesamten Leistungssignals) zu separieren sind. Dies ist umso ungünstiger, desto größer das Offsetsignal ist. Viel günstiger ist es, direkt das Differenzsignal zum Offset zu messen, was mittels Lock-In-Technik sehr einfach möglich ist. Für die folgenden Erläuterungen sei deshalb nochmals auf Bild 14 verwiesen.

Der für lineare Filter irrelevante Strahlteiler mit Chopper ist für die Vermessung von quadratischen Filtern wesentlich. Zur Durchführung einer Messung wird wie folgt verfahren:

Zunächst wird das quadratische Filter ortsfest vor der Ulbrichtkugel positioniert. Im nächsten Schritt wird der über den Strahlteiler erzeugte Referenzstrahl ausgeblendet und der über den Zweig der verfahrbaren Linse verlaufende Meßstrahl auf die Filtermitte justiert (Transmissionsminimum). Danach wird die Taille des Referenzstrahls so auf das Filter abgebildet, daß eine (Lock-In-) Messung der Differenz von Meß- und Referenzsignal den Wert Null ergibt. Der Radius des Meßstrahls wird im weiteren nur noch durch Verschieben der Linse variiert, was ohne zusätzliche systematische Fehler möglich ist, da der Strahl vor der Linse sehr gut kollimiert ist (Rayleighlänge $\geq$ 1000m). Wichtig hierbei ist noch, daß die Leistung P des verwendeten HeNe-Lasers über die Dauer einer Messung im Prozentbereich stabil ist [84] und deshalb nicht synchron gemessen zu werden braucht[6].

Die für die Messung zur Verfügung stehenden Filter hatten einen Durchmesser von d=16mm und minimale Strukturgrößen von Δ=10µm bzw. Δ=50µm. Die nächste Abbildung zeigt das Ergebnis einer Vermessung der Kaustik hinter einer Linse mit einer Brennweite von f=200mm, wobei der 86,5%-Strahlradius auf der Linse ca. 6mm betrug. An der Position z hinter der Linse sind die Strahldurchmesser d(z) aus den Meßsignalen s(z) im vorliegenden Fall aus folgender Formel zu berechnen (vgl. Gl. (206)):

$$d(z) = 2 \cdot \sqrt{\frac{80}{P} \, s(z)} \quad . \tag{219}$$

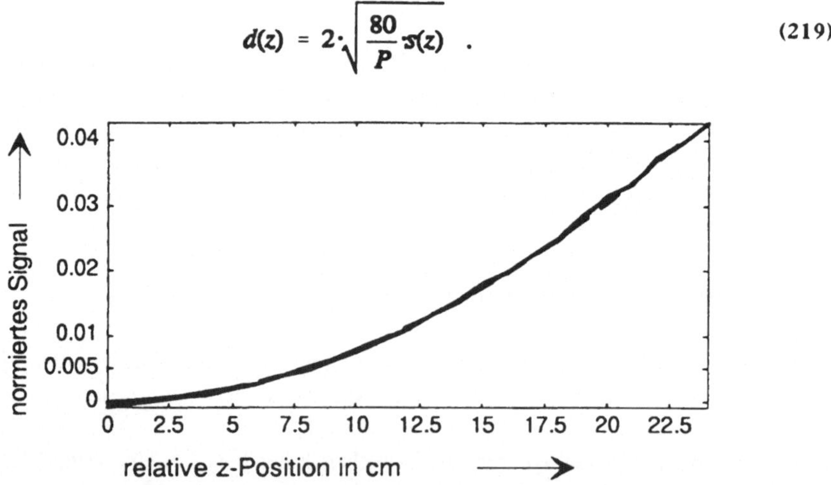

Bild 27: Gemessene Transmiossionskurven für quadratische Filter mit minimalen Strukturgrößen von Δ=10µm (durchgezogen) und Δ=50µm (gestrichelt).

---

[6]Da das Meßsignal von der Form P_{filter}/P_{ref} ist, ergibt sich sofort, daß eine prozentuale Leistungsschwankung von ε auch in einem prozentualen Radienmeßfehler von ε resultiert.

Zum einen zeigen die Kurven, daß die Meßsignale unabhängig von der minimalen Strukturgröße Δ sehr gut übereinstimmen. Zum anderen ist aber auch deutlich erkennbar, daß im Bereich der Signalminima die relativen Meßfehler anwachsen. Dieser Bereich umfaßt Signale von ≤0.1% der Gesamtleistung, was im Bereich der Auflösungsgrenze der verwendeten Detektorelektronik liegt.

Werden an beide Meßkurven separat Parabeln angepaßt und daraus die Strahlradienverläufe gemäß Gl. (219) berechnet, so ergibt sich die in Bild 28 dargestellte Situation.

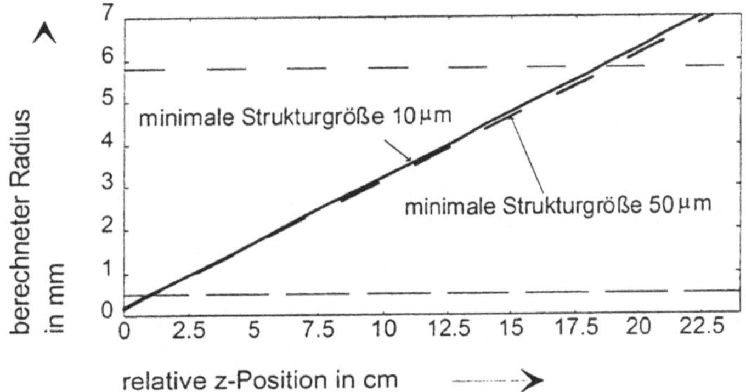

Bild 28: Rekonstruierte Strahlradien gemäß Bild 27.

Die für die unterschiedlichen Strukturgrößen rekonstruierten Geraden, welche die Radienverläufe repräsentieren, zeigen leicht unterschiedliche Steigungen. Umgerechnet in relative Radienfehler entspricht dies einer Abweichung von 2.3%, so daß die Übereinstimmung zufriedenstellend ist. Die obere der beiden eingezeichneten Geraden gibt den auf der Linse in 20mm Entfernung von der Taille gemessenen 86.5%-Strahlradius an. Man sieht, daß der Momentendurchmesser in 20cm Entfernung um etwa 8% größer ist, was der Tatsache Rechnung trägt, daß der Lasermode kein TEM_{00}-Mode ist[*].

Die untere horizontale Gerade markiert die Grenze des Meßbereiches, der mit den vorhandenen Filtern und der Detektorgenauigkeit von ca. 0.1% nach den an früheren Stellen gemachten Abschätzungen gerade noch zugänglich ist. Alle darunter liegenden Strahlradienwerte sind sicher nicht mehr zuverlässig.

---

[*] Eine Messung der Beugungsmaßzahl M^2 mit dem Modemaster Gerät der Firma Coherent lieferte den Wert 1.15.

Neben der Messung der zweiten Momente selbst ist die Frage von Interesse, wie empfindlich eine solche Messung gegenüber transversalen Dejustagen ist. Um hierfür ein quantitatives Maß zu erhalten, wird im folgenden am Beispiel eines Filters mit 2μm minimaler Strukturgröße die relative Änderung des normierten Transmissionssignals als Funktion der auf den Strahlradius bezogenen transversalen Dejustage bestimmt. Die folgende Abbildung zeigt die Ergebnisse derartiger Messungen innerhalb der Kaustik einer Linse mit einer Brennweite von f=200mm. Die erste Messung wurde in einem Abstand von 160mm und die zweite in einem Abstand von 100mm von der Linse gemacht. Dies entspricht Strahlradien von 0.6mm bzw. 1.5mm.

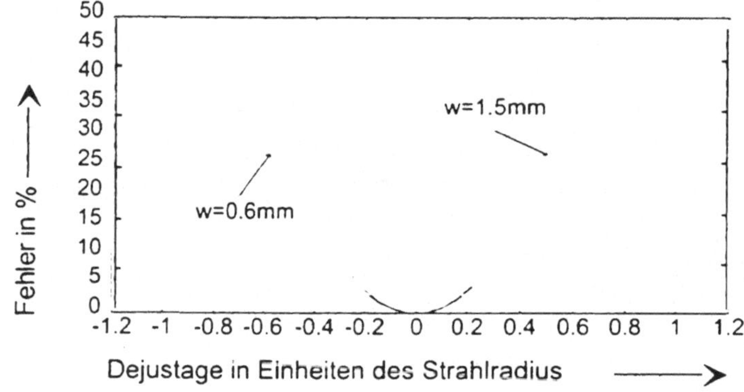

Bild 29: Gemessene prozentuale Signaländerungen als Funktion der Dejustage in Einheiten des jeweiligen Strahlradius.

Wie zu erwarten, ergeben sich durch die normierte Darstellung für die beiden Strahlradien nahezu identische Fehlerkurven. Es ist insbesondere zu sehen, daß eine Dejustage von 20% des jeweiligen Strahlradius einen Fehler von weniger als 5% erzeugt: transversale Dejustagen sind also sehr unkritisch. Noch unkritischer sind Verkippungen, denn eine Verkippung um einen Winkel δ ist für kleine Winkel einer Koordinatenskalierung um $1-\frac{1}{2}\delta^2$ äquivalent, so daß sich gemessene zweite Momente um den Faktor $1/(1-\frac{1}{2}\delta^2)\approx(1+\frac{1}{2}\delta^2)$ ändern werden. Bei einer einfach zu realisierenden Winkelgenauigkeit von z.B. 10mrad ist der resultierende Fehler noch weit unter einem Promille, also vernachlässigbar.

Die letzte Frage, die im Rahmen der Charakterisierung der Transmissionsfilterstrukturen noch bedeutsam ist, ist die einer eventuellen Polarisationsabhängigkeit. Diese ist im Prinzip nicht auszuschließen, da die minimalen Strukturgrößen durchaus in die Größenordnung der verwendeten Wellenlänge kommen können.

Die kleinste verfügbare Strukturgröße betrug 2μm. Für die Messungen wurde ein linear polarisierter HeNe-Laser mit einem spezifizierten Polarisationsverhältnis von ≥1000:1 verwendet. Die Polarisationsrichtung wurde durch entsprechende Drehung des Lasers um seine Längsachse eingestellt. Gemessen wurde das Transmissionssignal als Funktion der transversalen Strahllage auf dem Filter. wobei Strahlradien von ca. 300µm und 600µm gewählt wurden. Die Ergebnisse für die einzelnen Polarisationsrichtungen sind in den folgen-Bildern 30 und 31 gezeigt.

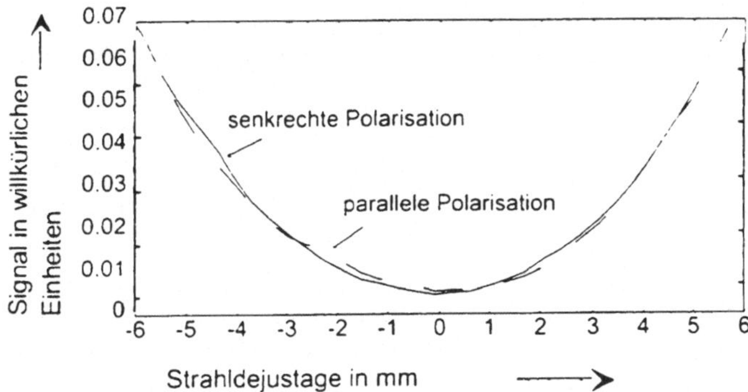

Bild 30: Messung des Polarisationseinflusses für w=300µm.

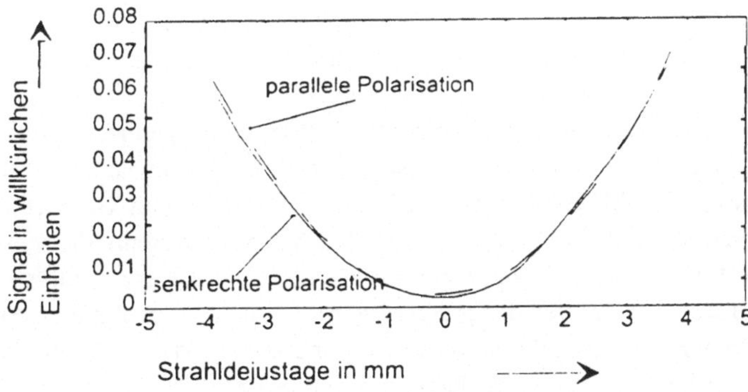

Bild 31: Messung des Polarisationseinflusses für w=600µm.

Die Messungen für w=300µm weisen deutliche Rauscheinflüsse auf, da der Strahlradius bereits unter dem weiter oben diskutierten Grenzwert für zuverlässige Messungen liegt. Die Kurven für den Fall w=600µm hingegen sind glatter. Entscheidend ist allerdings in beiden Fällen, daß keine systematische Abweichung zwischen den jeweiligen Meßkurven erkennbar ist. insbesondere auch im Fall w=600µm nicht, wo Rauscheffekte vergleichsweise klein sind. Hieraus läßt sich schließen, daß zumindest für minimale Strukturgrößen von ≥2µm bei der HeNe-Wellenlänge keine Polarisationsabhängigkeit der Meßerghebnisse zu beobachten ist.

5.4   Zusammenfassung der Ergebnisse

Die Untersuchungen dieses Kapitels zeigen experimentelle Möglichkeiten auf, um erste und zweite Momente beliebiger Strahlverteilungen einfach und schnell messen zu können, da einzig und alleine die Bestimmung von Leistungsverhältnissen nötig ist. Hierbei ist zu betonen, daß die Messungen nicht direkt am Hochleistungsstrahl auszuführen sind, sondern an einem ausgekoppelten Teilstrahl hinreichend niedriger Leistung, so daß die Filter nicht zerstört werden. Die Auskopplung leistungsschwacher Teilstrahlen erfolgt zweckmäßigerweise mit transmittierenden oder reflektierenden Strahlteilern.

Die theoretischen und experimentellen Erwägungen zeigten, wie die Funktionalität von Momentenfiltern von der Filtergeometrie sowie dem Auflösungsvermögen der Meßelektronik abhängt.

Lineare Strukturen zur Messung von Strahllagen oder - bei Mehrfachmessungen an verschiedenen Positionen - von Strahlrichtungen erwiesen sich als sehr unkritisch hinsichtlich der Anforderungen an Geometrie und Elektronik.

Die Ergebnisse für die quadratischen Strukturen zur Strahlradienbestimmung zeigten dagegen, daß bei einem realistischen Auflösungsvermögen von ca. 0.1% vernünftige Dynamikbereiche nur durch Kombination zweier unterschiedlich großer Strukturen realisierbar sind, deren Meßbereiche sich überlappen sollten. Eine realistische Anforderung ist z.B. ein Dynamikbereich von $w_{max} : w_{min} = 150$, was mit zwei Filtern durchaus erreichbar ist.

Führt man Strahlradienmessungen mit geeigneten Filtern entlang einer Strahlkaustik durch, so lassen sich direkt die Propagationseigenschaften eines Strahls und insbesondere auch dessen Beugungsmaßzahl M^2 bestimmen. Im Sinne der Vermeidung von Offset-Problemen, wie sie an früherer Stelle diskutiert wurden, sollten hierbei differentielle Messungen unter Verwendung der Lock-In-Technik durchgeführt werden. Gemäß der Analyse der Filterparameter (Bild 24) war mit den für die präsentierten Messungen verfügbaren Filtern nur ein minimaler Strahlradius von ca. 500µm zuverlässig meßbar, so daß sich der Strahltaillenbereich nicht auflösen ließ. Hierzu wären kleinere Filter erforderlich gewesen, die leider noch nicht zur Verfügung standen. Eine Aufweitung der Strahltaille auf 500µm Radius kam wegen der daraus resultierenden zu großen Rayleighlänge nicht in Frage. Eine Vermessung der Strahlkaustik hätte in diesem Fall eine Meßstrecke von ca. 10m erfordert, was sich nicht realisieren ließ.

Abschließend sei erwähnt, daß die Messung von statistischen Momenten von höherer als zweiter Ordnung noch kritischer als die Messung von zweiten Momenten ist, d.h. daß der Dynamikbereich noch weiter abnimmt. Dies läßt sich anhand Bild 32 demonstrieren, bei dem für eine Gaußverteilung das auf das nullte Moment bezogene Signal von Filtern vierter und sechster Momente als Funktion des Parameters $p=w/a$ berechnet ist, wobei w wieder für den

Strahlradius und a für den halben Strukturdurchmesser stehen.

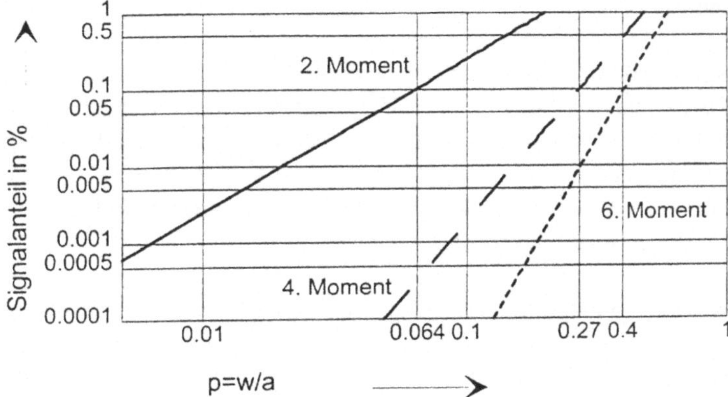

Bild 32: Auflösungsvermögen für Momente zweiter, vierter und sechster Ordnung.

Setzt man ein Auflösungsvermögen der Meßelektronik von 0.1% voraus, so entnimmt man der Abbildung als untere Grenzen p4u und p6u der Dynamikbereiche der Strukturen vierter und sechster Ordnung die Werte p4u=0.27 bzw. p6u=0.4. Die oberen Grenzen p4o und p6o, welche einem Fehler von 5% entsprechen, ergeben sich zu p4o=0.6 und p6o=0.53. Dies führt auf Dynamikbereiche von 1:2.2 für Strukturen vierter Ordnung und 1:1.33 für Strukturen sechster Ordnung. Diese Verhältnisse sind für praktische Belange viel zu klein. Brauchbare Messungen ließen sich also nur durch eine signifikante Verbesserung des Detektorauflösungsvermögens erreichen.

6. Der Einfluß von Phasenaberrationen auf die Strahlpropagation

6.1   Motivation

In den bisherigen Kapiteln wurden paraxiale Strahlverteilungen theoretisch und experimentell unter der Maßgabe charakterisiert, daß es sich ausschließlich um sogenannte quadratische Systeme handelt, d.h., Systeme, die bis auf mögliche Dejustagen durch eine symplektische optische 4x4-Matrix vollständig bestimmt sind. Diese Situation ist insofern idealisiert, als in realen strahlführenden Systemen stets Phasenaberrationen präsent sind. Die für die Praxis wichtigsten Typen von Phasenaberrationen sind

- Phasenaberrationen durch Verwendung sphärischer Optiken unter verschiedenen Einfallswinkeln,
- Phasenaberrationen infolge thermischer Deformationen und thermisch induzierter Brechungsindexänderungen (letzteres in transmittierenden Optiken),
- Phasenaberrationen infolge der Strahlpropagation durch Medien inhomogener Dichteverteilung wie z.B. Resonatoren von CO_2-Lasern.

Die beiden erstgenannten Effekte sind unter realistischen Gesichtspunkten prinzipiell nicht vermeidbar, da zum einen Asphärenoptiken zu teuer sind und zum anderen die für Hochleistungsstrahlen häufig verwendeten reflektierenden sphärischen Optiken unter endlichen Einfallswinkeln betrieben werden müssen.

Was die thermischen Effekte anbelangt, so lassen sich hier durch ausgefeilte Kühlmechanismen die mechanischen Deformationen deutlich reduzieren [85][86][87][88], jedoch verbleiben stets Restdeformationen, die, falls mehrere Optiken involviert sind, sich insgesamt doch zu merklichen Aberrationseffekten aufsummieren können.

Die auf Dichteinhomogenitäten beruhenden Wellenfrontaberrationen unterscheiden sich insofern von den anderen genannten Typen, als ihr Einfluß nur weitaus weniger systematisch, nämlich unter Verwendung statistischer Methoden beschrieben werden kann.

Bei der industriellen Anwendung des Lasers in der Materialbearbeitung ist es im Sinne möglichst guter Bearbeitungsergebnisse, einer möglichst hohen Bearbeitungsgeschwindigkeit sowie eines möglichst guten energetischen Wirkungsgrades sehr wichtig, mit Laserstrahlen kleiner, d.h. möglichst nahe bei eins liegenden Beugungsmaßzahlen zu arbeiten. Neben Apertureinflüssen, auf die im nächsten Kapitel genauer eingegangen wird, sind Phasenaberrationen eine potentielle Ursache für die Verschlechterung von Laserstrahlung. Da Phasenaberrationen aber stets vorhanden sind, ist es wichtig, eine quantitative Vorstellung von dem Einfluß zu bekommen, den eine bestimmte Phasenaberration auf die Propagationseigenschaften eines Laserstrahls nimmt. Diese Frage soll in diesem Kapitel untersucht werden. Hierbei erweist sich der in den Kapitel 2-4 entwickelte algebraische Formalismus als äußerst

effizient, um konkrete Formeln für die Änderung des M^2-Wertes eines Laserstrahls unter dem
Einfluß einer gegebenen Aberration abzuleiten. Anhand dieser Formeln werden im weiteren
einige typische laseroptische Komponenten, wie sie in der Materialbearbeitung verwendet
werden, auf ihre Aberrationseinflüsse unter Betriebsbedingungen hin untersucht.

6.2   Die klassische Beschreibung Seidelscher Aberrationen

In diesem Unterkapitel werden die wichtigsten Fakten über die Seidelschen Aberrationen
dritter Ordnung rekapituliert, um die Grundlagen für die Beschreibung im algebraischen Bild
bereitzustellen. Die folgende Darstellung orientiert sich eng an [89].

Im Hinblick auf die Aberrationen eines aus einer beliebigen Anzahl von Komponenten beste-
henden optischen Systems sind von besonderer Bedeutung: die Eintrittspupille, die Austrittspupille und der Hauptstrahl des optischen Systems. Eine repräsentative Darstellung zeigt
Bild 33.

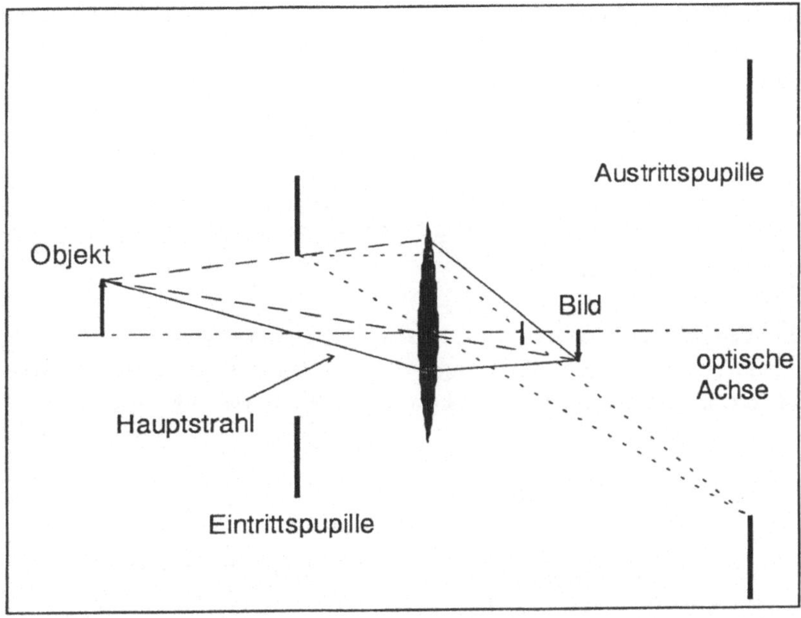

Bild 33:   Prinzipskizze zur Definition geometrisch optischer Strahlengänge.

Als Eintrittspupille wird die kleinste objektseitige Apertur bezeichnet (EP), als Austrittspupille (AP) hingegen das Bild der EP. Unter dem Hauptstrahl versteht man denjenigen Strahl durch das optische System, der die Austrittspupille in deren Mittelpunkt passiert[1].

Optische Phasenaberrationen W beziehen sich stets auf die zur Abbildung eines speziellen geometrisch optischen Objektpunktes gehörige sphärische Wellenfront und werden in bezug auf die absolute Phase im Zentrum der Austrittspupille gemessen. Die Aberrationsfunktion W ist für ein rotationssymmetrisches abbildendes System eine Funktion der auf die optische Achse bezogenen transversalen kartesischen Abstandskoordinaten x,y (oder der Polarkoordinaten r,θ) in der AP sowie der Höhe h' des Bildpunktes in der Gaußschen Bildebene. Für die Aberrationen 3. Ordnung besitzt W in Polarkoordinaten i.a. folgende Gestalt

$$W(r,\theta,h') = a_s r^4 + a_c h'^3 r^3 \cos(\theta) + a_a h'^2 r^2 \cos^2(\theta)$$
$$+ a_d h'^2 r^2 + a_t h'^3 r \cos(\theta) \ . \tag{220}$$

Die Koeffizienten a_s, a_c, a_a, a_d und a_t beschreiben sphärische Aberration, Koma, Astigmatismus, Bildfeldwölbung und Verzeichnung. Es ist üblich, die Bildhöhe h' in die a-Koeffizienten zu integrieren und mit normierten Radien $\rho=r/a$ zu arbeiten, wobei a der Radius der Austrittspupille ist. Gleichung (220) lautet dann

$$W(\varrho,\theta) = A_s \varrho^4 + A_c \varrho^3 \cos(\theta) + A_a \varrho^2 \cos^2(\theta) + A_d \varrho^2 + A_t \varrho \cos(\theta) \ . \tag{221}$$

Hierbei gilt $A_s = a_s \cdot a^4$, $A_c = a_c \cdot h' \cdot a^3$, $A_a = a_a \cdot h'^2 \cdot a^2$, $A_d = a_d \cdot h'^2 \cdot a^2$, $A_t = a_t \cdot h'^3 \cdot a$. Die Darstellung (221) hat den Vorteil, daß die A-Koeffizienten direkt die maximale Wellenfrontaberration ($\rho=1,\theta=0$) am Pupillenrand angeben.

Bezeichnet R den Krümmungsradius der Gaußschen Referenzwellenfront in der Ebene der AP und setzt man für die F-Zahl der Abbildung F=R/2a, so lassen sich die transversalen Strahlaberrationen (Δx, Δy) in der Bildebene aus der Funktion W wie folgt berechnen

$$(\Delta x, \Delta y) = 2F \cdot \nabla W(\varrho,\theta)$$
$$= 2F \cdot \left(\cos(\theta)\frac{\partial W}{\partial \varrho} - \frac{\sin(\theta)}{\varrho}\frac{\partial W}{\partial \theta} \ , \ \sin(\theta)\frac{\partial W}{\partial \varrho} + \frac{\sin(\theta)}{\varrho}\frac{\partial W}{\partial \varrho} \right) \ . \tag{222}$$

Die Strahlaberrationen in der Form (222) sind in erster Linie für geometrisch optische Analysen interessant, um beurteilen zu können, wie eine idealerweise punktförmige Ab-

---

[1] In gleicher Weise verläuft dann der Hauptstrahl auch durch den Mittelpunkt der Eintrittspupille.

bildung aberrationsbedingt auf Spotdiagramme endlicher Ausdehnung führt.

Was die Materialbearbeitung anbelangt, so ist oftmals weniger die geometrische Strahlablage, als vielmehr der Einfluß auf den Strahlpropagationsfaktor K oder auf das sogenannte Strehlverhältnis [90][91] relevant. Das Strehlverhältnis S bezeichnet hierbei das Verhältnis der Axialwerte der optischen Point Spread Function (PSF) [89] mit und ohne Aberrationen. Es gestattet somit Aussagen darüber zu machen, wie sich Leistungsdichten auf der optischen Achse unter dem Einfluß von Aberrationen verhalten.

Für schwache Aberrationen (max $|W| < \lambda/10$) läßt sich der Einfluß auf das Strehlverhältnis durch die Varianz der zur Aberrationsfunktion W gehörigen Phasenfunktion $\Phi = k \cdot W$,

$$\sigma_\Phi^2 = \frac{1}{\pi}\int_0^{2\pi}\int_0^1 W^2(\varrho,\theta)\varrho \; d\varrho d\theta - \left(\frac{1}{\pi}\int_0^{2\pi}\int_0^1 W(\varrho,\theta)\varrho d\varrho d\theta\right)^2 \qquad (223)$$

beschreiben. Das Strehlverhältnis S genügt dann näherungsweise der Beziehung

$$S \approx (1 - \sigma_\Phi^2) \qquad (224)$$

und wird somit maximal, wenn die Varianz $\sigma_\Phi{}^2$ minimal wird. Für eine gegebene Aberrationsfunktion W kann die Varianz durch Addition geeigneter zusätzlicher Aberrationen (in der Regel ein Defokussierungsterm A_d) minimiert werden; man spricht dann von sog. balancierten Aberrationen. Letztere wiederum stehen in unmittelbarem Zusammenhang mit den Zernike-Polynomen $Z_n{}^m$ [92][93][94][95]:

$$Z_n^m(\varrho,\theta) = c_{mn}\;\epsilon_{nm}\;\sqrt{2(n+1)}\;R_n^m(\varrho)\;\cos(m\theta)\quad,$$

$$R_n^m(\varrho) = \sum_{s=0}^{\frac{(n-m)}{2}} \frac{(-1)^s\,(n-s)!}{s!\left(\frac{(n+m)}{2}-s\right)!\left(\frac{(n-m)}{2}-s\right)!}\;\varrho^{n-2s}\quad,$$

$$\epsilon_0 = \frac{1}{\sqrt{2}}\quad,\quad \epsilon_m = 1\;,\;m\neq0\quad, \qquad (225)$$

wobei c_{nm} gerade die Varianz der durch das Polynom $Z_n{}^m$ beschriebenen Phasenaberration angibt. Tabelle 3 gibt an, welche balancierten Aberrationen durch die Zernike-Polynome $Z_n{}^m$ beschrieben werden.

Aberrationstyp	Z_n^m	Aberrationsfunktion W	Zernikekoeffizient (entspr. der Varianz)
Piston	Z_0^0	1	0
Defokussierung	Z_2^0	$A_d\,(2\rho^2-1)$	$A_d/(\sqrt{3})$
Verkippung	Z_1^1	$A_t\,\rho$	$A_t/2$
balanciert sphärisch	Z_4^0	$A_s\,(\rho^4-\rho^2)$	$A_s/(6\sqrt{5})$
balanciertes Koma	Z_3^1	$A_c\,(\rho^3-2/3\rho)\cos(\theta)$	$A_c/(6\sqrt{2})$
balancierter Astigmatismus	Z_2^2	$A_a\,\rho^2\,(\cos^2(\theta)-1/2)$ $=A_a/2\,\rho^2\,\cos(2\theta)$	$A_a/(2\sqrt{6})$

Tabelle 3:   Zum Zusammenhang zwischen balancierten Aberrationen und Zernikepolynomen.

Das Zernike-Polynom Z_0^0 beschreibt nur eine konstante Phasenverschiebung und liefert in diesem Sinne keinen Aberrationsterm. In gleicher Weise spielt der konstante Anteil im Defokussierungsterm der zweiten Zeile keine Rolle für die Varianz.

Nach diesen Vorbereitungen sollen im folgenden die Formeln entwickelt werden, die eine unmittelbare Aussage über den Einfluß einzelner Aberrationen auf den Strahlpropagationsfaktor K bzw. die Beugungsmaßzahl M^2 gestatten. Im Anschluß daran werden einige konkrete optische Systeme untersucht, wobei neben den Einflüssen auf M^2 auch die Einflüsse auf das Strehlverhältnis betrachtet werden.

6.3   Die Beschreibung von Aberrationen im algebraischen Formalismus

Wie im folgenden dargelegt wird, läßt sich der Einfluß beliebiger Aberrationen, also auch solcher von höherer als dritter Ordnung im algebraischen Bild vollständig im Rahmen der Theorie statistischer Strahlmomente beschreiben. Je höher die Aberrationsordnung ist, desto höher ist auch die Ordnung der involvierten Momente.

In den folgenden Ableitungen werden die kanonischen Vertauschungsrelationen (140), (141) zwischen den Orts- und Impulsoperatoren x_j und p_j eine fundamentale Rolle spielen. Die erste wichtige Frage ist deshalb, ob optische Abbildungen, die Aberrationen beschreiben, symplektisch sind und damit die Gültigkeit der Vertauschungsrelationen erhalten. Dies wird zunächst untersucht.

Sei hierzu u(x,y) ein optisches Feld bzw. ein gegebener Zustand und V ein Phasenoperator der Form

$$V_f : L^2(\mathbb{R}^2) \to L^2(\mathbb{R}^2) \quad u \to V_f u \quad , \quad [V_f u](x,y) = \exp(ikf(x,y))\, u(x,y) \quad . \quad (226)$$

Die Erwartungswerte der Orts- und Impulsoperatoren bzgl. der transformierten Zustände $V_f u$ sind gegeben durch

$$\begin{aligned}
&< V_f u \, , \, x_j \, V_f \, u > \; \equiv \; < u \, , \, V_f^* \, x_j \, V_f \, u > \; = \; < u \, , \, V_{-f} \, x_j \, V_f \, u > \\
&< V_f u \, , \, p_j \, V_f \, u > \; \equiv \; < u \, , \, V_f^* \, p_j \, V_f \, u > \; = \; < u \, , \, V_{-f} \, p_j \, V_f \, u > \quad .
\end{aligned} \qquad (227)$$

Da dies für beliebige Zustände u gilt, lautet das Transformationsgesetz für die Operatoren x_j und p_j unter dem Operator V_f

$$\begin{aligned}
x_{2j} &= V_{-f} \, x_{1j} \, V_f \\
p_{2j} &= V_{-f} \, p_{1j} \, V_f \quad ,
\end{aligned} \qquad (228)$$

wobei die Indizes 1 und 2 die Operatoren vor und nach der Transformation kennzeichnen. Um Gl. (228) weiter umzuformen, werden folgende Vertauschungsrelationen zwischen x_j bzw. p_j und Funktionen von x_j bzw. p_j verwendet:

$$\begin{aligned}
[\, x_j \, , \, g(p_1,p_2) \,] &= [\, x_j \, , \, p_j \,] \, \frac{\partial g}{\partial p_j}(p_1,p_2) \quad , \\
[\, p_j \, , \, h(x_1,x_2) \,] &= [\, p_j \, , \, x_j \,] \, \frac{\partial h}{\partial x_j}(x_1,x_2) \quad .
\end{aligned} \qquad (229)$$

Aus den Gln. (228) und (229) fogt dann nämlich wegen $V_{-f}{\cdot}V_f{=}\mathbb{I}$

$$\begin{aligned}
x_{2j} &= V_{-f} \, x_{1j} \, V_f = [V_{-f} \, , \, x_{1j} \,] V_f + x_{1j} \quad , \\
p_{2j} &= V_{-f} \, p_{1j} \, V_f = [V_{-f} \, , \, p_{1j} \,] V_f + p_{1j}
\end{aligned} \qquad (230)$$

mit

$$\begin{aligned}
[\, V_{-f} \, , \, x_{1j} \,] &= 0 \quad , \\
[\, V_{-f} \, , \, p_{1j} \,] &= -ik\,[\, p_{1j} \, , \, x_{1j} \,] \, \frac{\partial f}{\partial x_{1j}}(x_1,x_2)\, V_{-f} = -k\, \frac{\partial f}{\partial x_{1j}}(x_1,x_2)\, V_{-f} \quad .
\end{aligned} \qquad (231)$$

Somit lautet GL. (230)

$$\begin{aligned}
x_{2j} &= x_{1j} \quad , \\
p_{2j} &= p_{1j} - k\, \frac{\partial f}{\partial x_{1j}}(x_1,x_2) \quad .
\end{aligned} \qquad (232)$$

Gl. (232) beschreibt die Transformation, die *optisch* infolge einer durch die Funktion f beschriebenen Phasenaberration erfolgt. Es verbleibt zu zeigen, daß diese Transformation symplektisch ist; denn dann gelten auch für die Operatoren x_{2j} und p_{2j} die kanonischen Vertauschungsrelationen, so daß die Einbettung in den in den Kapiteln 2 und 3 entwickelten Formalismus automatisch gegeben ist.

Die Symplektizität der Gl. (232) läßt sich aber unmittelbar einsehen, wenn man die symplektische Form $d\theta$ aus Kapitel 2 (Gl. (37)) betrachtet, denn es gilt

$$
\begin{aligned}
d\theta_2 &= dx_{21} \wedge dp_{21} + dx_{22} \wedge dp_{22} \\[2ex]
&= dx_{11} \wedge \left[-k\, \frac{\partial f}{\partial x_{11}}(x_{11},x_{12})\, dx_{11} + dp_{11} \right] + \\[2ex]
&\quad + dx_{21} \wedge \left[-k\, \frac{\partial f}{\partial x_{12}}(x_{11},x_{12})\, dx_{12} + dp_{12} \right] \\[2ex]
&= dx_{11} \wedge dp_{11} + dx_{12} \wedge dp_{12} = d\theta_1 \quad .
\end{aligned}
\tag{233}
$$

Die Form $d\theta$ ist somit invariant unter der Phasentransformation (232), so daß letztere kanonisch bzw. symplektisch ist. Die zugehörige erzeugende Funktion F gemäß Kapitel 2 lautet

$$
F(x_{21},x_{22},p_{11},p_{12}) = x_{21}p_{11} + x_{22}p_{12} - k\, f(x_{21},x_{22}) \quad .
\tag{234}
$$

Da über die Funktion f keinerlei Voraussetzungen gemacht wurden, lassen sich Phasentransformationen beliebiger Ordnung in den algebraischen Formalismus paraxialer optischer Systeme integrieren. Insbesondere behalten auch die in Kapitel 4.2 entwickelten Propagationsgesetze für Momente ihre Gültigkeit. Um im weiteren beurteilen zu können, wie Phasenaberrationen sich auf die Beugungsmaßzahl M^2 auswirken, muß für eine gegebene Phasentransformation V die zugehörige Transformation der Momentenausdrücke

$$
[<x_j^2> - <x_j>^2] \cdot [<p_j^2> - <p_j>^2] - \frac{1}{4}<x_j\, p_j + p_j\, x_j>^2 \equiv \frac{M_j^4}{4} \quad ,
$$

$$
\sum_{j=1}^{2} [<x_j^2><p_j^2> - \frac{1}{4}<x_j\, p_j + p_j\, x_j>^2] \equiv \frac{M^4}{2}
\tag{235}
$$

berechnet werden, wobei sich die erste Zeile auf eindimensionale und die zweite auf rotationssymmetrische zweidimensionale Verteilungen bezieht.

Zunächst werden die hierfür relevanten Einzelmomente transformiert, wobei der Einfachheit halber die Argumente der Funktion f weggelassen werden und die gegebene Verteilung u justiert sei, d.h. $<x_1> = <x_2> = 0$. Es gilt dann gemäß Gl.(185)

$$< x_{2j}^m > \; = \; < x_{1j}^m > \quad,$$

$$< p_{2j}^m > \; = \; (-1)^m < (\, p_{1j} - k\frac{\partial f}{\partial x_{1j}} \,)^m > \quad, \tag{236}$$

$$\frac{1}{2}< x_{2j}^m \, p_{2j}^n + p_{2j}^n \, x_{2j}^m > \; = \; \frac{(-1)^n}{2}< x_{1j}^m \, [p_{1j} - k\frac{\partial f}{\partial x_{1j}}]^n + [p_{1j} - k\frac{\partial f}{\partial x_{1j}}]^n \, x_{1j}^m > \quad.$$

Die Gln. (235) können nun mit Hilfe der Gln. (236) für die einzelnen Aberrationstypen ausgewertet werden. Dies wird zunächst nur für die Seidelschen Aberrationen gemäß Gl. (221) getan. Bei der späteren Betrachtung konkreter Anwendungen werden bei Bedarf auch Terme höherer Ordnung berücksichtigt.

6.3.1 Sphärische Aberration

Um direkt den Anschluß an die Zernike-Polynome zu erhalten, werden balancierte sphärische Aberrationen der Form $f(x_1,x_2) = A_s \, (x_1^2 + x_2^2)^2 + A_d \, (x_1^2 + x_2^2)$ betrachtet (s. zweite Gl. in Tabelle 3). Für die transformierten relevanten Momente gilt gemäß Gl. (236) mit

$$\frac{\partial f}{\partial x_j} = 4A_s \, x_j \, (x_1^2 + x_2^2) + 2A_d \, x_j \tag{237}$$

dann

$$x_{2j}^2 = x_{1j}^2 \quad,$$
$$p_{2j}^2 = \left(\, p_{1j} - 2k\,(2A_s x_{1j}\,(\, x_{11}^2 + x_{12}^2 \,) + A_d x_{1j}\,)\,\right)^2 \quad. \tag{238}$$

Da die Beugungsmaßzahl M^2 gemäß Kapitel 4.3 eine paraxiale Invariante ist, kann der Aberrationseinfluß in einer Ebene untersucht werden, wo das Mischmoment verschwindet (vgl. Gl. (179)), denn eine solche Ebene läßt sich durch eine geeignete paraxiale Transformation immer finden. Aus diesem Grunde wird das Mischmoment in Gl. (238) nicht betrachtet. Für den transformierten Impuls in Gl. (238) ergibt sich damit

$$p_{2j}^2 = \left(p_{1j} - 2k\,(2A_s\,x_{1j}\,(\,x_{11}^2 + x_{12}^2\,) + A_d\,x_{1j}\,)\,\right)^2 \ . \tag{239}$$

$$= p_{1j}^2 + 4k^2 A_d^2 x_{1j}^2 + 16k^2 A_s^2 x_{1j}^2\,(\,x_{11}^2 + x_{12}^2\,)^2 + 16k^2 A_s\,A_d\,x_{1j}^2\,(\,x_{11}^2 + x_{12}^2\,)\ .$$

Es muß jedoch das Mischmoment bzgl. der transformierten Koordinaten (Index 2j) berechnet werden, da die transformierte Verteilung eine nichtkonstante Phase aufweist. Es gilt

$$\frac{1}{2}\,(\,x_{2j}\,p_{2j} + p_{2j}\,x_{2j}\,) = \frac{1}{2}\Big[\,(\,x_{1j}p_{1j} + p_{1j}x_{1j}\,) - 4k\,(2A_s\,x_{1j}^2\,(x_{11}^2 + x_{12}^2\,) + A_d x_{1j}^2\,\Big] \tag{240}$$

$$= -2k\,(\,2A_s\,x_{1j}^2\,(x_{11}^2 + x_{12}^2\,) + A_d\,x_{1j}^2\,)\ .$$

Aus den Gln. (235), (239) und (240) lassen sich nun die M_j^2- bzw. M^2-Werte unter dem Einfluß sphärischer Aberration berechnen. Bei der sphärischen Aberration genügt es im eindimensionalen Fall wegen der Rotationssymmetrie dieses Aberrationstyps, nur M_1^2 zu berechnen.

Wertet man die erste der Gln. (235) für den Fall $j=1$ aus, so ergibt sich unter Annahme zentrierter Verteilungen ($<x_{11}>=0=<x_{12}>$)

$$<x_{21}^2><p_{21}^2> - \frac{1}{4}<x_{21}p_{21}+p_{21}x_{21}>^2 = <x_{11}^2><p_{11}^2> + 16k^2 A_s^2\,[\,<x_{11}^6><x_{11}^2> - 4<x_{11}^4>^2\,]$$

$$+ 16k^2 A_s^2\,[\,2<x_{11}^2><x_{11}^4 x_{12}^2> <x_{11}^2 x_{12}^4> - <x_{11}^2 x_{12}^2>^2 - 2<x_{11}^4><x_{11}^2 x_{12}^2>\,]\ .$$

$$\tag{241}$$

Im eindimensionalen Fall wirkt die sphärische Aberration nur bzgl. einer Koordinate, z.B. x_{11}, so daß alle Terme in Gl. (241), die x_{12} enthalten, verschwinden. Dies bedeutet

$$\frac{M_{21}^4}{4} \equiv <x_{21}^2><p_{21}^2> - \frac{1}{4}<x_{21}\,p_{21} + p_{21}\,x_{21}>^2$$

$$= \frac{M_{11}^4}{4} + 16k^2 A_s^2<x_{11}^4>^2\,\frac{<x_{11}^6><x_{11}^2> - <x_{11}^4>^2}{<x_{11}^4>^2} \tag{242}$$

$$= \frac{M_{11}^4 + \Delta M_{11}^4}{4}\ .$$

Die Gl. (242) liefert genau die Abhängigkeit, wie sie auf ganz anderem Wege bereits in [96][97] gefunden wurde. Der Einfluß der sphärischen Aberration im eindimensionalen Fall besteht gemäß Gl. (242) darin, eine M^4-Korrektur einzuführen, die außer vom sphärischen Aberrationskoeffizienten A_s alleine von statistischen Momenten des *Ausgangsfeldes* abhängt, woraus ersichtlich wird, daß Momente nicht nur im Rahmen der paraxialen Propagation von Bedeutung sind, sondern auch direkt zur Charakterisierung von Aberrationseinflüssen verwendet werden können.

Was den zweidimensionalen Fall anbelangt, so sind zur Auswertung gemäß der zweiten Zeile von Gl. (235) zwei Gln. des Typs (241) für j=1 und j=2 zu addieren. Berücksichtigt man dabei die Beziehungen

$$
\begin{aligned}
r_1^2 &= x_{11}^2 + x_{12}^2 \;, \\
r_1^4 &= x_{11}^4 + 2x_{11}^2 x_{12}^2 + x_{12}^4 \;, \\
r_1^6 &= x_{11}^6 + 3x_{11}^4 x_{12}^2 + 3x_{11}^2 x_{12}^4 + x_{12}^6 \;, \\
\langle r_1^2 \rangle &= 2\langle x_{11}^2 \rangle = 2\langle x_{12}^2 \rangle \;, \\
\langle x_{11}^4 \rangle &= \langle x_{12}^4 \rangle \;,
\end{aligned}
\qquad (243)
$$

so erhält man in Analogie zu Gl. (242) folgende Beziehung:

$$
\begin{aligned}
\frac{M_2^4}{2} &\equiv \sum_{j=1}^{2} \left[\langle x_{2j}^2 \rangle \langle p_{2j}^2 \rangle - \frac{1}{4} \langle x_{2j}\, p_{2j} + p_{2j}\, x_{2j} \rangle^2 \right] \\
&= \frac{M_1^4}{2} + 8k^2 A_s^2 \langle r_1^4 \rangle^2 \; \frac{\langle r_1^6 \rangle \langle r_1^2 \rangle - \langle r_1^4 \rangle^2}{\langle r_1^4 \rangle^2} \\
&= \frac{M_1^4 + \Delta M_1^4}{2} \;.
\end{aligned}
\qquad (244)
$$

Der ein- und der zweidimensionale Fall unterscheiden sich also nur um einen Faktor 2, wenn man die x_{1j}-Momente durch die r_1-Momente ersetzt.

Bevor diese Resultate anschaulich diskutiert werden, sollen im folgenden noch die übrigen Aberrationstypen behandelt werden.

6.3.2 Koma

Wie aus Gl. (221) ersichtlich ist, taucht Koma nur auf, wenn der Gaußsche Bildpunkt einer zugehörigen geometrisch-optischen Abbildung nicht auf der optischen Achse liegt. Das ist z.B. bei der Verwendung von Spiegelteleskopen zur Strahlführung von Hochleistungs-CO_2-Lasern der Fall.

Auch hier soll wieder die balancierte Aberration betrachtet werden, die den Zusammenhang mit den Zernikepolynomen aus Tabelle 3 liefert. Die Mischmomente $\frac{1}{2}(x_{1j}p_{1j}+p_{1j}x_{1j})$ seien wieder ohne Beschränkung der Allgemeinheit Null.

Die Aberrationsfunktion f lautet in diesem Fall $f(x_1,x_2) = A_c x_1(x_1^2+x_2^2)-A_t x_1$. Im Unterschied zur sphärischen Aberration ist die Koma nicht symmetrisch in den beiden Koordinaten x_1 und x_2. Für die partiellen Ableitungen der Aberrationsfunktion folgt

$$\frac{\partial f}{\partial x_1} = 3A_c\, x_1^2 + A_c x_2^2 + A_t \quad , \quad \frac{\partial f}{\partial x_2} = 2A_c\, x_1 x_2 \tag{245}$$

und damit

$$\begin{aligned}
x_{2j}^2 &= x_{1j}^2 \quad , \\
p_{21}^2 &= \left(p_{11} - 3kA_c\, x_{11}^2 - kA_c\, x_{12}^2 - kA_t \right)^2 \quad , \\
p_{22}^2 &= \left(p_{12} - 2kA_c\, x_{11}x_{12} \right)^2
\end{aligned} \tag{246}$$

sowie

$$\frac{1}{2}\left(p_{21}x_{21} + x_{21}p_{21} \right) = 0 = \frac{1}{2}\left(p_{22}x_{22} + x_{22}p_{22} \right) \quad . \tag{247}$$

Es ist offensichtlich, daß die Koma die eventuelle Rotationssymmetrie eines gegebenen Feldes zerstört, so daß im folgenden die M^2-Werte für die x- und y-Achse separat ausgewertet werden.

Für die 1-Komponente ergibt sich aus den GLn. (235), (246) und (247)

$$\begin{aligned}
<x_{21}^2><p_{21}>^2 &= <x_{11}^2><p_{11}>^2 + 9A_c^2 k^2 <x_{11}^4><x_{11}^2> + 6A_c A_t k^2 <x_{11}^2>^2 \\
&\quad + k^2 A_c^2 <x_{12}^4> + 2k^2 A_c A_t <x_{12}^2><x_{11}>^2 + 6k^2 A_c^2 <x_{11}^2><x_{12}^2> \\
&\quad + k^2 A_t^2 <x_{11}^2>
\end{aligned} \tag{248}$$

$$\begin{aligned}
&= k^2 A_c^2 \left[<(3x_{11}^2+x_{12}^2)^2><x_{11}^2> \right] + k^2 A_t A_c \left[<(6x_{11}^2+2x_{12}^2)^2><x_{11}^2> \right] \\
&\quad + k^2 A_t^2 <x_{11}^2> + <x_{11}^2><p_{11}^2> \quad ,
\end{aligned}$$

für die 2-Komponente folgt

$$\begin{aligned}
<x_{22}^2><p_{22}^2> &= <x_{12}^2><p_{12}^2> + 4k^2 A_c^2 <x_{11}^2 x_{12}^2><x_{12}^2> \\
&= <x_{12}^2><p_{12}^2> + k^2 A_c^2 < (2x_{11}x_{12})^2 ><x_{12}^2> \quad .
\end{aligned} \tag{249}$$

Aus den Gln. (248) und (249) ergeben sich in Analogie zu den Gln. (241) und (242) folgende Beziehungen für die Beugungsmaßzahlen M_1^2 und M_2^2:

$$\frac{M_{21}^4}{4} = \frac{M_{11}^4}{4} + k^2 A_c^2 \left[< (3x_{11}^2 + x_{12}^2)^2 > < x_{11}^2 > \right] + k^2 A_t A_c \left[<(6x_{11}^2 + 2x_{12}^2)^2 > < x_{11}^2 > \right]$$
$$+ k^2 A_t^2 < x_{11}^2 > \ , \tag{250}$$

$$\frac{M_{22}^4}{4} = \frac{M_{12}^4}{4} + k^2 A_c^2 \ <(2x_{11}x_{12})^2 > < x_{12}^2 > \ . $$

Die verbleibenden Typen Seidelscher Aberationen lassen sich gemeinsam auswerten.

6.3.3   Astigmatismus, Bildfeldwölbung und Verzeichnung

Für die übrigen Typen Seidelscher Aberrationen, nämlich Astigmatismus, Bildfeldwölbung und Verzeichnung läßt sich einfach zeigen, daß sie keine Verschlechterung der Beugungsmaßzahlen M^2 ergeben. Eine beliebige der oben erwähnten Aberrationen läßt sich durch folgende Funktion beschreiben

$$f(x_1, x_2) = \alpha x_1^2 + \beta x_2^2 + \gamma x_1 + \delta x_2 + \epsilon \ . \tag{251}$$

Hieraus berechnet man

$$\frac{\partial f}{\partial x_1}(x_1, x_2) = 2\alpha x_1 + \gamma \quad , \quad \frac{\partial f}{\partial x_2}(x_1, x_2) = 2\beta x_1 + \delta \tag{252}$$

und

$$\begin{aligned}
x_{2j} &= x_{1j} \ , \\
p_{21} &= p_{11} - k\,(2\alpha x_{11} + \gamma) \ , \\
p_{21}^2 &= p_{11}^2 + k^2\,(\alpha^2 x_{11}^2 + 4\alpha\gamma x_{11} + \gamma^2) \ , \\
p_{22} &= p_{12} - k\,(2\beta x_{12} + \delta) \ , \\
p_{22}^2 &= p_{12}^2 + k^2\,(4\beta^2 x_{12}^2 + 4\beta\delta x_{11} + \delta^2)
\end{aligned} \tag{253}$$

sowie

$$\frac{1}{2}(x_{21}p_{21} + p_{21}x_{21}) = \alpha x_{11}^2 + \gamma x_{11} \; ,$$

$$\frac{1}{2}(x_{22}p_{22} + p_{22}x_{22}) = \beta x_{12}^2 + \delta x_{12} \; .$$

$$(254)$$

Da die ursprünglichen Feldverteilungen als zentriert vorausgesetzt werden, d.h., $<x_{11}>=0=<x_{12}>$, folgt durch Einsetzen der Gln. (253) und (254) in die erste Zeile von Gl. (235) für die transformierten Strahlpropagationsfaktoren unmittelbar $M_{21}^2=M_{11}^2$ und $M_{22}^2=M_{12}^2$, d.h., die Invarianz der Strahlpropagationsfaktoren.

An dieser Stelle sollen die für sphärische Aberration und Koma erhaltenen Resultate anschaulich diskutiert werden.

Was die sphärische Aberration anbelangt, so fällt auf, daß im Gegensatz zum Koma der Audruck $\frac{1}{4}(x_{2j}p_{2j}+p_{2j}x_{2j})$ nicht verschwindet. Dies bedeutet aber gemäß Gl. (183) in Kapitel 4.1, daß die sphärische Aberration auch einen paraxialen Krümmungsanteil (im dort definierten Sinne) einführt. Um den begungsbedingten Fernfelddivergenzwinkel einer Feldverteilung zu bestimmen, muß der durch die paraxiale Phasenkrümmung vorliegende rein geometrisch optische Divergenzanteil von der Gesamtdivergenz subtrahiert werden, was, wie in Kapitel 4.1 gezeigt, bei der M^4-Berechnung gerade durch das quadrierte Mischmoment in Gl. (235) bewerkstelligt wird.

Behält man diesen Sachverhalt im Auge, so läßt sich für die oben diskutierten Fälle von sphärischer Aberration bzw. Koma folgende Struktur der aberrationsbedingten M^4-Korrektur beobachten:

$$M_{2j}^4 = M_{1j}^4 + k^2 A^2 <x_{1j}^2> < (\frac{\partial f}{\partial x_{1j}})^2 > = M_{1j}^4 + k^2 A^2 <x_{1j}^2> <\Delta\theta_{1j}^2>$$

$$= M_{1j}^4 + A^2 <x_{1j}^2> <\Delta p_{1j}^2> \; .$$

$$(255)$$

Hierbei steht A für den Koeffizienten der sphärischen Aberration oder der Koma. An Gl. (255) ist erneut deutlich eine enge Analogie der Momententheorie zur geometrischen Strahlenoptik zu erkennen, denn der M^4-Korrekturterm resultiert alleine aus einer Korrektur des Winkelmomentes, welche geometrisch wiederum gerade die lokale Steigungsänderung der optischen Phasenfläche ($\partial f/\partial x_{1j}$) infolge der betreffenden Aberration angibt. Da die geometrisch optischen Strahltrajektorien senkrecht zur Phasenfläche verlaufen, entspricht diese lokale Steigungsänderung einer lokalen Strahlrichtungsänderung. Somit erscheinen in anschaulicher Weise die lokalen Strahlrichtungsänderungen als Ursache einer Veränderung der Beugungsmaßzahl M^2; oder präziser ausgedrückt, die M^4-Korrektur ist direkt proportional zum Erwartungswert des quadrierten "Strahlrichtungsänderungsoperators" $\Delta\theta$.

Wie anhand der Gln. (232) und (235) zu erkennen ist, läßt sich die obige anschauliche Interpretation für alle Aberrationstypen aufrechterhalten, wenn jeweils die Rolle des infolge einer Aberration entstandenen paraxialen Phasenkrümmungsanteils berücksichtigt wird.

Faßt man die bisherigen Untersuchungen zusammen, so läßt sich als erstes Fazit für den Einfluß Seidelscher Aberrationen auf die Strahlpropagationsfaktoren festhalten, daß bei rotationssymmetrischen optischen Komponenten nur die sphärische Aberration und die Koma Einfluß auf die Beugungsmaßzahl ausüben können, nicht jedoch Astigmatismus und Bildfeldwölbung. Eine Verzeichnung kann sich gemäß Gl. (250) bzw. den Gln. (251) - (254) nur in Kombination mit Koma auswirken. Dies wird aus Tabelle 3 verständlich, wo Koma und Verzeichnung als gemeinsamer Bestandteil des Zernikepolynoms Z_3^1 auftreten. Eine Kopplung von Verzeichnung oder Koma und sphärischer Aberration gibt es hingegen nicht, wie entsprechende Rechnungen zeigen (s.u.). Auch dies ist verständlich, da die sphärische Aberration Bestandteil eines zu Z_3^1 orthogonalen Zernikepolynoms ist.

Aus den bisherigen Ausführungen sollte klar sein, daß sich auch Aberrationen fünfter und höherer Ordnung nahtlos in die Systematik der obigen Ableitungen einfügen. Beliebige Aberrationen höherer Ordnung sind sehr einfach über statistische *Orts*momente charakterisierbar. Für Aberrationen n-ter Ordnung sind die höchsten auftretenden Momentenordnungen hierbei 2n. Wenn also die Leistungsdichteverteilung eines Laserstrahls vor einem aberrationsbehafteten optischen Element bekannt ist, so läßt sich dessen Einfluß auf die Beugungsmaßzahl M^2 sehr gut abschätzen.

6.4 Anwendungen der Aberrationstheorie

In diesem Abschnitt soll die bisher entwickelte Theorie zur Beschreibung von Aberrationen auf praktische Situationen aus der Lasermaterialbearbeitung angewandt werden, um Aussagen über die Einflüsse des optischen Layouts auf einen Bearbeitungsstrahl machen zu können.

Die folgenden Untersuchungen sollen zweierlei praktisch relevanten Problemen Rechnung tragen: zum einen der Problematik thermisch induzierter Deformationen bei der Führung von Hochleistungslaserstrahlen oder der Strahlerzeugung in Resonatoren und zum anderen der Problematik der Off-Axis-Strahlführung mit Spiegeloptiken, wo naturgemäß Aberrationen vorhanden sind.

Aus dem formalen Vorgehen im letzten Kapitel ergibt sich folgender Weg, der einzuschlgen ist, um für praktische Anwendungen einen optischen Aufbau hinsichtlich seiner Aberrationen zu charakterisieren:

- Für Anwendungen, bei denen thermische Deformationen optischer Komponenten keine
  Rolle spielen und bei denen die geometrischen sowie die Materialdaten der involvierten

optischen Komponenten bekannt sind, lassen sich die Seidelschen Aberrationskoeffizienten unmittelbar angeben und die M^2-Korrekturen berechnen.

- Spielen thermische Deformationen eine Rolle, so müssen die Deformationsprofile der optischen Oberflächen ermittelt und die Oberflächenkonturen nach Zernike-Polynomen entwickelt werden. Oberflächendeformationen optischer Komponenten unter thermischer Belastung mißt man zweckmäßigerweise interferometrisch [98]; aus den aufgenommenen Interferogrammen läßt sich dann mit guter Bildverarbeitungssoftware [99][100] eine Zernikeentwicklung durchführen, aus welcher wiederum gemäß obigen Rechnungen M^2-Korrekturen erhalten werden können.

6.4.1   Aberrationen sphärischer Spiegel infolge thermisch induzierter Deformationen

In diesem Beispiel soll das Verhalten unbeschichteter Kupferspiegel, wie sie zur Strahlführung von Hochleistungs-CO_2 Laserstrahlen verwendet werden, unter dem Aspekt thermisch induzierter Aberrationen betrachtet werden. Wie sich herausstellen wird, spielen letzere keine nennenswerte Rolle, wenn die Spiegel unter Verwendung gängiger Kühlkonzepte gekühlt werden [98][101].

Als Beispiel einer typischen Anwendungssituation werde ein unbeschichteter OFHC-Kupferspiegel gemäß Bild 34 betrachtet.

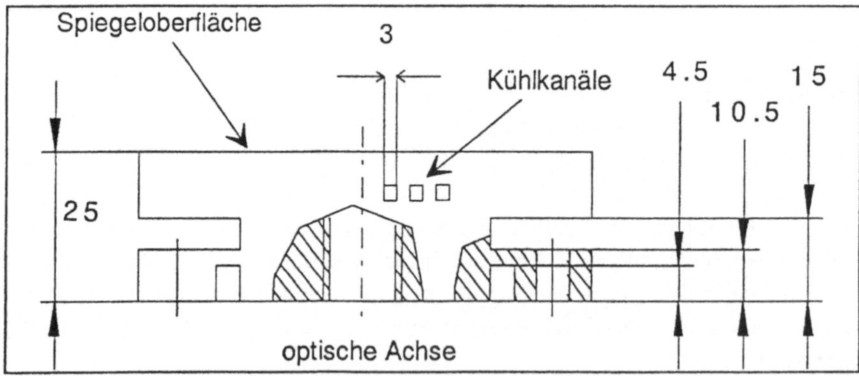

Bild 34:   Beispiel eines zur Führung von Hochleistungslaserstrahlen eingesetzten Kupferspiegels.

Was für das Verhalten unter thermischer Belastung relevant ist, ist das hier verwendete spezielle Kühlkonzept, bei dem in den Spiegelkörper spiralförmige Kühlkanäle gefräst sind, die vom Spiegelzentrum aus vom Kühlwasser durchströmt werden, welches dann in der Spiegelperipherie abgeführt wird. Auf dem Spiegelkörper mit den Kanälen befindet sich dann die eigentliche zu kühlende Spiegeloberfläche. Die konkreten technischen Daten des für die weiteren Betrachtungen zugrundegelegten Siegels sind der Tabelle 4 zu entnehmen.

Für die Absorption der Spiegeloberfläche sei im folgenden ein relativ hoher Wert von 1% angenommen [98], der Spiegel werde mit Leistungen von 5 kW, 10 kW und 20kW beaufschlagt. Als Laserstrahlprofile werden ein TEM_{00}-Mode, ein TEM_{01}*-Mode sowie ein TEM_{01}-Laguerre-Mode gewählt, was den Strahlpropagationsfaktoren K=1, K=0.5 und K=0.33 entspricht und somit ein realistisches Spektrum abdeckt. Der auf dem zweiten Moment basierende Strahlradius w betrage jeweils 15mm.

OFHC Kupferspiegel	
Durchmesser des Spiegelkörpers	102 mm
Dicke des Spiegelkörpers	25 mm
Dicke der Platte über den Kühlkanälen	5.5 mm
Querschnittsfläche der Kühlkanäle	3×3 mm^2
Eintrittstemperatur des Kühlwassers	20 °C

Tabelle 4:   Technische Daten des berechneten OFHC-Kupferspiegels.

Für jede der möglichen Parameterkonstellationen wird ein geeignetes Finite-Elemente Modell verwendet, um die stationären thermisch induzierten Deformationen zu berechnen. Auf der Basis dieser Deformationswerte können dann Aberrationskoeffizienten und Strehlverhältnisse berechnet werden.

Zur Berechnung wird die absorbierte Laserleistung als Wärmeleistung in eine Oberflächen-schicht des FE-Netzes eingekoppelt. Die sich aus einer anschließenden Berechnung ergebende stationäre Temperaturverteilung dient dann als thermischer Lastfall für eine statische FE-Analyse, die schließlich die gewünschten Oberflächendeformationen liefert.

Die Resultate der Deformationsrechnungen für die verschiedenen Moden und Leistungen sind in den Bildern 35-37 dargestellt. In Tabelle 5 sind die maximalen Deformationen für die einzelnen Lastfälle nochmals numerisch aufgeführt.

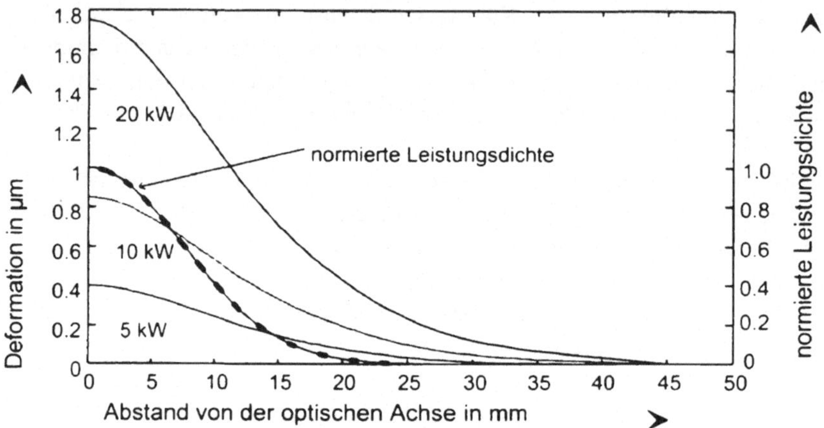

Bild 35:   Berechnete thermische Oberflächendeformation für einen TEM$_{(x)}$-Laststrahl.

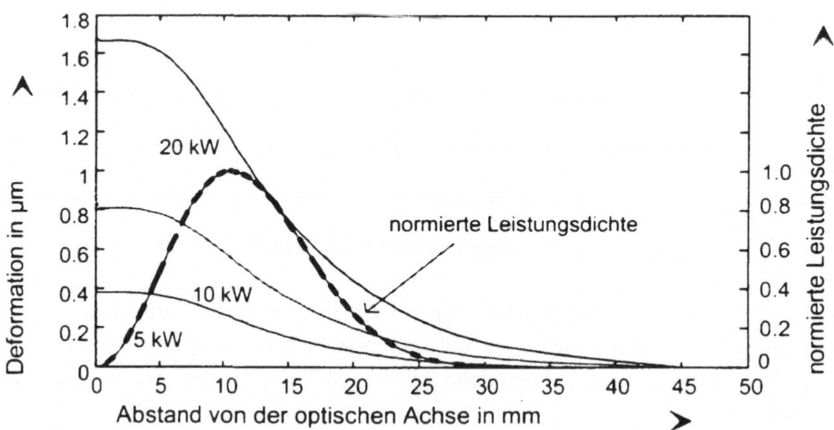

Bild 36:   Berechnete thermische Oberflächendeformation für einen TEM$_{(1)}$*-Laststrahl.

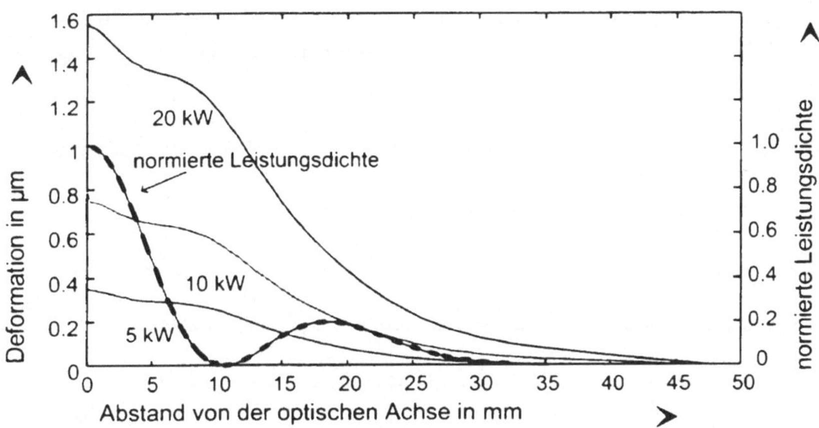

Bild 37:   Berechnete thermische Oberflächendeformation für einen TEM_{10}-Laststrahl.

Maximale Deformationen in µm			
	Last: 5kW	Last: 10kW	Last: 20kW
TEM_{00}-Mode	0.4	0.85	1.76
TEM_{01}*-Mode	0.38	0.84	1.68
TEM_{01}-Mode	0.35	0.79	1.57

Tabelle 5:   Berechnete maximale thermische Deformationen gemäß den Bildern 35-37.

Die Kurven in den einzelnen Diagrammen zeigen eine deutliche Korrelation mit der Form des jeweiligen Lasermodes. Trotz der unterschiedlichen Deformationsverläufe bewegen sich die Maximalwerte der Deformationen für eine gegebene Leistung unabhängig vom Mode in der gleichen Größenordnung und skalieren in etwa linear mit der Laserleistung. Bei allen Rechnungen wurde jeweils ein radialer Kühltemperaturgradient infolge der inhomognen Erwärmung des Kühlwassers berücksichtigt [98].

Um die präsentierten Deformationsprofile optisch weiter zu analysieren, werden an die obigen Kurven zunächst Polynome achter Ordnung angepaßt. Aus den Koeffizienten der Terme zweiter und vierter Ordnung ergeben sich der maximale Anteil an sphärischer Aberration A_s sowie der thermisch induzierte paraxiale Krümmungsradius R_p und σ_Φ^2. Die Berechnungen beziehen sich hierbei jeweils auf eine dem eingebetteten Gaußschen Radius entsprechende Apertur.

Über die Varianz der Phasendeformation schließlich lassen sich Strehlverhältnisse berechnen.

Die folgenden Tabellen zeigen die berechneten Daten.

	R_p (m)	A_s (mm^{-3})	σ_Φ^2
TEM$_{00}$			
5kW	-260	$4.65 \cdot 10^{-9}$	0.02
10kW	-129	$9.24 \cdot 10^{-9}$	0.074
20kW	-64	$1.85 \cdot 10^{-8}$	0.17

Tabelle 6: Berechnete optische Daten für die durch einen TEM$_{00}$-Mode induzierte thermische Deformation.

	R_p (m)	A_s (mm^{-3})	σ_Φ^2
TEM$_{01}$*			
5kW	-350	$2.1 \cdot 10^{-9}$	0.008
10kW	-172	$4.26 \cdot 10^{-9}$	0.035
20kW	-87	$8.25 \cdot 10^{-9}$	0.1

Tabelle 7: Berechnete optische Daten für die durch einen TEM$_{01}$*-Mode induzierte thermische Deformation.

	R_p (m)	A_s (mm^{-3})	σ_Φ^2
TEM$_{01}$			
5kW	-505	$8.4 \cdot 10^{-10}$	0.001
10kW	-244	$1.8 \cdot 10^{-9}$	0.006
20kW	-124	$3.24 \cdot 10^{-9}$	0.024

Tabelle 8:   Berechnete optische Daten für die durch einen TEM$_{10}$-Mode induzierte thermische Deformation.

Man sieht, daß die thermisch induzierten Krümmungen und die Koeffizienten der sphärischen Aberration für den TEM$_{00}$-Mode am größten und für den TEM$_{01}$-Mode am kleinsten sind. Hierbei muß jedoch berücksichtigt werden, daß für den TEM$_{01}$*- sowie den TEM$_{10}$-Mode die Aberrationsanteile höherer Ordnung größer sind als für den TEM$_{00}$-Mode.

Was die absoluten Zahlenwerte anbelangt, so ist zu sehen, daß bezogen auf eine Apertur von 22.5mm (1.5-facher Strahlradius) der Wert des sphärischen Aberrationskoeffizienten stets kleiner als $\lambda/5$ bleibt, lediglich bei einer 20kW TEM$_1$-Belastung ergibt sich ein Peak-Valley-Aberrationswert von ca. 2.4µm.

Tabelle 9 zeigt für alle Lastfälle die Einflüsse der sphärischen Aberration auf die Beugungsmaßzahl M^2 (gemäß Gl. (244)).

	Beugungsmaßzahl M^2 mit sphärischer Aberration		
	P=5kW	P=10kW	P=20kW
TEM$_{00}$ (M^2=1)	1.02	1.07	1.27
TEM$_{01}$* (M^2=2)	2.01	2.05	2.18
TEM$_{10}$ (M^2=3)	3.004	3.02	3.06

Tabelle 9: Einfluß der thermischen Belastung auf die Beugungsmaßzahlen.

Man sieht, daß sich die Beugungsmaßzahl um so mehr verschlechtert, je kleiner sie ist. Dies ist verständlich, da die obigen M^2-Werte sich aus der Formel $M^2=(M^4+\Delta M^4)^{\frac{1}{2}}$ berechnen, so daß sich eine gegebene ΔM^4-Korrektur mit steigenden M^4-Werten immer weniger bemerkbar macht. Typische CO_2-Hochleistungslaserstrahlen im 20kW-Bereich besitzen M^2-Werte von drei oder höher, der Einfluß thermischer Deformationen auf die Beugungsmaßzahl kann für praktische Belange vernachlässigt werden.[2]

Um das obige Beispiel abzuschließen, sei noch auf die Strehlverhältnisse hingewiesen, die sich aus den rechten Spalten der Tabellen 6-8 direkt ablesen lassen. Bildet man die Differenzen $1-\sigma_\Phi^2$, so ergibt sich, daß sich bei einer thermischen Belastung von 20kW die Leistungsdichte auf der optischen Achse gegenüber dem Idealfall für den Gaußschen Grundmode mit 17% am stärksten reduziert, wohingegen es bei den anderen beiden Moden weniger als 10% sind.

Diese Ergebnisse für die Strehlverhältnisse zeigen, daß der Einfluß thermisch induzierter Aberrationen sich trotz der geringen Deformationswerte prinzipiell doch spürbar auf die erzielbaren maximalen Leistungsdichten auswirkt. Es ist jedoch stets zu berücksichtigen, daß Strehlverhältnisse immer Aussagen in bezug auf ideale Phasenfronten machen. Liegen bereits Phasenfronten vor, deren rms-Rauhigkeiten in der Größenordnung der thermisch induzierten Phasendeformation liegen, so wird der thermische Einfluß praktisch vernachlässigbar. Der Einfluß thermischer Deformationen auf einen Strahl orientiert sich also immer an dessen optischer Qualität. Dies ist der Grund dafür, daß eingangs erwähnt wurde, daß thermisch induzierte Aberrationen an wassergekühlten Cu-Spiegeln für Anwendungen im Hochleistungslaserbereich in ihrer Degradationswirkung auf den Bearbeitungsprozeß in aller Regel vernachlässigt werden können.

Es sei nochmals betont, daß sich die obigen Betrachtungen auf den Einfluß einzelner optischer Komponenten beziehen. In typischen Strahlführungssystemen können sich durchaus 10-20 Spiegel im Strahlengang befinden. Es wäre nun jedoch falsch, von vorneherein zu sagen, daß die berechneten Aberrationseffekte hinsichtlich der Beugungsmaßzahl oder des Strehlverhältnisses direkt mit der Anzahl der strahlführenden Optiken skalieren, denn zum einen wirken i.a nicht alle Aberrationen streng gleichsinnig, sondern kompensieren sich vielmehr teilweise, und zum anderen hängt die Wirkung einer Aberration auf die Beugungsmaßzahl jeweils von deren aktuellem Wert ab. Generell gilt jedoch, daß das Strehlverhältnis wesentlich empfindlicher auf den Einfluß mehrfacher Aberrationen reagiert als die Beugungsmaßzahl.

---

[2]Strenggenommen hängen die tabellierten Werte über die vierten und sechsten Momente von der konkreten Leistungsdichteverteilung ab, jedoch zeigt sich, daß für eine große Klasse von Verteilungen die in den Gln. (242) und (244) auftretenden Momentenausdrücke um nicht mehr als den Faktor zwei variieren.

6.4.1   Aberrationen von sphärischen und Off-Axis-Paraboloid Spiegeloptiken

Im folgenden Beispiel werden die Formeln entwickelt, welche eine Beschreibung des Verhaltens von sphärischen Spiegeln sowie Off-Axis-Paraboloiden unter Dejustage gestatten. Die Formeln lassen sich in völlig analoger Form auch auf andere Off-Axis-Asphären anwenden.

Hierzu treffe gemäß Bild 38 ein Laserstrahl im Abstand h vom Scheitel und parallel zur Symmetrieachse auf eine parabolische Oberfläche. Im Idealfall wird der Strahl aberrationsfrei fokussiert, sofern das Paraboloid die Austrittspupille des zugehörigen optischen Systems darstellt. Eine entsprechende Justage der parabolischen Oberfläche ist jedoch im Vergleich zu einer sphärischen Oberfläche ungleich schwieriger, da der Krümmungsradius der Oberfläche nicht konstant ist. Deshalb wird im folgenden die konkrete Frage untersucht, welche optischen Aberrationen auftreten, wenn ein Paraboloid um einen Winkel θ in der Einfallsebene verkippt wird. Diese Ergebnisse werden mit denen für sphärische Spiegel verglichen.

Ausgangspunkt der Analyse ist der Vergleich der Oberflächenkontur eines Paraboloiden und einer Sphäre. Die Oberfläche einer Sphäre ist unter Berücksichtigung von Termen maximal vierter Ordnung gegeben durch

$$z(r) \; = \; \frac{r^2}{2R} \; + \; \frac{r^4}{8R^3} \quad , \tag{256}$$

wobei R den paraxialen Krümmungsradius bezeichnet[3]. Alle Unterschiede zwischen sphärischen und parabolischen Oberflächen hinsichtlich der auftretenden Aberrationen rühren alleine von der sog. Pfeilhöhendifferenz $r^4/(8R^3)$ her. Im folgenden bezeichne S die Objektweite, S' die Bildweite und R den Krümmungsradius der Referenzsphäre bzw. den paraxialen Krümmungsradius des Paraboloiden. Die Situation für den Verlauf eines Off-Axis Strahls ist in Bild 38 dargestellt [89].

---

[3]Gemäß der bisher verwendeten Konvention ist der Krümmungsradius einer Oberfläche numerisch positiv, wenn der Krümmungsmittelpunkt rechts der Oberfläche liegt; Konkavspiegel haben demnach negative Krümmungsradien.

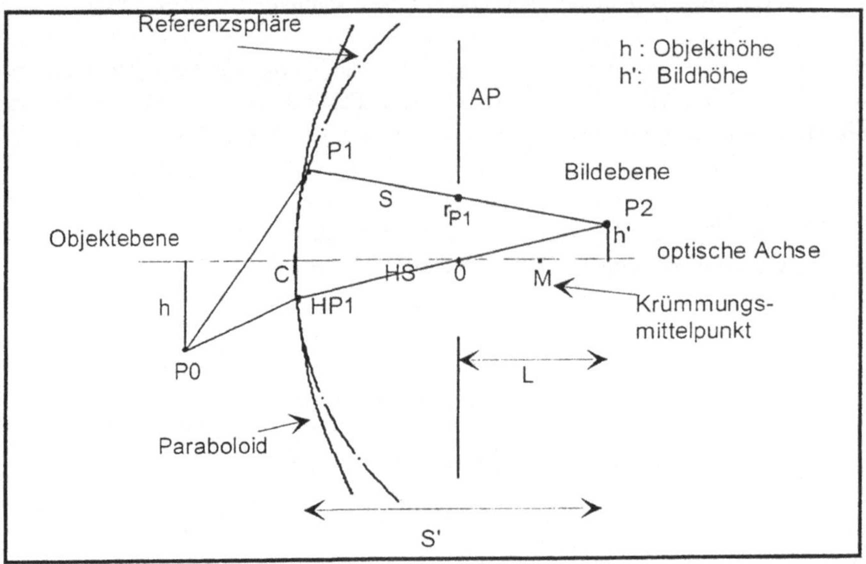

Bild 38: Off-Axis Strahlengang für ein Paraboloid.

Gezeigt sind der als Bezugsstrahl fungierende Hauptstrahl HS sowie ein beliebiger außer-axialer Strahl S. Die begrenzende Apertur ist i.a. nicht durch die Asphärenoberfläche selbst gegeben, sondern durch eine *dahinterliegende* Austrittspupille AP. Für den Gangunterschied zwischen beiden Strahlen gilt

$$\Delta W(P_1) = 2 \cdot (\overline{P0\ P1} - \overline{P0\ HP1}) \approx \frac{-1}{4R^3} \cdot (r_{P1}^4 - r_{HP1}^4) \ . \tag{257}$$

Um Gl. (257) auszuwerten, ist zu berücksichtigen, daß für einen allgemeinen Strahl die Punkte P1 und HP1 nicht in der Meridionalebene liegen. Projiziert man, wie in Bild 39 dargestellt, die Austrittspupille AP entlang des Hauptstrahls HS auf die Spiegeloberfläche, so gilt

$$\overline{C\ P1}^2 = \overline{C\ HP1}^2 + \overline{P1\ HP1}^2 - 2 \cdot \overline{C\ HP1}\ \overline{P1\ HP1} \cos(\theta) \ . \tag{258}$$

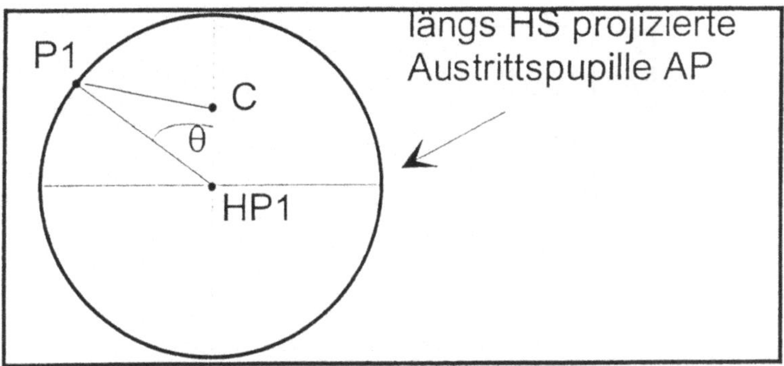

Bild 39: Auf die Spiegeloberfläche längs des Hauptstrahls HS projizierte Austrittspupille AP
für den Strahlengang gemäß Bild 38.

Rechnet man schließlich die Abstände C HP1 und P1 HP1 auf die entsprechenden Abstände
in der Ebene der Austrittspupille um, so gilt

$$\overline{P1\ HP1} = \frac{S'}{L}\,r_{P1} \quad , \quad \overline{C\ HP1} = \frac{S' - L}{L}\,h' \quad . \tag{259}$$

Schreibt man $r = r_{P1}$ und setzt Gl. (259) in Gl. (258) ein, so ergibt sich für die optische
Aberrationskorrektur $\Delta W(r)$ eines Paraboloiden

$$\Delta W(r) = \frac{-1}{4R^3}\left[\ \left(\frac{S'}{L}\right)^4 r^4 - 4\left(\frac{S'}{L}\right)^3 gh'r^3\cos(\theta) + 4\left(\frac{S'}{L}\right)^2 g^2 h'^2 r^2\cos(\theta)^2 + \right.$$

$$\left. + 2\left(\frac{S'}{L}\right)^2 g^2 h'^2 r^2 - 4\left(\frac{S'}{L}\right) g^3 h'^3 r\,\cos(\theta)\ \right] \quad , \tag{260}$$

$$g = \frac{S' - L}{L} \quad .$$

Insbesondere ist zu sehen, daß die zusätzlichen Aberrationen der Koma, des Astigmatismus,
der Bildfeldwölbung und der Verzeichnung nur dann von Null verschieden sind, wenn die
Austritts-pupille nicht mit der Spiegeloberfläche zusammenfällt.

Nach diesen Vorbereitungen werde nun eine typische Fokussieroptik gemäß Bild 40 betrachtet, wie sie in der Materialbearbeitung mit CO_2-Hochleistungslasern verwendet wird.

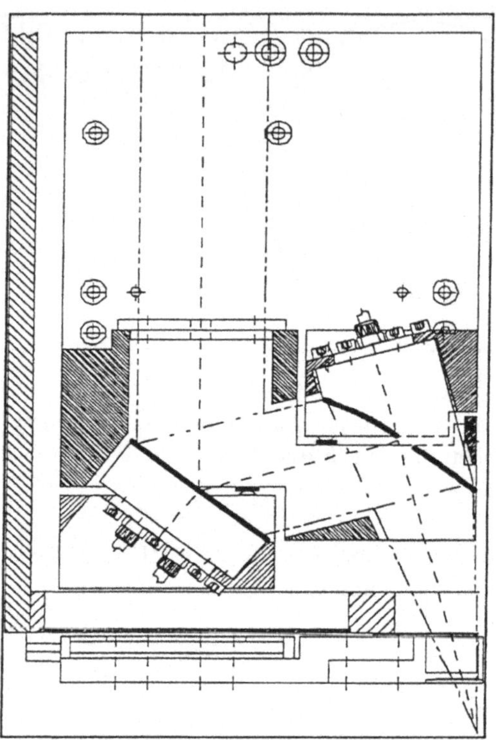

Bild 40: Beispiel eines Fokussierkopfes für CO_2-Hochleistungslaser.

Der Parabolspiegel in Bild 40 habe eine Brennweite von f=150mm. Um die Gesamtaberration W der Optik zu erhalten, ist die Aberrationskorrektur ΔW aus Gl. (260) zu den Aberrationen eines sphärischen Spiegels zu addieren. Somit gilt [89] :

$$W(r,\theta,h') = a_{ss}r^4 + a_{cs}\,h'r^3\cos(\theta) + a_{as}\,h'^2r^2\cos(\theta)^2 + a_{ds}\,h'^2r^2 + a_{ts}\,h'^3r\cos(\theta) +$$

$$+ \Delta W(r,\theta,h') \ ,$$

$$(261)$$

$$a_s = \frac{1}{4R}\left(\frac{1}{R} + \frac{1}{S'}\right)^2 \ , \quad a_{ss} = \left(\frac{S'}{L}\right)^4 a_s \ , \quad a_{cs} = 4da_{ss} \ , \quad a_{as} = 4d^2a_{ss} \ ,$$

$$a_{ds} = 2d^2a_{ss} - \frac{1}{2RL^2} \ , \quad a_{ts} = 4d^3a_{ss} - \frac{d}{RL^2} \ , \quad d = -\frac{R + S' - L}{R + S'} \ .$$

Die Aberrationskoeffizienten aus Gl. (261) können verwendet werden, um gemäß den Gl. (235), (248) und (249) die M^4-Korrektur eines Strahls zu berechnen. Es ergibt sich[4]

$$\frac{\Delta M_x^4}{k^2} = 16A_s^2\,(<r^6><r^2>-<r^4>^2) + 9A_c^2<r^4><r^2> +$$

$$+ 36A_cA_t<r^4><r^2> + 2k^2A_t^2\,<r^2>, \qquad (262)$$

$$\frac{\Delta M_y^4}{k^2} = 16A_s^2\,(<r^6><r^2>-<r^4>^2) + A_c^2<r^4><r^2> \ ,$$

wenn der Strahl symmetrisch zur Spiegelachse verläuft. Dies ist für einen Off-Axis Spiegel nicht der Fall. Gl. (262) ist dementsprechend zu modifizieren. In diesem Fall müssen in den Gln. (241)-(250) die Momente x_i und p_i ersetzt werden durch x_i-$<x_i>$ und p_i-$<p_i>$.

Damit stehen dann alle Informationen zur Verfügung, um das Dejustageverhalten von Parabolspiegeln zu untersuchen und einen Vergleich mit sphärischen Spiegeln anzustellen. Gemäß den Gln. (262) wird die Beugungsmaßzahl nur durch sphärische Aberration, Koma und Verzeichnung beeinflußt. Dies ist übrigens auch dann der Fall, wenn ein Off-Axisstrahl vorliegt.

Im folgenden werde eine Brennweite von f=150mm und Einfallswinkel von ϕ_1=22.5° und ϕ_2=45° vorausgesetzt. In diesen Fällen trifft der Schwerpunkt eines parallel zur Symmetrieachse des Paraboloiden einfallenden Strahls das Paraboloid in Abständen von h_1=124.25mm und h_2=300mm von der Symmetrieachse.

---

[4]Dieses Resultat zeigt nochmals, daß es keine Kopplung von sphärischer Aberration und Koma gibt. Die Gln. für die M^4-Korrekturen resultieren aus der Umrechnung der x- und y-Momente in radiale Momente gemäß Gl. (243).

Vorbereitend für die folgenden Berechnungen werden zunächst die relevanten zentrierten Momente gemäß Gl. (262) sowie die numerischen Werte der Aberrationskoeffizienten für beide Einfallswinkel ermittelt und in Tabelle 10 wiedergegeben. Bei der Berechnung von Beugungsmaßzahlen werden wieder die drei Moden aus dem letzten Beispiel betrachtet.

	TEM_{00}	TEM_{01}^{*}	TEM_{11}
$\langle r^2 \rangle$	$0.5 \cdot w^2$	w^2	$1.5 \cdot w^2$
$\langle r^4 \rangle$	$0.5 \cdot w^4$	$1.5 \cdot w^4$	$3.5 \cdot w^4$
$\langle r^6 \rangle$	$0.75 \cdot w^6$	$3 \cdot w^6$	$9.75 \cdot w^6$

Tabelle 10:   Im weiteren benötigte Momente für die unterschiedlichen Moden.

Was die Berechnung der Aberrationskoeffizienten anbelangt, so werde die begrenzende Apertur der Einfachheit halber durch den sphärischen bzw. den Parabolspiegel selbst gebildet. Die zugehörigen Aberrationsanteile gemäß den Gln. (260) und (261) lauten dann

$$W(r,\theta,h') = \frac{1}{4R^3}r^4 - \frac{2}{R^3}h'r^3\cos(\theta) + \frac{4}{R^3}h'^2r^2\cos(\theta)^2 \quad ,$$

$$\Delta W(r,\theta,h') = -\frac{1}{4R^3}r^4 \quad . \qquad \qquad \text{\textasteriskcentered}$$

(263)

Addiert man für die Behandlung des Paraboloiden die beiden Gln. (263), so kürzt sich die sphärische Aberration heraus, wie es bei der Fokussierung einer ebenen Welle der Fall sein muß. Die Größe h' steht jeweils für die Bildhöhe und ist nur dann von Null verschieden, wenn der Strahl um einen Winkel $\delta\phi$ verkippt auf die Komponente trifft; es ergibt sich dann h' = f·$\delta\phi$.

Für die einzelnen Aberrationskoeffizienten ergibt sich als Funktion des Dejustagewinkels $\delta\phi$: $A_c(\delta\phi) = -1.1 \cdot 10^{-5}\,\delta\phi$ und $A_a(\delta\phi) = -3.3 \cdot 10^{-5}\,\delta\phi^2$. Für einen sphärischen Spiegel, kommt noch der sphärische Aberrationskoeffizient $A_s = -9.26 \cdot 10^{-9}$ hinzu.

Beide Spiegeltypen sollen im Hinblick auf drei Fragestellungen untersucht werden:

- Zum einen ist der Einfluß von Dejustagen auf die Beugungsmaßzahl von Interesse, und zwar sowohl in seiner Abhängigkeit vom Verkippwinkel der optischen Komponente, als auch in seiner Abhängigkeit vom Strahlradius; letzterer wird eine gewichtige Rolle spielen, da die einzelnen Aberrationen nichtlinear mit dem Abstand von der optischen Achse zunehmen.
- Weiterhin ist der Einfluß der Gesamtaberration auf das Strehlverhältnis von Interesse.

wenn hohe Leistungsdichten für die Materialbearbeitung erforderlich sind.

- Desgleichen erzeugen Winkeldejustagen Astigmatismus, der sich zwar nicht auf die Beugungsmaßzahlen in den unterschiedlichen Hauptachsenrichtungen auswirkt, der jedoch einer simultanen Bündelung eines Strahls in beiden Richtungen entgegenwirkt.

Zunächst seien die Resultate für sphärische Spiegel erläutert. Gemäß den Gln. (261) und (262) wird die Beugungsmaßzahl nur durch sphärische Aberration und Koma beeinflußt. Um einen Eindruck über die Größenordnung der Effekte zu vermitteln, sind in den Bildern 41-44 repräsentativ jeweils für den TEM_{00}- und den TEM_{10}-Mode die Beugungsmaßzahlen als Funktion des Strahlradius[5] und des Verkippungswinkels der Komponente dargestellt. Die Abbildungen 41 und 43 beziehen sich hierbei auf auf die Verkippungsichtung, die Abbildungen 42 und 44 auf die dazu senkrechte Richtung. Die Höhenlinien beginnen jeweils bei dem M^2-Wert ohne Aberrationen (d.h. 1 und 3).

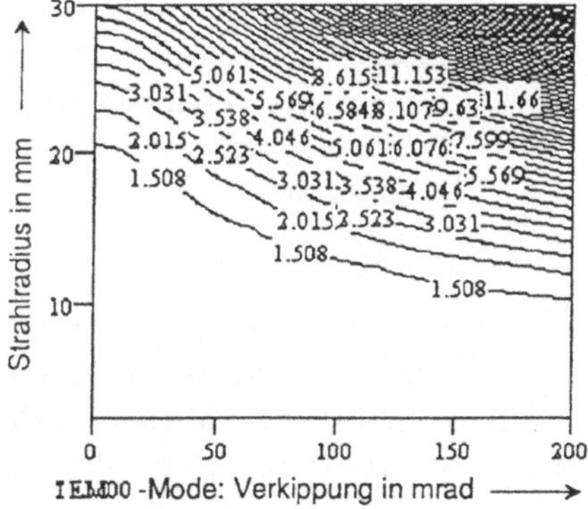

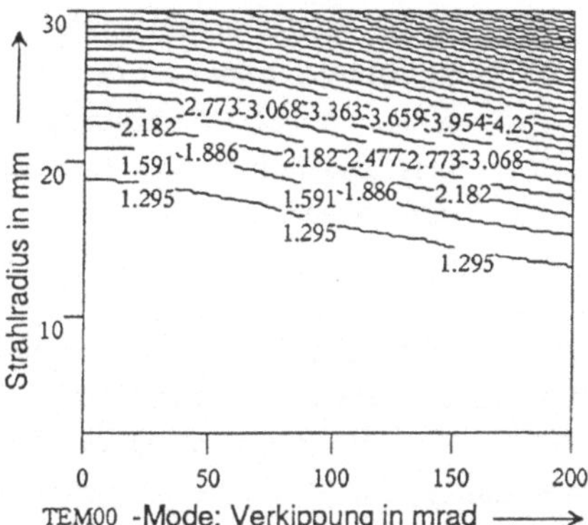

Bild 41:

Beugungsmaßzahlen eines TEM_{00}-Modes hinter einem sphärischen Spiegel als Funktion des Strahlradius und des Verkippungswinkels. Darstellung in der Verkippungsebene.

Bild 42:

Beugungsmaßzahlen eines TEM_{00}-Modes hinter einem sphärischen Spiegel als Funktion des Strahlradius und des Verkippungswinkels. Darstellung senkrecht zur Verkippungsebene.

---

[5]Als Strahlradien sind hierbei stets die auf dem zweiten Moment basierenden Radien zu verstehen.

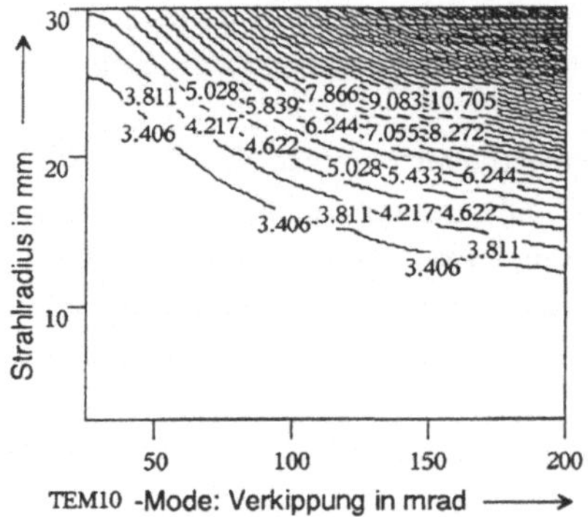

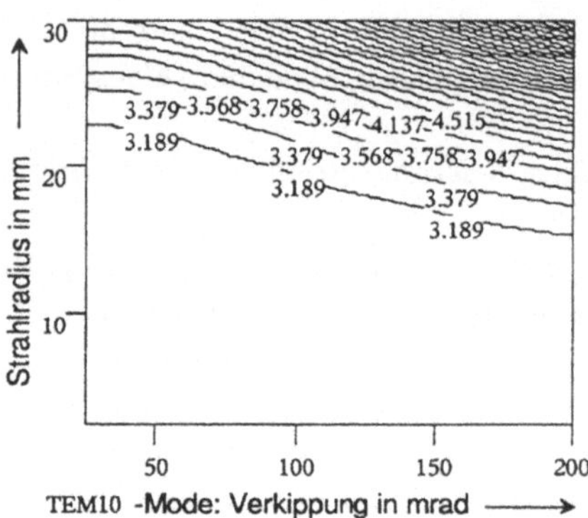

Bild 43: Beugungsmaßzahlen eines TEM_{10} Modes hinter einem sphärischen Spiegel als Funktion des Strahlradius und des Verkippungswinkels. Darstellung in der Verkippungsebene.

Bild 44: Beugungsmaßzahlen eines TEM_{10} Modes hinter einem sphärischen Spiegel als Funktion des Strahlradius und des Verkippungswinkels. Darstellung senkrecht zur Verkippungsebene.

Zunächst einmal fällt bei allen Abbildungen auf, daß bei sämtlichen Verkippungswinkeln die M^2-Werte als Funktion des Strahlradius sehr stark ansteigen, sobald ein bestimmter "Schwellradius" w überschritten wird. Dieses Verhalten ist durch die sphärische Aberration bedingt, deren Einfluß auf M^2 (nicht M^4) gemäß Gl. (262) proportional zur vierten Potenz des Strahlradius w anwächst. Gemäß Gl. (242) gilt

$$\Delta M_x^4 = 16k^2 A_s^2 <r_1^4>^2 \; \frac{<r_1^6><r_1^2> - <r_1^4>^2}{<r_1^4>^2} \tag{264}$$

und weiter

$$<r_1^4>^2 = \begin{cases} 0.25w^8 & , \quad TEM_{00} \\ 2.25w^8 & , \quad TEM_{01}^* \\ 12.25w^8 & , \quad TEM_{10} \end{cases} \qquad \frac{<r_1^6><r_1^2> - <r_1^4>^2}{<r_1^4>^2} = \begin{cases} 0.5 & , \quad TEM_{00} \\ 0.333 & , \quad TEM_{01}^* \\ 0.194 & , \quad TEM_{10} \end{cases} \tag{265}$$

so daß für die "Schwellradien" bei einem Verkippungswinkel von 0° gilt: $w(TEM_{00})$=18.9mm. $w(TEM_{01}{}^{*})$=21.4mm und $w(TEM_{10})$=22.7mm. Diese Werte werden durch die Verläufe der Höhenlinien sehr gut bestätigt, wobei die Schwellradien mit zunehmendem Verkippungswinkel deutlich abnehmen.

Die Werte für $w_{s,xyz}$ liefern direkt praktische Anhaltspunkte dafür, welche Strahlradienwerte nicht überschritten werden dürfen, damit keine massive Verschlechterung der Beugungsmaßzahl erfolgt.

Was die auf Verkippungsebene senkrecht stehende Ebene anbelangt, so zeigen die obigen Diagramme einen viel kleineren Gradienten bzgl. des Verkippungswinkels, wie es aus den Gln. (250) auch zu erwarten ist. Hier wirkt sich eine Winkeldejustage also weniger kritisch aus.

Zusammenfassend erkennt man, daß sphärische Spiegel, die unter kleinen Einfallswinkeln betrieben werden (ca.5°) im Hinblick auf eine Verschlechterung der Beugungsmaßzahl sehr unkritisch sind, wenn die Strahlradien jeweils unter dem kritischen Wert w bleiben. Letzterer hängt gemäß Gl. (264) mit der vierten Wurzel von dem Koeffizenten A_s der sphärischen Aberration und dieser wiederum in dritter Potenz von der reziproken Brennweite ab, woraus sich die in Bild 45 dargestellte Abhängigkeit des Schwellradius w_s von der Brennweite ergibt.

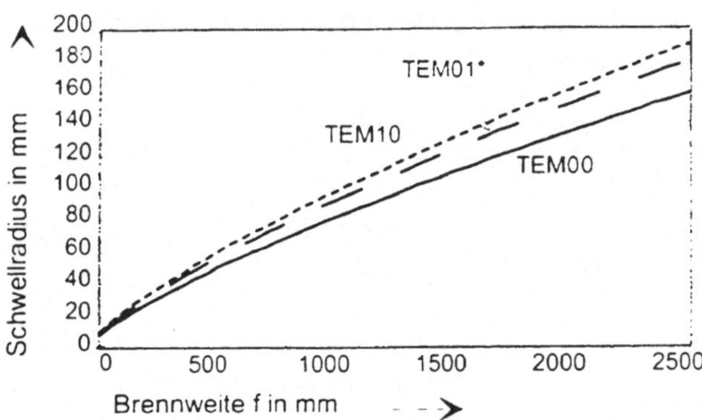

Bild 45:   Schwellradius ws bei sphärischen Spiegeln als Funktion der Brennweite f.

Ein weiterer Parameter, der von Interesse ist, wenn nicht nur Strahlverteilungen in einer Schnittebene, sondern in ihrer gesamten Ausdehnung von Bedeutung sind, ist die astigmatische Differenz t, die den Abstand zwischen den sich in der Sagittal- und Tangentialebene ausbildenden Linienfoki angibt. Sie hängt vom Öffnungsverhältnis F (Vollwinkel) und dem Aberrationskoeffizienten A_s wie folgt ab:

$$t = 8F^2 A_s = 8 \cdot \frac{f^2}{4a^2} \cdot \frac{4(f \cdot a \cdot \delta)^2}{8f^3} = f \cdot \delta^2 \ , \tag{266}$$

wobei a für den Aperturradius und f für die Brennweite steht. Im hier vorliegenden Fall, wo die Apertur in der Spiegelebene liegt, ist die astigmatische Differenz gemäß Gl. (260) für sphärische und parabolische Spiegel gleich. Was sich jedoch sehr wohl unterscheidet, sind die Ausdehnungen Δ_i der Linienfoki in den beiden Hauptachsenrichtungen. Sie ergeben sich mit den Gln. (222) und (263) zu

$$\Delta_i = 4FA_s = 4 \cdot \frac{f}{2a} \cdot \frac{4(f \cdot a \cdot \delta)^2}{8f^3} = a \cdot \delta^2 \ . \tag{267}$$

In Gl. (267) tritt der Aperturradius a explizit auf, was zur Folge hat, daß außeraxial betriebene (Parabol-) Spiegel viel empfindlicher auf Dejustagen reagieren als axial betriebene (sphärische) Spiegel. Ist die durch die Strahlabmessungen gegebene Apertur durch a_w bezeichnet und wird ein Off-Axis Paraboloid z.B. unter einem Einfallswinkel von 45° betrieben (90°-Umlenkung), so liegt der Schwerpunkt des einfallenden Strahls um den Abstand 2·f außeraxial, d.h., die für die Berechnungen der Größe der Linienfoki relevante optische Apertur a ist nicht durch a_w gegeben, sondern durch (a_w+2·f). Folglich wird, was den Asigmatismus anbelangt, die Dejustageempfindlichkeit um den Faktor (2·f) zunehmen. Jedoch ist zu berücksichtigen, daß der stets hinzukommende Komafehler linear vom Verkippungswinkel abhängt und deshalb für kleine Winkel den astigmatischen Fehler dominieren wird. Bild 46 veranschaulicht diese Situation.

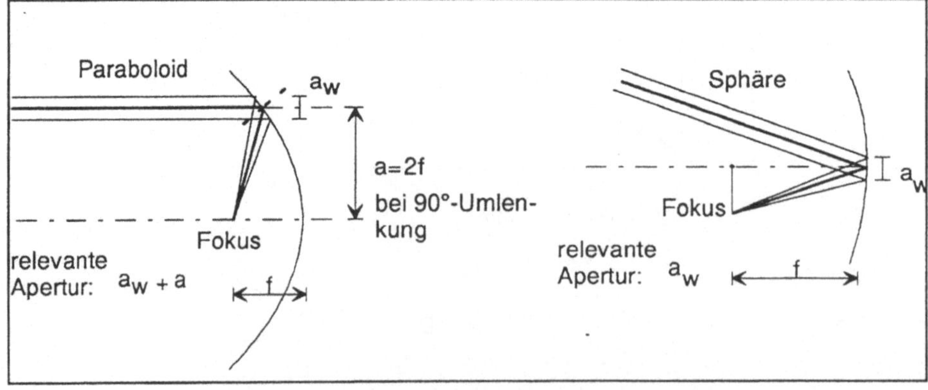

Bild 46: Skizze zum unterschiedlichen Einfluß von Verkippungen bei sphärischen und parabolischen Spiegeln.

Bild 47 demonstriert das Gesagte anhand geometrisch-optischer Spot-Diagramme, welche die durch Koma und Astigmatismus bedingten Strahlablagen in der Fokusebene des jeweiligen Spiegels zeigen.

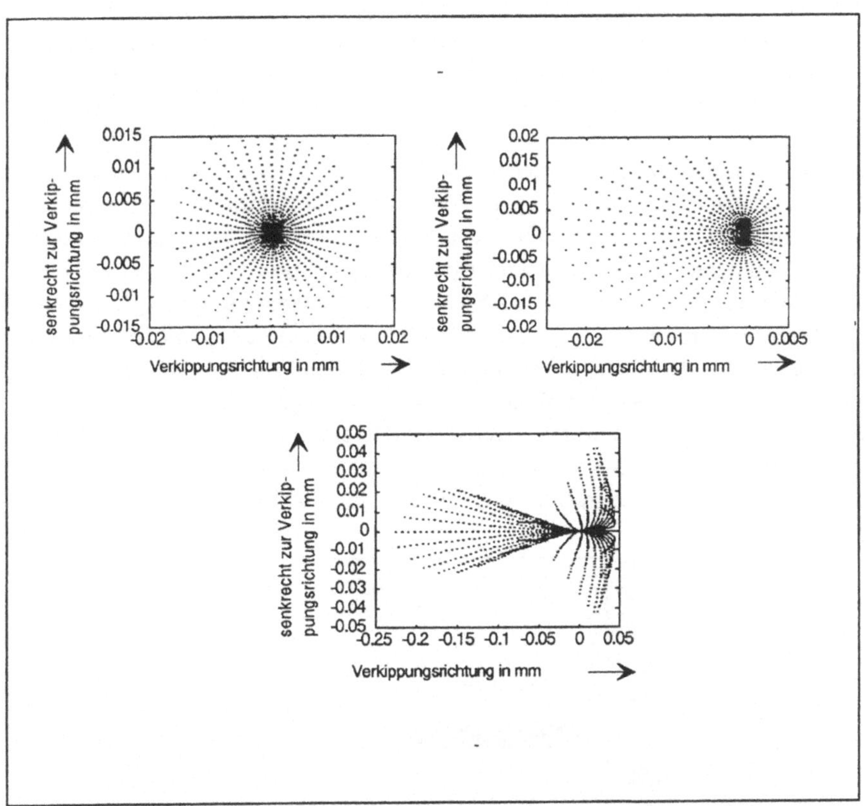

Bild 47:   Spotdiagramme für die Fokusverteilung sphärischer Spiegel bei verschiedenen Verkippungswinkeln: links oben 1mrad, rechts oben 10mrad, unten 100mrad.

In Bild 47 ist die Situation für den betrachteten sphärischen Spiegel bei Verkippungen von 1mrad und 10mrad und 100mrad zu sehen. An der Änderung des Symmetrieverhaltens ist deutlich zu erkennen, daß für sehr kleine Verkippungswinkel zunächst nur die sphärische Aberration in Erscheinung tritt und dann, bei einer Verkippung von ca. 10mrad, Koma deutlich erkennbar wird, welche die Verteilung asymmetrisch in die negative x-Richtung verschiebt. Erst bei relativ großen Winkeln, wie hier repräsentativ bei 100mrad, zeichnet sich der Astigmatismus ab, wie an der Verlagerung der Verteilung in die positive x-Richtung zu sehen ist. Bei noch weiterer Vergrößerung des Verkippungswinkels würde die Verteilung bzgl. der x-Koordinate immer symmetrischer werden.

Was die absoluten Größenordnungen anbelangt, so bewegt sich die aberrationsbedingte Vergrößerung des Fokus in sowohl in x-, als auch in y-Richtung bei einer Verkippung von 100mrad und einem vorausgesetzten Strahlradius von 15mm im Bereich des beugungsbegrenzten Fokusradius[6], was die Tatsache bestätigt, daß der Einfluß auf die Beugungsmaßzahl sehr klein ist. Die Situation ändert sich jedoch beträchtlich, wenn der Strahlradius den oben diskutierten kritischen Wert überschreitet.

Zur Betrachtung außeraxial betriebener parabolischer Spiegel sei für eine direkte Demonstration der viel höheren Empfindlichkeit gegenüber Verkippungen direkt mit den Spot-Diagrammen begonnen. Gemäß den Gln. (222) und (263) verhalten sich die astigmatismusbedingten transversalen Bildfehler proportional zum Aperturradius (hier also a+2f), so daß die Justageempfindlichkeit sich bei vergleichbaren Aberrationskoeffizienten A_s und A_c für einen 90° Off-Axis Paraboloiden um etwa den Faktor 2f erhöht, während bei einem 45° Off-Axis Paraboloiden immer noch der Faktor 0.83f vorliegt. Die Bilder 48 und 49 zeigen Spotdiagramme für einen 45° und 90°-Off Axis Paraboloiden bei Verkippungswinkeln von 0.55 mrad, 1 mrad und 10 mrad. Ein Vergleich mit den obigen Spot-Diagrammen für sphärische Spiegel zeigt, daß die Empfindlichkeit für Off-Axis-Optiken stark erhöht ist (ca. um einen Faktor 10 für den 45°-Umlenkspiegel und einen Faktor 20-25 für den 90° Umlenkspiegel).

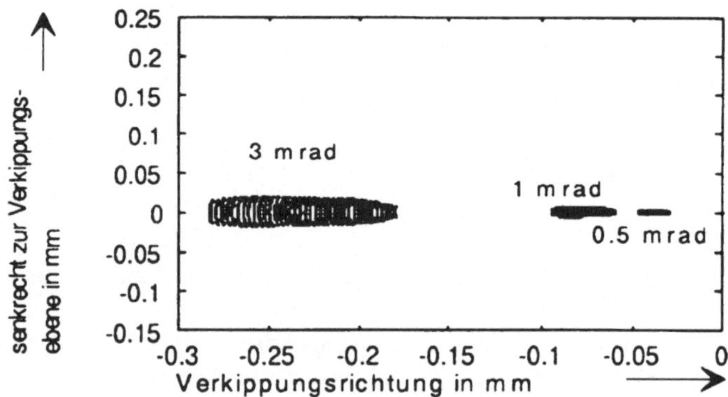

Bild 48: Spotdiagramme für die Fokusverteilung eines 45°-Off-Axis Parabolspiegels bei den Verkippungswinkeln 0.5mrad, 1mrad 3mrad

---

[6]Der beugungsbegrenzte Fokusradius beträgt im vorliegenden Fall 34μm.

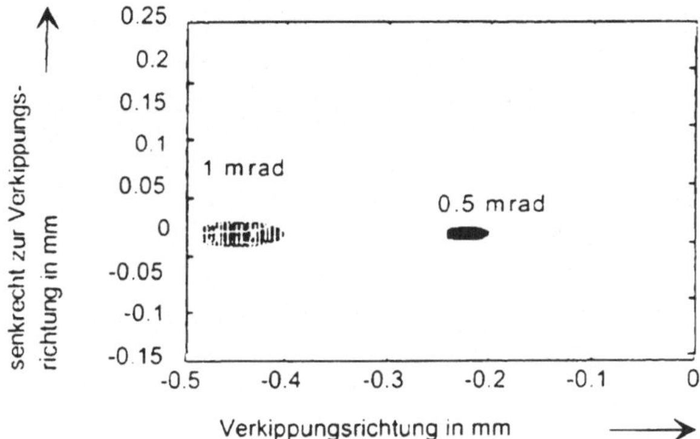

Bild 49:   Spotdiagramme für die Fokusverteilung eines 90°-Off-Axis Parabolspiegels bei den Verkippungswinkeln 0.5mrad und 1mrad.

Trotz des diskutierten Komaanteils dominiert der astigmatische Anteil bei den Off-Axis-Optiken ganz klar, wie an der elliptischen Form der Spotdiagramme in Bild 47 und 48 zu sehen ist.

Im weiteren sollen noch Resultate zur Abhängigkeit der Beugungsmaßzahl M^2 vom Verkippungswinkel bei Parabolspiegeln diskutiert werden. Hierzu wird wiederum eine Brennweite von f=150mm vorausgesetzt. Im folgenden werden die Ergebnisse einer Parameterstudie zur Verschlechterung der Beugungsmaßzahl M^2 der Parabolspiegel diskutiert. In diesem Fall kann in Gl. (235) nicht mehr die Annahme $<x_i>=0$ gemacht werden, da der Strahlschwerpunkt nicht mehr auf der Symmetrieachse des Parabolspiegels liegt. Alle Momente der Form $<x_i^m p_i^n>$ sind demnach zu ersetzen durch $<(x_i-<x_i>)^m (p_i-<p_i>)^n>$.

Werden die Gln. (235) mit diesen zentrierten Momenten ausgewertet, so stellt sich heraus, daß sich die Strahlablagen h_1=124.5mm und h_2=300mm für die 45°- und 90°-Off-Axis Paraboloiden bei der Berechnung von ΔM^4 komplett herauskürzen. Dies bedeutet, daß die M^2-Korrekturen unabhängig davon sind, unter welchem Winkel ein Off-Axis-Paraboloid betrieben wird. Hierbei ist jedoch zu berücksichtigen, daß 45°- und 90°-Off-Axis-Optiken unterschiedliche optische Schnittweiten S, d.h. Abstände zwischen der Spiegeloberfläche und dem Fokus aufweisen, nämlich S=175.7mm für den Fall der 45°-Umlenkung und S=300mm für den Fall der 90°-Umlenkung. Bei einer 90°-Umlenkung ereicht man eine Schnittweite von S=150mm z.B. für eine Brennweite von f=75mm. Die Koma-Aberration vergrößert sich damit um einen Faktor 4, da der Koeffizient A_c quadratisch von $1/f$ abhängt. Dementsprechend vergrößert sich der Term ΔM^4 um den Faktor 16.

Dieser Sachverhalt läßt sich dahingehend verallgemeinern, daß sich der Korrekturterm ΔM^4 proportional zu $(1/f)^{2n}$ verhält, wenn ein involvierter Aberrationskoeffizient in n-ter Potenz von $1/f$ abhängt. Die Bilder 50-53 zeigen wieder repräsentativ für einen TEM_{00}- und einen TEM_{10}-Mode die M^2-Abhängigkeit von Strahlradius und Verkippungswinkel.

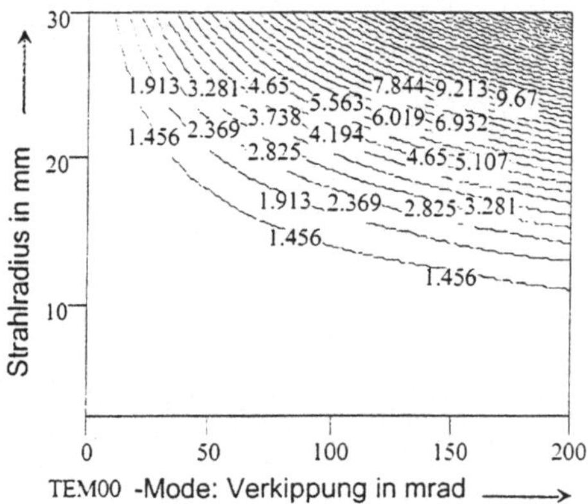

Bild 50: Beugungsmaßzahlen eines TEM_{00}-Modes hinter einem parabolischen Spiegel als Funktion des Strahlradius und des Verkippungswinkels. Darstellung in der Verkippungsebene.

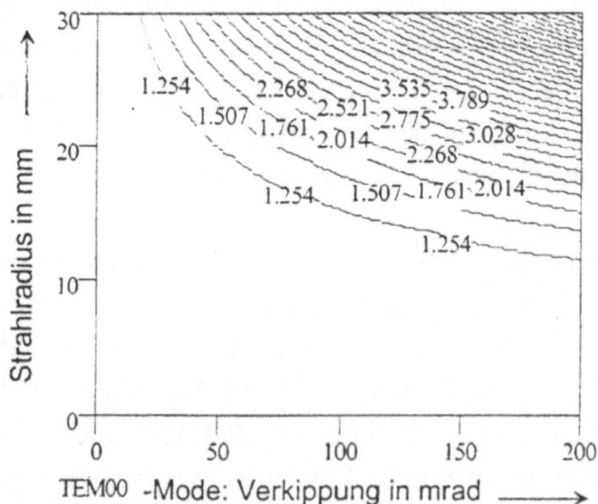

Bild 51: Beugungsmaßzahlen eines TEM_{00}-Modes hinter einem parabolischen Spiegel als Funktion des Strahlra-dius und des Verkippungswinkels. Darstellung senkrecht zur Verkippungsebene.

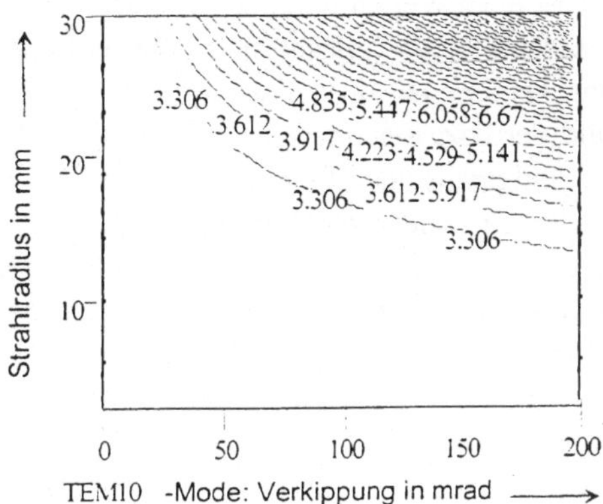

Bild 52: Beugungsmaßzahlen eines TEM_{10}-Modes hinter einem parabolischen Spiegel als Funktion des Strahlradius und des Verkippungswinkels. Darstellung in der Verkippungsebene.

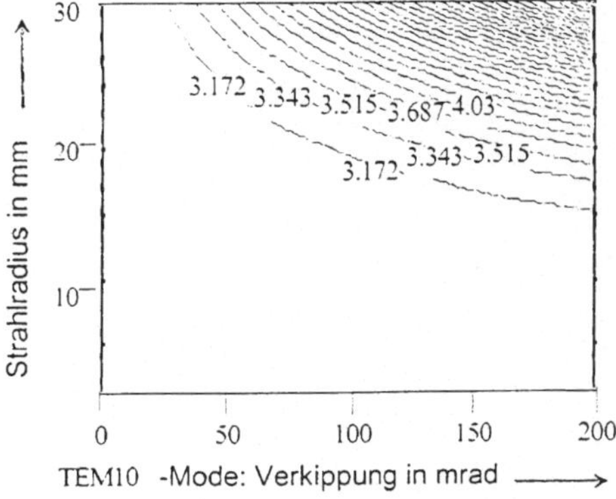

Bild 53: Beugungsmaßzahlen eines TEM_{10}-Modes hinter einem parabolischen Spiegel als Funktion des Strahlradius und des Verkippungswinkels. Darstellung senkrecht zur Verkippungsebene.

Im Unterschied zu sphärischen Spiegeln tritt ohne Verkippung unabhängig vom Strahlradius keine Verschlechterung von M^2 ein, da ein Parabolspiegel in diesem Fall aberrationsfrei ist.

Liegt allerdings eine Winkeldejustage vor, so wird diese um so kritischer, je größer der Strahlradius ist. Die qualitativen Höhenlinienverläufe ähneln denen für sphärische Spiegel, jedoch sieht man an den absoluten Werten für einander entsprechende Positionen im Höhenliniendiagramm, daß die parabolischen Spiegel sich unkritischer verhalten. Es muß hierbei jedoch nochmals erwähnt werden, daß diese Aussagen sich auf die Beugungsmaßzahlen in den der Einfallsebene und der dazu senkrechten Ebene entsprechenden Schnitten beziehen. Der ebenfalls vorhandene Astigmatismus ist nicht berücksichtigt. Er verschlechtert zwar nicht die Beugungsmaßzahl in den einzelnen Schnitten, aber er bewirkt, daß sagittale und tangentiale Fokusebenen nicht zusammenfallen. Ist dies für einen Prozeß wesentlich, so ist eine Kompensation des Astigmatismus mittels Zylinderoptiken erforderlich. Die bestmögliche Beugungsmaßzahl M^2, die sich auf diesem Wege noch erreichen läßt, ist dann jedoch durch die in den Bildern 50-53 dargestellten Resultate sowie die zusätzlichen Aberrationen beschränkt, welche die Zylinderoptik einführt.

Anhand der präsentierten Beispiele ist die Systematik erkennbar, wie sich auf der Basis der Momententheorie einfach quantitative Aussagen über den Einfluß aberrationsbehafteter optischer Komponenten auf die Strahlführung gewinnen lassen. Als maßgebliches Kriterium fungiert hierbei die Beugungsmaßzahl M^2. Sind jedoch Informationen über einen Laserstrahl erforderlich, die über dessen Radius, Divergenzverhalten, Beugungsmaßzahl und Strehlverhältis hinausgehen, so sind genauere numerische Berechnungen erforderlich. Hierauf wird im folgenden Kapitel eingegangen. Es wird ein Formalismus entwickelt, mit dessen Hilfe sich auf der Basis der algebraischen Formulierung wellenoptische Propagationsberechnungen auf Standardoperationen der linearen Algebra reduzieren lassen.

7. Numerische Umsetzung des algebraischen Formalismus der wellenoptischen Propagation

In diesem abschließenden Kapitel wird die im ersten Teil der Arbeit entwickelte quantenmechanische Interpretation der paraxialen Propagationstheorie konkret numerisch umgesetzt, um für praktische Anwendungszwecke Berechnungsmethoden zur Verfügung zu haben. Es wird sich zeigen, daß die numerischen Verfahren sehr schnell sind, was im Hinblick auf eine Rechenzeitersparnis bedeutsam ist. Des weiteren wird sich die Berechnung beliebiger Mischmomente, wie sie in Kapitel 4.1 Gl.(176) eingeführt wurden, fast trivial gestalten, da sich sämtliche Integrationen durch Skalarproduktbildung von Vektoren beschreiben lassen. Eine numerisch bequeme Handhabung statistischer Momente ist, wie in Kapitel 5 und 6 deutlich wurde, ein wichtiges Werkzeug bei der Laserstrahldiagnostik.

7.1 Die Grundidee des Ansatzes

Ein Vorteil der quantenmechanischen Formulierung der paraxialen Optik, wie sie in den Kapiteln 3 und 4 entwickelt wurde, ist, daß sie darstellungsneutral ist. Optische Felder treten als Zustände in Erscheinung, paraxiale optische Propagationen werden durch entsprechende Operatoren beschrieben. Diese Formulierung gilt völlig unabhängig davon, auf welchem konkreten Vektorraum[1] diese Zustände und Operatoren realisiert sind.

Das übliche Vorgehen bei der Durchführung optischer Propagationsrechnungen läßt sich wie folgt in das algebraische Bild von Vektorräumen, Zuständen und Operatoren fassen:

Ein komplexes optisches Feld u wird durch seine Funktionswerte $u(x_1)$, $u(x_2)$, ..., $u(x_n)$ auf einem Samplingintervall $\{x_1, x_2, ..., x_n\}$ beschrieben. Zu diesem Intervall läßt sich ein n-dimensionaler Funktionenraum $\{\delta_1, \delta_2, ... ,\delta_n\}$ definieren mit

$$\delta_i(x) = \begin{cases} 1 & , \quad x = x_i \\ 0 & , \quad x \neq x_i \end{cases} . \qquad (268)$$

Die Funtionen δ_i sind diskrete Versionen Diracscher Delta-Funktionen. Auf dem obengenannten Samplingintervall ist dann jedes Feld u bzgl. der δ-Basis gegeben durch

---

[1]Die Vektorräume der Quantenmechanik sind sogenannte Hilberträume, also i.a. unendlichdimensionale Vektorräume, die mit einem Skalarprodukt ausgestattet sind. Der Begriff wird im weiteren jedoch nicht mehr wichtig sein, da numerische Verfahren notgedrungen immer mit endlichdimensionalen Strukturen arbeiten. Deshalb werden im folgenden nur endlichdimensionale Unterräume von Hilberträumen verwendet.

$$u(x) = \sum_{i=1}^{n} u(x_i)\, \delta_i(x) \quad , \qquad\qquad (269)$$

denn die maximale Information, die über das Feld zur Verfügung steht, beschränkt sich auf deren Auswertung auf dem Samplingintervall, und dort liefert die Zerlegung (269) die korrekten Werte.

Die optische Propagation des Feldes erfolgt dann durch eine diskrete Berechnung des zugehörigen Collins-Integrals und führt für das propagierte Feld wieder auf eine Darstellung des Typs (269), i.a. jedoch auf einem anderen Samplingintervall $\{x_1', x_2', ..., x_n'\}$ mit den Basisfunktionen $\delta_i(x')$. Da die Integration eine lineare Transformation der als Integrand auftretenden Funktion ist, ist eine optische Propagation demnach eine lineare Abbildung zwischen zwei Funktionenräumen, und Ausgangs- und Ergebnisfeld sind lineare Überlagerungen von Elementen der entsprechenden Funktionsbasen.

Neben einer Basis des Typs $\{\delta_1, \delta_2, ...,\delta_n\}$ sind jedoch auch beliebige andere Funktionsbasen als in Gl. (268) denkbar. Die Grundidee des im folgenden auszuarbeitenden Ansatzes besteht darin, *zwei bestimmte* Funktionsbasen zu verwenden, so daß in der einen paraxiale Propagationen möglichst einfach werden, und in der anderen Apertureffekte einfach beschreibbar sind. Wenn die Transformationsvorschrift zwischen diesen beiden Basen bekannt ist, so lassen sich Apertureffekte bequem in der einen und paraxiale Propagationen bequem in der anderen durchführen.

Die Funktionsbasis aus Gl. (268) repräsentiert bereits eine der beiden Basen, da die Wirkung von Aperturen sich hier sehr einfach durch entsprechendes Nullsetzen von Funktionswerten beschreiben läßt. Die Wahl der zweiten Basis ist ebenfalls naheliegend; hier werden, je nachdem ob eindimensionale oder zweidimensional rotationssymmetrische Systeme betrachtet werden, die in Kapitel 4.1 Gl. (167) und (168) definierten Systeme der Gauß-Hermite- (GHM) oder Gauß-Laguerre-Moden (GLM) verwendet. Die Wahl dieser Basen ist nicht zuletzt deshalb naheliegend, weil sie die Eigenfunktionen unendlicher stabiler Resonatoren darstellen [103][104][105]. Aus diesem Grunde lassen sich bei vielen praktischen Anwendungen die ausgekoppelten Feldverteilungen der verwendeten Laser durch sehr wenige GHM oder GLM beschreiben.

Die Propagation dieser Moden ist besonders einfach wie folgt durchzuführen: Jeder GHM oder GLM hängt von den Strahlparametern w(z) und R(z) (s. Gl. (167), (168)) ab, die sich im sogenannten komplexen Strahlparameter q(z) zusammenfassen lassen als

$$\frac{1}{q(z)} = \frac{1}{R(z)} - i\,\frac{\lambda}{\pi w^2(z)} \;\;\Leftrightarrow\;\; q(z) = z + i\,\frac{\pi\, w^2(0)}{\lambda} \quad , \quad (270)$$

wenn die Taille der Einfachheit halber bei z=0 liegt. Der komplexe Strahlparameter transformiert sich bei einer durch eine ABCD-Matrix beschriebenen paraxialen optischen Propagation gemäß [31]:

$$q(z) \rightarrow \frac{A \cdot q(z) + B}{c \cdot q(z) + D} \, , \qquad (271)$$

wobei die Propagation eines GHM oder GLM dann einfach dadurch erfolgt [31], daß der komplexe Strahlparameter gemäß Gl. (271) propagiert wird und die resultierenden Anteile w'(z) und R'(z) wieder in den GHM oder GLM eingesetzt werden. Letztlich also reduziert sich die Propagation eines GHM oder GLM auf die einfache Transformation des komplexen Strahlparameters q(z).

Die Basen der GHM und GLM sind eigentlich unendlichdimensional. Um eine für numerische Zwecke brauchbare Wahl zu finden, werden bei einer n-fachen Abtastung einer Funktion die ersten n Moden als Funktionsbasis gewählt. Werden die Moden durch v_1, v_2, .., v_n bezeichnet, dann sind die Funktionen v_i bzgl. der δ-Basis aus Gl. (268) wie folgt zu beschreiben

$$e_i(x) = \begin{cases} v_i(x) & , \quad x \in \{x_1, x_2, ..., x_n\} \\ 0 & , \quad x \notin \{x_1, x_2, ..., x_n\} \end{cases} . \qquad (272)$$

Die Grundidee des Verfahrens ist damit qualitativ erläutert und wird in den nächsten beiden Unterkapiteln für eindimensionale und rotationssymmetrische Verteilungen ausgearbeitet[2]. Hierbei wird die Verfahrensweise für die konkrete Durchführung von Rechnungen und die optische Interpretation der auftretenden linear algebraischen Objekte deutlich werden.

7.2 Ausarbeitung des Ansatzes

Der inhaltiche Kern der im folgenden zu entwickelnden numerischen Modelle besteht in der Bestimmung der Transformationsmatrix zwischen den in Kapitel 7.1 erwähnten Funktionsbasen $\{\delta_1, \delta_2, ... , \delta_n\}$ und $\{e_1, e_2, ... , e_n\}$.

---

[2]Dies ist ganz im Sinne des gegenwärtigen ISO-Ansatzes zur Strahlcharakterisierung. Hier werden rotationssymmetrische und elliptische Strahlverteilungen betrachtet. Letztere werden in den beiden Hauptachsenschnitten separat behandelt.

7.2.1 Eindimensionale Feldverteilungen (GHM)

7.2.1.1 Ableitung der grundlegenden Beziehungen

Ist eine Funktion u auf einem Samplingintervall $\{x_1, x_2, ..., x_n\}$ definiert, so kann im Lichte der diskreten Natur der Darstellung die Vorschrift, die Funktion mit x zu multiplizieren, als lineare Transformation bzgl. der δ-Basis interpretiert werden, nämlich

$$f(x) = \begin{pmatrix} f(x_1) \\ f(x_2) \\ \vdots \\ f(x_n) \end{pmatrix} \rightarrow \begin{pmatrix} x_1 & 0 & 0 & 0 & \cdots & 0 \\ 0 & x_2 & 0 & 0 & \cdots & 0 \\ \vdots & & \ddots & & & \vdots \\ \vdots & & & \ddots & & \vdots \\ \vdots & & & & \ddots & \vdots \\ 0 & 0 & 0 & 0 & \cdots & x_n \end{pmatrix} \cdot \begin{pmatrix} f(x_1) \\ f(x_2) \\ \vdots \\ f(x_n) \end{pmatrix} =: X \cdot \begin{pmatrix} f(x_1) \\ f(x_2) \\ \vdots \\ f(x_n) \end{pmatrix} \quad (273)$$

Diese Matrix X ist diagonal[3] und die Diagonal- oder Eigenwerte stellen gerade die Samplingpunkte der Funktionen dar. Der Übergang von den δ_i-Basisfunktionen zu den e_i-Basisfunktionen wird durch eine *unitäre* Matrix U beschrieben, da die Basisfunktionen e_i und δ_i jeweils orthonormal sind. Die Matrix X geht dann über in die Matrix $U^{-1}\cdot X\cdot U = X'$, und X' repräsentiert dieselbe Abbildung wie die Matrix X, jedoch nur bzgl. der δ-Basis. Wichtig ist hierbei, daß das Eigenwertspektrum unter der Transformation invariant bleibt, denn es gilt

$$\det(U^{-1}XU - \lambda\mathbb{I}) = \det(U^{-1}[X-\lambda\mathbb{I}]U) = \det(U)^{-1}\cdot \det(X-\lambda\mathbb{I}) \cdot \det(U)$$

$$= \det(X-\lambda\mathbb{I}) \quad .$$

$$(274)$$

Das bedeutet, daß die Samplingpunkte unabhängig davon sind, ob man in der δ- oder in der e-Basis arbeitet, immer dieselben.

Mit Hilfe der Matrizen X und X' läßt sich die Transformationsmatrix U zwischen beiden Basen jetzt einfach finden, denn die konkrete Darstellung von X' auf den GHM ist aus der Quantenmechanik bekannt [56][106]. Die GHM treten dort als die Eigenfunktionen des harmonischen Oszillators auf. Für das spezielle GHM-System mit $w(z)=2^{1/2}$ und $R(z)=\infty$ gilt

---

[3] Quantenmechanisch bedeutet dies, daß man in der Orts- oder Schrödingerdarstellung ist. Die Matrix X repräsentiert dann den Ortsoperator.

$$X' = \frac{1}{\sqrt{2}} \begin{pmatrix} 0 & \sqrt{1} & 0 & 0 & \cdots & 0 \\ \sqrt{1} & 0 & \sqrt{2} & 0 & \cdots & 0 \\ 0 & \sqrt{2} & 0 & \sqrt{3} & \cdots & 0 \\ \vdots & & \ddots & & & \vdots \\ \vdots & & & \ddots & & \vdots \\ 0 & \cdots & 0 & \sqrt{n-1} & 0 & \sqrt{n} \\ 0 & \cdots & 0 & 0 & \sqrt{n} & 0 \end{pmatrix} . \qquad (275)$$

Eigentlich müßte entsprechend der Unendlichkeit des GHM-Systems die Matrix X' auch bis n=∞ fortgesetzt werden. Der Abschneidefehler, der beim Übergang zu endlichen Modensystemen gemacht wird, ist bei einer hinreichend großen Dimension n für praktische Zwecke jedoch vernachlässigbar [107].

Die Matrizen X und X' repräsentieren ein und dieselbe Abbildung (nur bzgl. unterschiedlicher Basen), und überdies ist die Matrix X bereits diagonal; deshalb muß die *Diagonalisierungstransformation* für X' gerade die gesuchte Matrix U liefern, und die resultierenden Eigenwerte der Diagonalisierung müssen die Samplingpunkte sein. In Bild 54 sind für die Dimensionen n=50, 80, 100, 120 und n=150 die Eigenwertspektren von X' bzgl. des um 0 zentrierten Index dargestellt, d.h. negative Eigenwerte sind negativ indiziert.

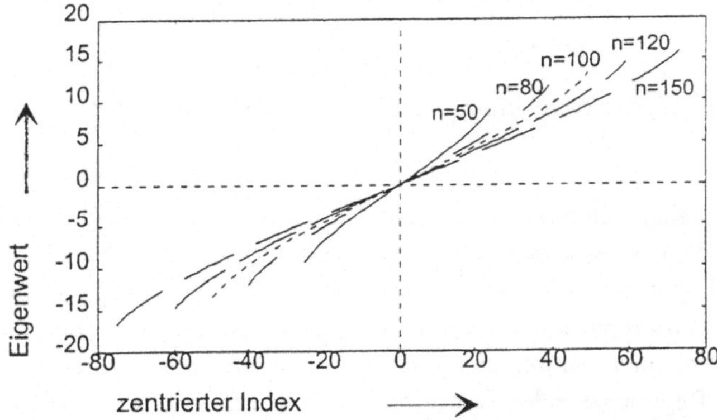

Bild 54: Eigenwertspektren der Matrix X' als Funktion der Dimension n.

Zunächst ist zu erkennen, daß mit zunehmender Dimension auch die Ausdehnung des Spektrums zunimmt, was der Forderung entspricht, daß mit höherer Dimension auch höhere, d.h. weiter ausgedehnte Moden noch hinreichend abgetastet werden müssen. Weiterhin sieht man, daß die Eigenwerte um den Wert Null herum am dichtesten liegen und der Abstand nach außen hin zunimmt. Auch dies ist sinnvoll, da die Leistungsdichte einer Feldverteilung in der Regel in den äußersten Flanken deutlich niedriger als weiter innen ist.

Die Dichteverteilung der Eigenwerte ist in Bild 55 nochmals genauer dargestellt. Hier ist der Abstand benachbarter Eigenwerte als Funktion des Eigenwertes aufgetragen. Daraus wird deutlich, wie zum einen die Dichte der Eigenwerte mit der Dimension zunimmt und zum anderen, wie der Bereich, in dem die Eigenwerte näherungsweise äquidistant liegen, immer breiter wird. Betrachtet man die vertikalen Positionen der Kurvenscheitel, so sieht man, daß diese nicht linear von der Dimension abhängen. Dies hat seinen Grund darin, wie später gezeigt wird, daß die Ausdehnung des Spektrums bzw. der Spektralradius sich proportional zur Wurzel der Dimension verhält.

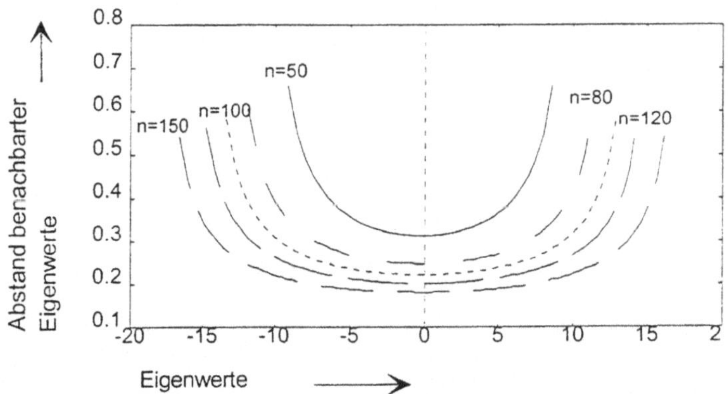

Bild 55: Dichte der Eigenwertverteilung als Funktion des Eigenwertes

Aus Bild 55 scheint sich weiterhin zu ergeben, daß die Abtastung einzelner Funktionen nicht sonderlich gut ist (obiges Spektrum gehört zum Modensystem mit $w(z)=2$'). Hierbei ist jedoch zu berücksichtigen, und dies ist ein wichtiger Vorteil der algebraischen Methode, daß zur Durchführung von Propagationen jeweils nur die Amplituden der Feldverteilungen, also reelle Funktionen, und *nicht* Amplituden- und Phasenverteilungen abzutasten sind sofern man sich im *paraxialen* Regime befindet. Die Information über den aktuellen Wert der paraxialen Phasenkrümmung ist vollständig im komplexen Strahlparameter enthalten. Zusätzliche Phasenkrümmungen treten erst bei Aberrationseffekten auf, wobei diese vergleichsweise klein sind. Hierauf wird im Rahmen der Beschreibung von Aberrationen im Matrixformalismus an späterer Stelle näher eingegangen werden.

Nachdem die Rolle des Spektrums der Matrix X' geklärt ist, wird nun die Struktur der Matrix U der Diagonalisierungstransformation näher erläutert.

Gemäß (272) wird eine Feldverteilung bzgl. der δ-Basis als Vektor dargestellt, dessen Komponenten die Funktionswerte auf den Samplingpunkten sind, bzgl. der e-Basis hingegen wird eine Feldverteilung als Vektor dargestellt, dessen Komponenten die Anteile an den einzelnen GHM sind. Da die Matrix U von der δ-Basis auf die e-Basis transformiert, müssen die Zeilen von U die Elemente der u-Basis als Linearkombination der Elemente der δ-Basis enthalten. Gemäß Gl. (272) sind das aber gerade die auf dem Spektrum von X' abgetasteten Funktionswerte der einzelnen Moden. Dies ist in den Bildern 56 und 57 demonstriert, wo die Matrix U schematisch dargestellt ist und die quadrierten Werte einiger repräsentativer Zeilen der Matrix U gegen die zu den entsprechenden Spaltenindizes gehörigen Eigenwerte für n=150 aufgetragen sind. Man erkennt klar die einzelnen GHM (hier der Ordnungen 0,1,4 und 8), wobei der Grundmode gerade einen Radius von w=2 aufweist.

$$
U = \begin{pmatrix}
u_1(x_1) & u_1(x_2) & u_1(x_3) & \cdots & u_1(x_{n0}) \\
u_2(x_1) & u_2(x_2) & u_2(x_3) & \cdots & u_2(x_{n0}) \\
u_3(x_1) & u_3(x_2) & u_3(x_3) & \cdots & u_3(x_{n0}) \\
\vdots & \vdots & \vdots & \cdots & \vdots \\
u_{n0}(x_1) & u_{n0}(x_2) & u_{n0}(x_3) & \cdots & u_1(x_{n0})
\end{pmatrix}
$$

Bild 56: Schematische Darstellung der Transformationsmatrix U. Die Funktionen u_i bezeichnen die einzelnen GHM.

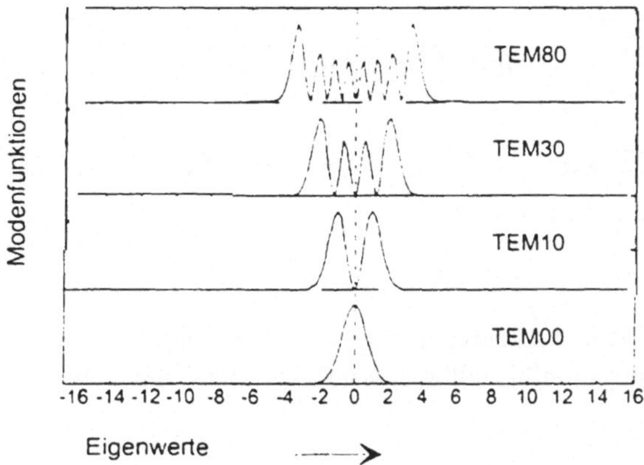

Bild 57: Repräsentative Zeilen der Transformationsmatrix U aufgetragen gegen die Spektralwerte .

An dieser Stelle drängt sich die Frage auf, inwieweit es eine Einschränkung bedeutet, wenn man in einem speziellen GHM-System arbeitet, d.h., in einem System, das zu einem speziellen Parameter w(z) gehört (in obigem Beispiel w(z)=2$^{1/2}$). Denn es ist leicht einzusehen [31], daß sich beispielsweise eine Gaußverteilung mit Radius w in genau dem Modensystem am besten beschreiben läßt, das selbst zum Parameter w(z)=w gehört. Das würde dann bedeuten, daß im Prinzip nach jeder optischen Komponente im Sinne maximaler numerischer Genauigkeit das verwendete Modensystem zu wechseln ist. In der Tat wäre dieser Aufwand aus Gründen begrenzter Speicherressourcen nicht praktikabel.

Die aufgeworfene Frage ist unter zwei Aspekten zu diskutieren. Zum einen kann gezeigt werden, daß bei problemlos zu bewältigenden Felddimensionierungen von z.B. n=300 die Wahl des in obigem Sinne angepaßten Modensystems numerisch eher unkritisch ist. Beispielrechnungen hierzu werden an späterer Stelle präsentiert.

Zum anderen, und dies ist das entscheidende Resultat, lassen sich *beliebig* skalierte Modensysteme geschickt dadurch simulieren, daß nicht die Moden, sondern das optische System passend skaliert wird.

Um dies einzusehen, sei zunächst eine Gaußverteilung mit Radius w oder eine Überlagerung entsprechend skalierter GHM gegeben. Die Verteilung u werde durch eine Apertur a begrenzt. Das Collins-Integral für eine anschließende paraxiale ABCD-Propagation lautet dann gemäß Kapiel 2.4 , Gl. (67):

$$u(x_2) = \sqrt{\frac{-i}{\lambda B}} \int_{-a}^{a} u(x_1) \, \exp\left[-ikB - \frac{ik}{2B}(Ax_1^2 - 2x_1 x_2 + Dx_2^2)\right] dx_1$$

$$= \sqrt{\frac{-ia^2}{\lambda B}} \, \exp(-ikB) \int_{-1}^{1} u(ax_1') \, \exp\left[-i\pi \frac{a^2}{\lambda B}(Ax_1'^2 - 2x_1' x_2' + Dx_2'^2)\right] dx_1'$$

$$= \sqrt{-iN_F} \, \exp(-ikB) \int_{-1}^{1} u(ax_1') \, \exp\left[-i\pi N_F(Ax_1'^2 - 2x_1' x_2' + Dx_2'^2)\right] dx_1' \; .$$

(276)

Gl. (276) besagt, daß wenn die Feldverteilung u in normierten Koordinaten ausgedrückt wird, das Ergebnis der Propagation bis auf eine konstante Phase nur von der sog. *Fresnelzahl* N_F abhängt[4].

---

[4] Für den Fall B=0 entartet obiges Integral gemäß Gl. (95) in Kapitel 3.2 zu einer Phasenmultiplikation und ist deshalb für die Betrachtung nicht relevant.

Fordert man, daß für ein gegebenes GHM-System alle Aperturradien a in Einheiten des Modenparameters w angegeben werden (a=αw) und alle Propagationsstrecken B in Einheiten der sog. *Rayleighlänge* z_R=πw^2/λ (B=βz_R), dann ergibt sich für die Fresnelzahl einer Propagation

$$N_F = \frac{a^2}{\lambda B} = \frac{\alpha^2 w^2}{\lambda \beta (\frac{\pi w^2}{\lambda})} = \frac{\alpha^2}{\pi \beta} \quad . \tag{277}$$

Der Modenparameter w taucht in Gl. (277) gar nicht mehr in Erscheinung, d.h. die Fresnelzahl N_F. und damit das Ergebnis einer Propagation gemäß Gl. (276) ist unabhängig von w. Optische Propagationen können also in jedem beliebigen Modensystem vollzogen werden, solange nur darauf geachtet wird, daß in jedem System die Verhältnisse a/w und z/z_R konstant bleiben. Aus diesem Grunde wird im folgenden stets das GHM-System mit w=2$^{\frac{1}{2}}$ verwendet, weil es rechentechnisch am einfachsten ist.

Trotz der Beliebigkeit der Wahl eines GHM-Systems bleibt die erste Frage nach der numerischen Praktikabilität nicht perfekt angepaßter Systeme von Bedeutung, denn wenn mit beliebigen Feldverteilungen gerechnet wird, ist nicht immer unmittelbar zu erkennen, welcher Parameter w der am besten angepaßte ist, so daß die Skalierungsparameter α und β sicher nicht immer völlig optimal gewählt werden können.

Eine Frage, die der Klärung bedarf, ist die der korrekten Interpretation der Koordinatensysteme im Zuge einer Propagation, denn eine bestimmte optische Propagation bedeutet im Modenbild nur die Auffindung einer korrekten Linearkombination beteiligter Moden, ohne daß an der Koordinatenskala, d.h. dem Eigenwertspektrum etwas verändert würde. Sei hierzu eine Feldverteilung u in einer Ebene konstanter Phase als Überlagerung von GHM betrachtet. Gemäß Kapitel 4.1 Gl.(167) treten als Argumente des Hermite- und des Gaußanteils eines GHM stets die Ausdrücke $\sqrt{2} \cdot x/w(z)$ auf, der GHM liegt also als Funktion der Form $u(\sqrt{2} \cdot x/w(z))$ vor. In der Taille, also bei w(z)=w(0)=$\sqrt{2}$ ergibt sich direkt die Funktion u(x). Bei einer freien Propagation über eine Strecke z jedoch gilt unter Berücksichtigung der Gln. (270) und (271)

$$w(z) = w(0) \sqrt{1 + \left(\frac{z}{z_R}\right)^2} = \sqrt{2 \cdot \left(1 + \left(\frac{z}{z_R}\right)^2\right)} \tag{278}$$

und damit

$$\frac{\sqrt{2}x}{w(z)} = \frac{x}{\sqrt{\left(1+\left(\dfrac{z}{z_R}\right)^2\right)}} \; . \tag{279}$$

Im Grenzfall $z \to \infty$, also im Fernfeld, wird dies zu

$$\lim_{z \to \infty} \frac{\sqrt{2}x}{w(z)} = z_R \cdot \theta = 2\pi \cdot \frac{\theta}{\lambda} \equiv 2\pi \cdot s \;\; , \tag{280}$$

wobei die Beziehung $z_R = \pi w(0)^2/\lambda = 2\pi/\lambda$ verwendet wurde. Im Fernfeld ist die Koordinatenskala demnach als Winkelskala zu interpretieren, Genauer gesagt liegt im Fernfeld die Fourier-Transformierte Feldverteilung vor[5]. Über die Methode der Modenzerlegung läßt sich somit fast trivial eine Fourier-Transformation durchführen, es sind keine Integrale zu berechnen. Alles was zu tun ist, ist eine Transformation des komplexen Strahlparameters gemäß Gl. (271). Im Bereich *zwischen* Nah- und Fernfeld, also im Fresnelbereich, erscheint die Feldverteilung einfach um den Nenner in Gl. (279) skaliert.

Bevor im weiteren konkrete Anwendungen diskutiert werden, ist noch der quantitaive Zusammenhang zwischen der Ausdehnung des Spektrums von X', d.h., des Samplingintervalls und der Dimensionierung n zu klären.

Der konkreten Gestalt der Matrix X' in Gl. (275) ist zu entnehmen, daß sie auf einen Koeffizientenvektor $\underline{c} = (c_1, c_2, ..., c_n)$ wie folgt wirkt

$$X' \cdot \begin{pmatrix} c_1 \\ \vdots \\ c_{n-1} \\ c_n \end{pmatrix} = \frac{1}{\sqrt{2}} \cdot \begin{pmatrix} c_2 \\ \vdots \\ \sqrt{n-2}\, c_{n-2} + \sqrt{n-1}\, c_n \\ \sqrt{n-1}\, c_{n-1} \end{pmatrix} \; . \tag{281}$$

Die Gewichte der Koeffizienten werden vor allem für hohe Indizes groß. Deshalb sei im folgenden ein Koeffizientenvektor mit $m \ll n$ Koeffizienten $c_{n-m}, c_{n-m+1}, ..., c_n$ betrachtet, die aus Gründen der Normierung allesamt Beträge in der Größenordnung $m^{1/2}$ haben. Dann gilt mit der Konvention $c_{n+1} = 0$, $c_{n+1} = 0$

---

[5]Die Koordinate s steht hier, wie in der Literatur üblich, für die Raumfrequenz θ/λ.

$$\|X'\underline{c}\|^2 = \frac{1}{2}\sum_{k=0}^{m}\left[(n-k-1)c_{n-k-1}^2 + (n-k)c_{n-k+1}^2 + 2\sqrt{(n-k)(n-k-1)}\,c_{n-k-1}c_{n-k+1}\right]$$

$$\approx \frac{1}{2}\sum_{k=1}^{m}\left[(n-k)(c_{n-k+1}+c_{n-k-1})^2\right] \approx \frac{1}{2}\left(mn-\frac{m(m+1)}{2}\right)\frac{4}{m} \tag{282}$$

$$= 2n-(m+1) \approx 2n$$

$$\Rightarrow \|X'\underline{c}\| \approx \sqrt{2n}$$

Gl. (282) liefert in guter Näherung den maximal erreichbaren Wert, der sich durch Anwendung von X' auf einen Einheitsvektor erzielen läßt, so daß der Wert $(2n)^{\frac{1}{2}}$ eine gute Näherung für die Norm der Matrix X' ist. Gemäß einem bekannten Satz aus der linearen Algebra ist die Norm einer symmetrischen Matrix aber gleich ihrem Spektralradius bzw. der maximalen positiven oder negativen Ausdehnung ihres Spektrums [19][35][70]. Damit ist die Beziehung zwischen der Dimensionierung von X' und der Größe des Samplingintervalles hergestellt. Ein Vergleich mit den Eigenwertspektren in Bild 54 zeigt, daß diese Näherung bereits für n=50 sehr gut ist.

7.2.1.2 Numerische Demonstration der Methode

Um die bisher skizzierte Theorie konkret numerisch umzusetzen, soll im folgenden anhand einiger ausgewählter Beispiele gezeigt werden, wie bei gegebenen optischen Problemstellungen zu verfahren ist. Dabei werden die bislang eher implizit gebliebenen Aspekte der algebraischen Methode auch deutlich hervortreten.

Die normale Situation ist, daß eine bestimmte Leistungsdichteverteilung sowie eine bestimmte paraxiale Phasenkrümmung vorgegeben sind und die zugehörige Feldverteilung durch ein optisches ABCD-System propagiert werden muß. Um dies zu tun, wählt man im ersten Schritt ein angemessen skaliertes Modensystem (Parameter w(z)) und rechnet etwa im Strahlengang vorhandene Aperturen gemäß den Gln. (276) und (277) auf das zum Parameter $w(z)=2^{\frac{1}{2}}$ gehörende System um. Im zweiten Schritt wird der die Verteilung beschreibende Vektor v bzgl. der δ-Basis berechnet, indem die Feldverteilung nach Festlegung einer Dimension n auf dem Eigenwertspektrum der Matrix X' ausgewertet wird; es ergibt sich ein Vektor $\underline{v}=(v(x_1),v(x_2), ...,v(x_n))$. In diesem Schritt können eventuelle Aperturbeschnitte durch entsprechendes Nullsetzen berücksichtigt werden. Zur Durchführung der wellenoptischen Transformation wird der Vektor $\underline{v}$ dann mit Hilfe der Diagonalisierungsmatrix U in die Basis der GHM transformiert:

$$\underline{v} \rightarrow U\underline{v} \ . \tag{283}$$

Der Vektor $U\underline{v}$ enthält die Modenkoeffizienten von $\underline{v}$. Die Transformation (283) realisiert deshalb tatsächlich eine vollständige Berechnung von Überlappungsintegralen und läßt sich völlig äquivalent auch schreiben als

$$U\underline{v} = \begin{pmatrix} \int_{-\infty}^{\infty} v(x') \, \bar{u}_1(x')dx' \\ \int_{-\infty}^{\infty} v(x') \, \bar{u}_2(x')dx' \\ \vdots \\ \int_{-\infty}^{\infty} v(x') \, \bar{u}_n(x')dx' \end{pmatrix} , \tag{284}$$

wenn u_k für den k-ten GHM steht. Die numerischen Integrationen in Gl. (284) müssen also gar nicht mehr explizit ausgeführt werden, sondern erscheinen in der algebraischen Terminologie einfach als Skalarprodukte zwischen einem Vektor $\underline{v}$ und den Zeilenvektoren der Martix U.

Ist der in einer Startebene vorgegebene paraxiale Krümmungsradius R_0, so ist als Startwert des komplexen Strahlparameters $q(z_0)$ zu setzen:

$$\frac{1}{q(z_0)} = \left(\frac{1}{R_0} - \frac{i\lambda}{2\pi} \right) \ . \tag{285}$$

Die wellenoptische Propagation besteht nun einfach darin, in Gl. (169) aus Kapitel 4.1 den Wert des gemäß Gl. (271) transformierten komplexen Strahlparameters einzusetzen und den Modenvektor $U\underline{v}$ mit der Diagonalmatrix

$$\Psi = \begin{pmatrix} \exp(-\frac{i}{2}(\psi(z)-\psi(z_0))) & 0 & 0 & \cdots & 0 \\ 0 & \exp(-i\frac{3}{2}(\psi(z)-\psi(z_0))) & 0 & \cdots & 0 \\ \vdots & & \ddots & \vdots & \vdots \\ 0 & 0 & 0 & \cdots & \exp(-i(n+\frac{1}{2})(\psi(z)-\psi(z_0))) \end{pmatrix} \tag{286}$$

zu multiplizieren. Um das Ergebnis grafisch darzustellen oder weitere Apertureffekte und Propagationen zu berücksichtigen, ist der Ergebnisvektor $\Psi U\underline{v}$ durch erneute Multiplikation mit der Matrix U^{-1} wieder in der δ-Basis darzustellen, d.h., $\Psi U\underline{v} \rightarrow U^{-1}\Psi U\underline{v}$.

Wichtig ist hierbei, daß die Matrix U unabhängig von der Propagation immer dieselbe ist, d.h. nur ein einziges Mal berechnet zu werden braucht und anschließend im Hauptspeicher gehalten werden kann. Da außer der Matrix U für *jeglichen* Typ von Propagationen nur noch Diagonalmatrizen auftreten, die in Einfachschleifen abgewickelt werden können, wird klar, daß die numerische Propagation sehr schnell ist, sobald die Matrix U im Hauptspeicher zur Verfügung steht.

Propagation von Supergaußprofilen:

In einem ersten Anwendungsbeispiel werden nun Supergaußprofile (SGP) $u_n(x)$ unterschiedlicher Ordnungen n und unterschiedlicher Radien x_0 betrachtet, d.h.,

$$u_n(x) = \exp\left[-\left(\frac{x}{x_0}\right)^n\right] \quad . \tag{287}$$

Um zu verdeutlichen, daß die Wahl des konkreten Parameters w für das verwendete GHM-System numerisch in weiten Bereichen unkritisch ist, werde das Standardsystem mit w=2 verwendet und für den Parameter x_0 die Werte 1 und 3 gewählt. Über die Ordnung n eines SGP läßt sich zwischen einer reinen Gaußverteilung (n=2) und einem scharf beschnittenen Top-Hat Profil (n→∞) interpolieren, wie Bild 58 zeigt.

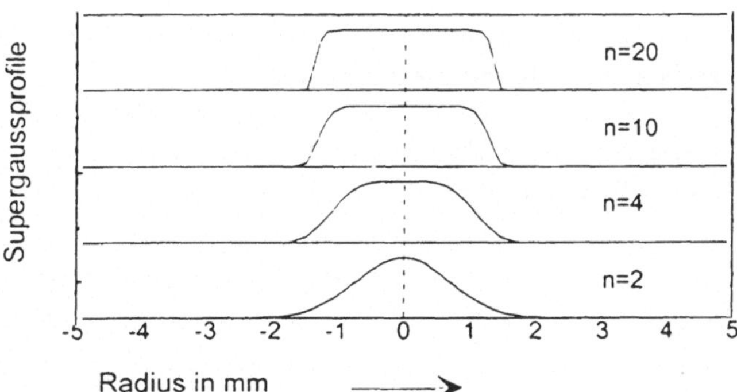

Bild 58: Supergaußprofile unterschiedlicher Ordnungen (w=2).

In den Beispielrechnungen werden Supergaußordnungen von n=10 und n=40 verwendet. Die Propagationen werden jeweils bis zu Positionen ausgeführt, die einer bestimmten Fresnelzahl NF entsprechen. Der Wert der Fresnelzahl nämlich entspricht bei einem Flat-Top Profil gerade der Anzahl der Hauptmaxima, die eine Verteilung beugungsbedingt an der entsprechenden Position zeigt. Zum Zwecke der Validierung werden alle Propagationen sowohl nach der algebraischen, als auch nach der Kirchhoff-Fresnel-Methode durchgeführt.

Bilder 59 und 60 zeigen die Ergebnisse der Propagation von SGP mit $x_0=1$ und den Ordnungen $n=10$ sowie $n=40$. Die Propagationsstrecken entsprechen Fresnelzahlen NF von 4 bzw. 2. Die aus der Kirchhoff-Fresnel- und der algebraischen Methode gewonnenen Kurven sind jeweils übereinander gezeichnet. Die Übereinstimmung ist trotz der Tatsache, daß das GHM-System mit $w=2$ nicht angepaßt ist, sehr gut. Die algebraisch berechneten Kurven zeigen etwas weniger Struktur, was daraus resultiert, daß bei der Kirchhoff-Fresnel Rechnung eine doppelt so hohe Abtastung gewählt wurde. Der Unterschied verschwindet, wie weiter unten zu sehen ist, wenn x_0 größer wird.

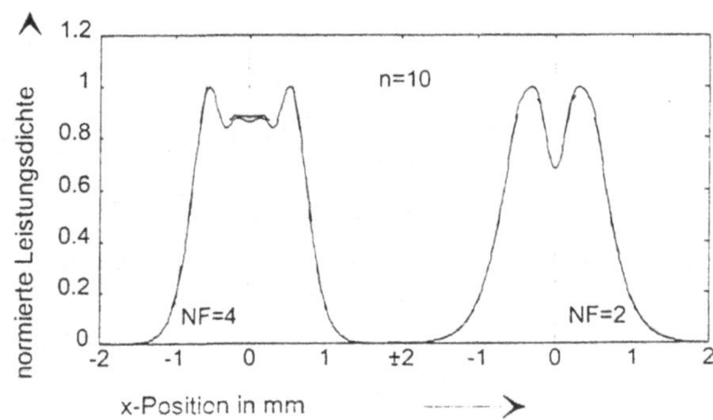

Bild 59: Nach der Kirchhoff-Fresnel- und der algebraischen Methode propagierte Supergauß-profile der Ordnung $n=10$ mit $x_0=1$.

Bild 60 zeigt denselben Typ von Rechnungen (d.h. $x_0=1$), jedoch nun für andere Fresnelzahlen und eine Supergaußordnung von $n=40$.

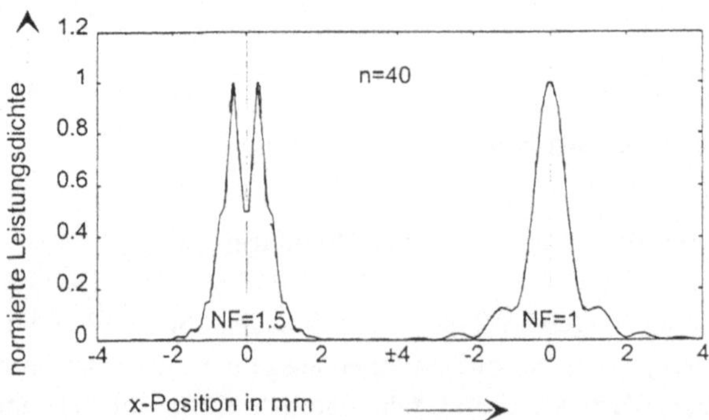

Bild 60: Nach Kirchhoff-Fresnel und der algebraischen Methode propagierte Supergauß-profile der Ordnung $n=40$ mit $x_0=1$.

Es sind wiederum die nach beiden Methoden berechneten Kurven übereinandergezeichnet. Die Kurvenstrukturen sind hierbei in etwa gleich gut aufgelöst, da die Kurvenbreite etwa doppelt so hoch ist wie in Bild 54 und dementsprechend die Abtastuntgen gleich sind. In beiden Bildern ist sehr gut zu sehen, wie die Fresnelzahl mit der Anzahl der Hauptmaxima der Leistungsdichte korreliert und daß die Maxima für die höhere Supergaußordnung $(n=40)$ ausgeprägter sind.

Die Bilder 61 und 62 zeigen das Ergebnis von Rechnungen, die für $x_0=3$ durchgeführt wurden. Die Übereinstimmung beider Verfahren ist auch hier sehr gut, was die an früherer Stelle gemachte Aussage bestätigt, daß die konkrete Wahl des Parameters w für ein GHM-System numerisch nicht kritisch zu bewerten ist. Ein Vergleich der beiden Abbildungen für die Fresnelzahl 5 zeigt, daß die Modulationstiefe zwischen den Hauptmaxima der Verteilungen mit der Supergaußordnung stark zunimmt, da das Ausgangsprofil immer stärker in ein Top-Hat-Profil übergeht.

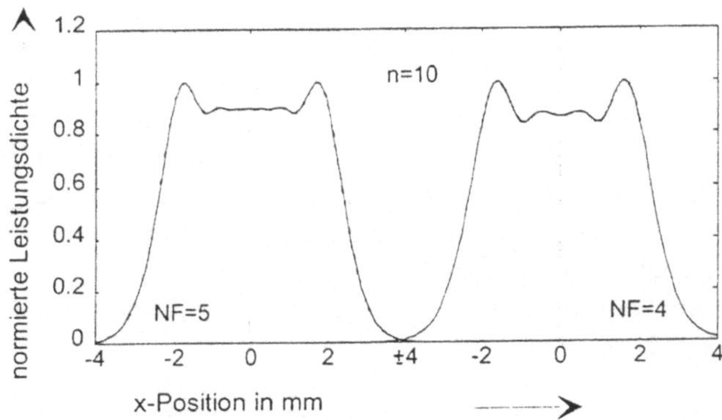

Bild 61: Nach der Kirchhoff-Fresnel- und der algebraischen Methode propagierte Supergauß-profile der Ordnung $n=10$ mit $x_0=3$.

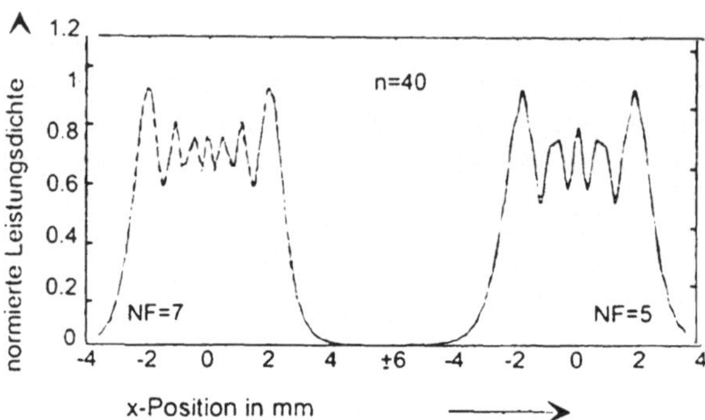

Bild 62: Nach der Kirchhoff-Fresnel- und der algebraischen Methode propagierte Supergauß-
profile der Ordnung 40 mit $x_0=3$.

Resonatorberechnungen:

In diesem Beispiel soll als etwas komplexere Anwendung dargelegt werden, wie sich stabile
Resonatoren im algebraischen Formalismus analysieren lassen. Hierbei sind Resonatoren
zulässig, die beliebige interne paraxiale optische Komponenten wie z.B. Intracavity-Teleskope
enthalten dürfen. Die Informationen, die zur Berechnung eines Resonators erforderlich sind,
sind neben Wellenlänge und Verstärkungsdaten die Position und Größe der vorhandenen
begrenzenden Aperturen. Auch der Einfluß von Spiegelverkippungen läßt sich, wie im
Vorgriff auf die Behandlung von Phaseneffekten gezeigt wird, im Rahmen dieses Formalismus beschreiben. Konkret werde ein CO_2-Laser betrachtet, dessen Gaußsche Daten in
Tabelle 11 zusammengestellt sind.

Resonatorlänge L	10m
Krümmungsradius R_1 Spiegel 1	11m
Krümmungsradius R_2 Spiegel 2	18m
berechneter Taillenabstand von Spiegel 1	1111mm
berechneter Gaußscher Taillenradius w_0	3.8mm
berechnete Rayleighlänge z_R	4331mm
Strahlradien w_1 und w_2 auf den Spiegeln 1 und 2:	3.94mm und 8.72mm

Tabelle 11:   Daten des berechneten Resonators.

Um die optische Analyse des Resonators im Matrixformalismus durchzuführen, ist der Resonator zunächst in einen optisch äquivalenten Resonator mit einem Gaußschen Taillenradius von $w_{00}=2^{1/2}$ zu transformieren. Gemäß Gl. (277) geschieht dies dadurch, daß jede Apertur um den Faktor w_0/w_{00} und die Resonatorlänge um den Faktor $(w_0/w_{00})^2$ herunterskaliert wird; dann nämlich bleibt die Fesnelzahl des Resonators konstant. Im nächsten Schritt sind die beiden g-Parameter g_1 und g_2 des Resonators zu berechnen[6]. Aus den g-Parametern läßt sich die zur Propagation im Modenbild erforderliche Ψ-Matrix aus Gl. (286) berechnen, denn es gilt [31] $\psi(z_2)-\psi(z_1)=\arccos[\mp(g_1 g_2)^{1/2}]$. Hierbei bezeichnen z_1 und z_2 die beiden Spiegelpositionen. Das negative Vorzeichen ist für $g_1 g_2 \geq 0$ zu wählen, das positive für $g_1 g_2 < 0$. Die eigentliche Berechnung erfolgt dann in einer Iterationsschleife. Als Abbruchkriterien werden die Stabilisierung der zweiten Momente sowie der Leistungsdichteverteilung auf einem Endspiegel gewählt. Die Startverteilung kann jeweils beliebig gewählt werden. Falls der Resonator durch die Verstärkungseigenschaften oder geometriebedingt mehrere Feldverteilungen mit annähernd gleichen Eigenwerten unterstützt, kann das Ergebnis von der Wahl der Anfangsverteilung abhängen.

Im folgenden sollen zunächst für verschiedene Fresnelzahlen des Resonators, d.h., für verschiedene Endspiegeldurchmesser, Rechnungen nach der Matrix- und der Kirchhoff-Fresnel-Methode miteinander verglichen werden. Die Rechnung wurde rotationssymmetrisch, d.h., unter Verwendung des GLM-Systems durchgeführt[7], als Dimension wird $n=300$ gewählt. Bild 63 zeigt gezoomte Auschnitte der berechneten Leistungsdichteverteilungen auf dem ersten Spiegel für die angegebenen Fresnelzahlen.

---

[6]Die g-Parameter eines Resonators berechnen sich aus der Länge L und den Spiegelkrümmungsradien R_1 und R_2 eines Resonators zu $g_1=1-L/R_1$ bzw. $g_2=1-L/R_2$. Für den Fall, daß in ein Resonator Intracavity-Elemente enthält, lassen sich äquivalente Parameter $G_{1,2}$ definieren [30], mit denen sich der Resonator wieder wie ein leerer Resonator behandeln läßt.

[7]Die theoretischen Grundlagen für rotationssymmetrische Rechnungen werden im nächsten Unterkapitel entwickelt.

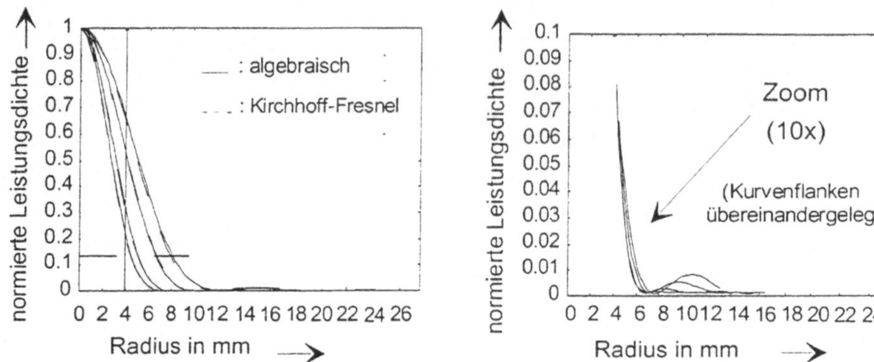

Bild 63: Leistungsdichteverteilungen für verschiedene Fresnelzahlen NF nach der Kirchhoff-Fresnel-Methode und der algebraischen Methode auf dem ersten Spiegel. Die Fresnelzahlen für die einzelnen Kurven lauten von links nach rechts: NF=1.5, NF=1, NF=0.5 und NF=0.34.

Zur Einstellung der Fresnelzahlen $NF = a_1 a_2 / \lambda z$ sind die Endspiegeldurchmesser $2a_1$ und $2a_2$ so angepaßt, daß sie gleich groß sind. Dies hat zur Folge, daß wegen des größeren Strahldurchmessers die Beugung am zweiten Spiegel stärker ist als am ersten. Deshalb sind die Leisstungsdichteverteilungen auf dem ersten Spiegel etwas breiter ($w_1 \approx 4.5$mm) als es dem Grundmoderadius gemäß obenstehender Tabelle entspricht. Die Abbildung zeigt, daß die nach beiden Methoden unabhängig berechneten Kurven ausgezeichnet übereinstimmen. Desweiteren nehmen die Beugungsanteile in den Flanken der Felder mit kleiner werdender Fresnelzahl zu. Dies muß so sein, da, wie oben erwähnt, die Fresnelzahl proportional zum Produkt der Durchmesser der Resonatorendspiegel ist.

In der nächsten Rechnung wird der Einfluß der Verkippung eines Resonatorendspiegels untersucht. Zu diesem Zweck wird eindimensional in der Verkippungsebene unter Verwendung des GHM-Systems gerechnet. Aus rein geometrischen Überlegungen ergibt sich [31][108][109], daß bei Spiegelverkippungen die sich neu einstellende optische Achse durch die Verbindungslinie der Krümmungsmittelpunkte der verkippten Spiegel gegeben ist.

Tabelle 12 zeigt für den obigen Resonator die geometrisch ermittelten Werte des Strahlversatzes $\Delta x_{i,j}$ auf den einzelnen Spiegeln j als Funktion der betrachteten Verkippungswinkel Δ_i des i-ten Spiegels.

	verkippter Spiegel	Versatz auf Spiegel 1	Versatz auf Spiegel 2
Δ=0.1mrad	Spiegel 1	0.46 mm	1.042 mm
	Spiegel 2	1.042 mm	0.095 mm
Δ=0.2mrad	Spiegel 1	0.92 mm	2.08 mm
	Spiegel 2	2.08 mm	0.19 mm
Δ=0.4mrad	Spiegel 1	1.84 mm	4.16 mm
	Spiegel 2	4.17 mm	0.38 mm

Tabelle 12:   Geometrisch ermittelte Strahllagen auf den einzelnen Spiegeln für verschiedene Verkippungswinkel.

Die numerisch ermittelten Leistungsdichteverteilungen sind exemplarisch für die Verkippung des Spiegels 2 in Bild 64 dargestellt, wobei sich die Kurvenzuordnungen unmittelbar aus Tabelle 12 ergeben. Die Scheitelpositionen der einzelnen Kurven stimmen gut mit den in Tabelle 12 aufgeführten, geometrisch berechneten Daten überein, wobei leichte Asymmetrien der Kurven infolge von Beugungseffekten an den Endspiegeln auftreten.

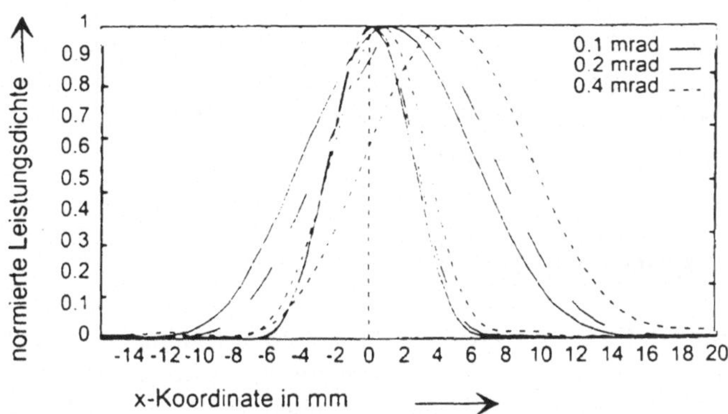

Bild 64:   Leistungsdichteverteilungen auf den Resonatorendspiegeln für verschiedene Verkippungswinkel des zweiten Spiegels.

Berechnet man aus den numerisch ermittelten Feldverteilungen die ersten Momente auf den Endspiegeln, so erhält man die in der nächsten Tabelle aufgeführten Werte:

	verkippter Spiegel	Versatz auf Spiegel 1	Versatz auf Spiegel 2
$\Delta = 0.1$ mrad	Spiegel 1	0.6 mm	1.15 mm
	Spiegel 2	1.03 mm	0.13 mm
$\Delta = 0.2$ mrad	Spiegel 1	1.2 mm	2.32 mm
	Spiegel 2	2.11 mm	0.27 mm
$\Delta = 0.4$ mrad	Spiegel 1	2.5 mm	4.74 mm
	Spiegel 2	4.5 mm	0.54 mm

Tabelle 13:   Numerisch ermittelte erste Momente der Leistungsdichteverteilung auf dem
zweiten Spiegel als Funktion des Verkippungswinkels.

Der Vergleich von Tabelle 12 und 13 zeigt, daß die numerisch berechneten Werte allesamt
etwas größer sind als die geometrisch berechneten. Für die kleinen Werte verhält sich der
Strahlversatz streng proportional zum Verkippungswinkel, bei den großen Verkippungen ist
für die Verteilung auf dem kleineren Spiegel 2 infolge der zunehmenden Beugungseffekte ein
leicht nichtlineares Verhalten zu boobachten

Insgesamt zeigen die Beispielrechnungen, daß die algebraische Methode eine korrekte
Beschreibung der optischen Eigenschaften stabiler Resonatoren liefert.

Auch Phasenaberrationseffekte lassen sich in diesem Rahmen korrekt beschreiben, wie im
Unterkapitel über die Theorie statistischer Momente gezeigt wird. Im nächsten Unterkapitel
soll jedoch erst der Formalismus zur Berechnung rotationssymmetrischer Feldverteilungen mit
algebraischen Methoden dargelegt werden.

7.2.2   Rotationssymmetrische Feldverteilungen (GLM)

In diesem Abschnitt soll gezeigt werden, wie sich alle in Kapitel 7.2.1 abgeleiteten Ergebnisse völlig äquivalent auch auf rotationssymmetrische Systeme übertragen lassen, wenn
anstatt des GHM-Systems das GLM-System verwendet wird. Das Grundproblem ist dasselbe
wie im eindimensionalen Fall, nämlich die Bestimmung der Transformationsmatrix U, die
zwischen der δ-Basis und der e-Basis der GLM transformiert. Die auftretenden Samplingpunkte sind nun jedoch als Radialkoordinaten r_i und nicht mehr als kartesische x_i-Werte zu
interpretieren.

Analog zum eindimensionalen Fall wird die Matrix U wieder als diejenige Matrix gesucht, welche die die Multiplikation mit r auf dem GLM-System beschreibende Matrix R diagonalisiert. Deshalb muß zunächst einmal die Matrix R berechnet werden. Zur Erinnerung seien die GLM nochmals aufgeführt:

$$u_{p0}\,(r,z) = \sqrt{\frac{1}{\pi}}\ \exp\left[i\ (2p+1)\ (\psi(z)-\psi(z_0))\right]\ \cdot$$

$$\cdot\ L_p^0\left(\frac{2r^2}{w(z)^2}\right)\ \exp\left[-ik\left(\frac{r^2}{2R(z)}-\frac{r^2}{w(z)^2}\right)\right]\ . \tag{288}$$

In Gl. (288) sind nur die Moden mit l=0 aufgeführt, da nur diese für rotationssymmetrische Systeme erforderlich sind. Betrachtet man wieder den Fall einer ebenen Phasenfront, d.h., $R(z)\to\infty$ bzw. $z=z_0:=0$, so hängen alle GLM quadratisch von der Variablen $2\,r/w(0)$ ab. Für die Multiplikation eines Laguerre-Polynoms L(r) mit r läßt sich folgende Rekursionsrelation angeben [49]:

$$L_{n-1}(r) = \frac{1}{n+1}\ [(2n+1-r)L_n(r)\ -\ nL_n(r)]\ . \tag{289}$$

Hieraus ergibt sich unmittelbar

$$rL_n(r)\ =\ -nL_{n-1}(r)\ +\ (2n+1)L_n(r)\ -\ (n+1)L_{n+1}(r)\ . \tag{290}$$

Wird nun wieder das spezielle GLM-System mit $w(0)=2^{\frac{1}{2}}$ betrachtet, so hängen die GLM direkt von r^2 ab, und Gl. (290) liefert die Matrix R^2, welche die Multiplikation der GLM mit r^2 beschreibt; es gilt:

$$R^2 = \begin{pmatrix} 1 & -1 & 0 & 0 & 0 & \dots & 0 \\ -1 & 3 & -2 & 0 & 0 & \dots & 0 \\ 0 & -2 & 5 & -3 & 0 & \dots & 0 \\ \vdots & & & & & & \vdots \\ \vdots & & & & & \ddots & \vdots \\ 0 & 0 & 0 & 0 & -(n-2) & (2n-1) & -(n-1) \\ 0 & 0 & 0 & 0 & 0 & -(n-1) & 2n+1 \end{pmatrix}\ . \tag{291}$$

Die Matrix R^2 ist symmetrisch und insbesondere auch positiv definit, d.h. sie besitzt nur positive Eigenwerte, wie es auch sein muß, da ja die Eigenwerte die (stets positiven) quadrierten Radialkoordinaten repräsentieren müssen. Die Wurzeln der Eigenwerte von R^2 sind dann die Samplingpunkte für numerische Berechnungen. Bild 65 zeigt einige Spektren solcher Samplingpunkte für verschiedene Dimensionen der Matrix R^2.

Auch hier ist wieder deutlich zu sehen, wie die Eigenwerte mit zunehmender Dimension n der Matrix R^2 immer dichter liegen. Noch deutlicher wird dies in Bild 66, wo wieder die Abstände benachbarter Samplingpunkte bzw. Eigenwerte gegen deren Koordinaten aufgetragen sind.

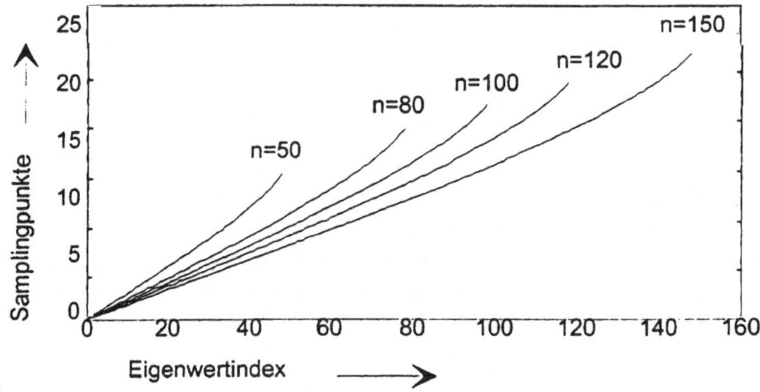

Bild 65: Zur Matrix R^2 gehörende Samplingpunktspektren für verschiedene Dimensionen.

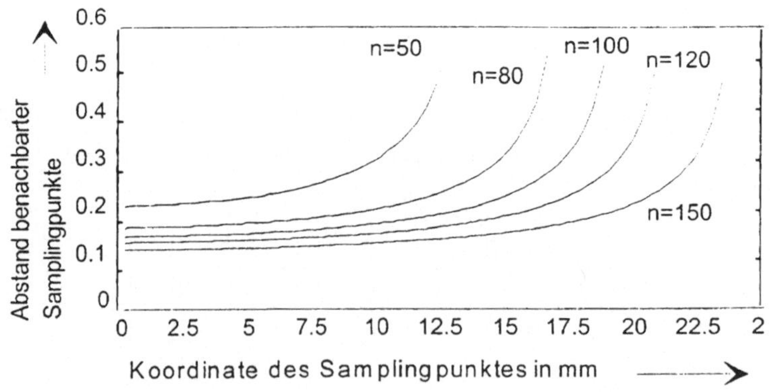

Bild 66: Abstand benachbarter Samplingpunkte für verschiedene Dimensionen von R^2.

Ein Vergleich mit den entsprechenden Abbildungen für den eindimensionalen Fall zeigt, daß im rotationssymmetrischen Fall bei gegebener Dimension n sowohl das Samplingintervall, als auch die Dichte der Samplingpunkte größer ist. Numerische Ergebnisse vergleichbarer Genauigkeit lassen sich also mit jeweils geringeren Dimensionen n erreichen. Die Ausdehnung r_{max} des Samplingintervalls als Funktion der Dimension läßt sich in folgender Analogie zum letzten Kapitel zu $r_{max}=(4n)^{1/2}$ abschätzen, was gut mit den in Bild 61 dargestellten Eigenwertspektren übereinstimmt.

Im nächsten Schritt soll die Bedeutung der die Matrix R^2 diagonalisierenden Matrix U für rotationssymmetrische Systeme geklärt werden. Hierzu seien die Samplingpunkte durch r_i bezeichnet. Da die Matrix U nicht diejenige Matrix diagonalisiert, die einer Multiplikation mit r entspricht, sondern diejenige, welche einer Multiplikation mit r^2 entspricht, beschreibt sie die Transformation von der Basis der GLM auf folgende δ-Basis:

$$\delta_i (r) = \begin{cases} 1 & , \quad r = r_i^2 \\ 0 & , \quad r \neq r_i^2 \end{cases} . \qquad (292)$$

Dies ist aber gerade die korrekte Basis, da die GLM, wie oben erwähnt, Funktionen von r^2 und nicht von r sind. Wie im eindimensionalen Falle enthalten die Zeilen von U wieder die einzelnen Moden, jedoch in etwas modifizierter Form, was folgenden Hintergrund hat.

Als Transformationsmatrix zwischen zwei Orthonormalbasen muß die Matrix U insbesondere paarweise orthonormale Zeilen besitzen, deren Skalarprodukte, wie in Gl. (284) zum Ausdruck gebracht, Überlappungsintegrale repräsentieren. Bezeichnet man die in der i-ten Zeile der Matrix U abgetastete Funktion mit u_i, so gilt also

$$\sum_{j=1}^{n} U_{i,j}\overline{U}_{i,j} \equiv \int_0^\infty u_i(r)\overline{u}_i(r)r\,dr = \int_0^\infty [u_i(r)\sqrt{r}]\,[\overline{u}_i(r)\sqrt{r}]\,dr \quad . \qquad (293)$$

Die i-te Zeile der Matrix U enthält also den auf dem Spektrum von R^2 abgetasteten i-ten GLM, multipliziert mit der Wurzelfunktion. Die einzelnen diskretisierten GLM ergeben sich deshalb aus den durch r_i dividierten Zeilen der Matrix U. Dies ist in Bild 67 für einige repräsentative Fälle gezeigt.

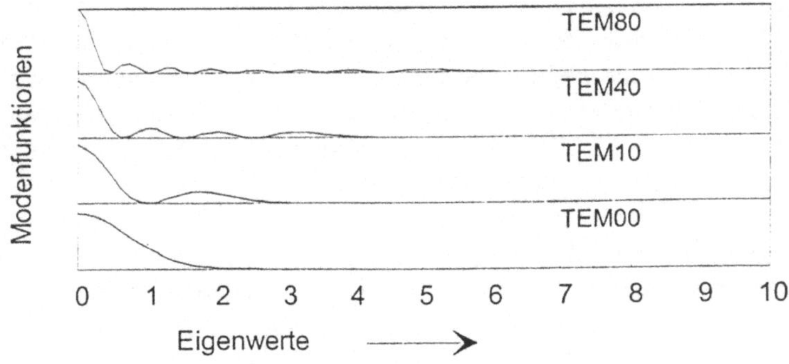

Bild 67: Gauß-Laguerre-Moden unterschiedlicher Ordnung.

Die Überlegungen des letzten Kapitels hinsichtlich der Wahl eines konkreten Modensystems sowie der Interpretation der Koordinatenskala im Zuge der Propagation gelten uneingeschränkt auch für den rotationssymmetrischen Fall. Die Propagation durch paraxiale optische Systeme mit Aperturen erfolgt, wie in den Gln. (283)-(286) gezeigt, dadurch, daß Apertureinflüsse in der δ-Basis und ABCD-Propagationen in der GLM-Basis durchgeführt werden. Numerische Beispiele für rotationssymmetrische Systeme werden im Rahmen der in Kapitel 7.3 diskutierten Beschreibung von Phasenaberrationen präsentiert. Zuvor soll jedoch gezeigt werden, daß sich der Formalismus statistischer Momente nahtlos in die algebraische Theorie fügt. Der große Vorteil ist, daß die in Kapitel 3 diskutierten Operatoren x_i und p_i, welche die Bausteine aller Momente sind, als Matrizen zur Verfügung stehen (Gl. (275) und (291)). Dies macht die Berechnung beliebiger Momente, und insbesondere auch der Mischmomente (vgl. Kapitel 4.1 Gl. 176) trivial, da nur Matrizen mit Vektoren (d.h. optischen Zuständen) zu multiplizieren sind. Überdies haben die Matrizen, wie im nächsten Abschnitt zu sehen sein wird, eine extreme Bandstruktur, was eine sehr effiziente numerische Implementierung ermöglicht.

7.3   Die Momententheorie im algebraischen Formalismus

Um im Rahmen des in den letzten Unterkapiteln entwickelten algebraischen Formalismus mit statistischen Momenten rechnen zu können, benötigt man neben dem in Kapitel 4.2 abgeleiteten Propagationsgesetz nur noch konkrete Darstellungen der Operatoren x_i und p_i als Matrizen. Diese seien im folgenden mit X_i und P_i bezeichnet. Im rotationssymmetrischen Fall sind als Bausteine der Momente die Operatoren $R^2=X_1^2+X_2^2$ sowie $P^2=P_1^2+P_2^2$ relevant. Die entsprechenden Matrizen sind im eindimensionalen Fall bzgl. der GHM-Basis zu berechnen und im zweidimensionalen Fall bzgl. der GLM-Basis. Sind die Momentenmatrizen bekannt, so lassen sich Momentenberechnungen nach folgendem Schema durchführen:

Um eventuelle Apertureinflüsse zu berücksichtigen, führe man nach der in den letzten beiden Unterkapiteln beschriebenen Methode eine wellenoptische Propagation durch, um die Ausgangsfeldverteilung u für die Momentenrechnungen zu erhalten, wobei die Verteilung u im Modenbild darzustellen ist. Um dann z.B. im eindimensionalen Fall ein gegebenes Moment $f(X_i,P_i)$ durch ein ABCD-System zu propagieren, ist gemäß Kapitel 4.2, Gl. (185) lediglich das Skalarprodukt $< u\,,\ f(AX_i+BP_i,CX_i+DP_i)\ u>$ auszuwerten.

Im eindimensionalen Fall verhält sich die Situation sehr einfach, denn die Matrizen X_i sind gemäß Gl. (275) bereits bekannt. Im Kontext von Gl. (275) wurde erwähnt, daß die GHM in der Quantenmechanik als Eigenzustände des harmonischen Oszillators auftreten und hieraus die Darstellung von X_i bekannt ist. In gleicher Weise ist jedoch auch die Darstellung von P_i bekannt [56]; sie lautet:

$$P_i = \frac{-i}{\sqrt{2}} \begin{pmatrix} 0 & \sqrt{1} & 0 & 0 & \cdots & 0 \\ -\sqrt{1} & 0 & \sqrt{2} & 0 & \cdots & 0 \\ 0 & -\sqrt{2} & 0 & \sqrt{3} & \cdots & 0 \\ \vdots & & \ddots & & & \vdots \\ \vdots & & & \ddots & & \vdots \\ 0 & \cdots & 0 & -\sqrt{n-1} & 0 & \sqrt{n} \\ 0 & \cdots & 0 & 0 & -\sqrt{n} & 0 \end{pmatrix} . \tag{294}$$

Im rotationssymmetrischen Fall hingegen ist gemäß Gl. (291) zwar die Matrix R^2 bzgl. der GLM-Basis bekannt, nicht jedoch die Matrix P^2. Letztere ist deshalb im folgenden noch zu berechnen.

Die Matrix P^2 entspricht dem Quadrat des Impulsoperators, im Ortsbild also dem Ausdruck

$$p^2 = - k^2 \cdot \Delta = - k^2 \frac{1}{r} \frac{\partial}{\partial r} \left(r \frac{\partial}{\partial r} \right) . \tag{295}$$

Um die Matrix P^2 zu berechnen, muß also eine Matrix für die partiellen Ableitungen in Gl. (295) gefunden werden. Dies wird im folgenden unter Verwendung entsprechender Rekursionsrelationen für die Laguerre-Polynome getan.

Gemäß Gl. (275) sind die GLM $u(r^2)$ von der Form

$$u(r^2) = c_n \, L_n(r^2) \, \exp(-\frac{r^2}{2}) , \tag{296}$$

wobei c_n ein geeigneter Koeffizient ist und das spezielle GLM-System mit $w=2^{\frac{1}{2}}$ gewählt wurde[8]. Für die Laguerre-Polynome gilt folgende Rekursionsrelation:

$$r^2 \frac{d}{dr^2} L_n(r^2) = n \, L_n(r^2) - n \, L_{n-1}(r^2) . \tag{297}$$

Hieraus folgt

---

[8]Da $l=0$ gilt, wird für Laguerre-Polynome anstatt der Notation $L_n^l(r^2)$ im folgenden die Notation $L_n(r^2)$ verwendet.

$$\frac{1}{r}\frac{d}{dr}\left(r\frac{d}{dr}\right)u(r^2) = 4[r^2u''(r^2) + u'(r^2)]$$

$$= 4\frac{d}{dy}\left(y\frac{d}{dy}\right)u(y) \quad , \quad y = r^2 \; . \tag{298}$$

Setzt man die Gln. (296) und (297) in die Gl. (298) ein, so ergibt sich folgende Beziehung

$$4\frac{d}{dy}\left(y\frac{d}{dy}\right)L_n(y)\exp(-\frac{y}{2})$$

$$= \left[\; 4y\frac{d^2}{dy^2}L_n(y)+4(1-y)\frac{d}{dy}L_n(y)+(y-2)L_n(y)\;\right]\cdot\exp(-\frac{y}{2}) \; . \tag{299}$$

Mit Gl. (299) ist die Berechnung der Matrix für P^2 auf die Berechnung der Matrix für $d/dyL_n(y)$ bzw. $d/dr^2L_n(r^2)$ zurückgeführt. Letztere ergibt sich aber unmittelbar aus der Polynomdarstellung der Laguerre-Polynome [110]:

$$L_n(r^2) = \sum_{m=0}^n (-1)^m\cdot\frac{n!}{(n-m)!\cdot(m!)^2}\cdot r^{2m} \; , \tag{300}$$

die sich wie folgt nach r^2 auflösen läßt:

$$r^{2n} = n! \cdot \sum_{m=0}^n (-1)^m\cdot\frac{n!}{(n-m)!\cdot m!}\cdot L_m(r^2) \; . \tag{301}$$

Differenziert man nämlich die GL. (300) nach r^2 und setzt für die verbleibenden Potenzen r^{2m-2} die entsprechenden Ausdrücke gemäß Gl. (301) ein, so wird Gl. (300) für variables n ein lineares Gleichungssystem, dessen Matrix die zweiten Ableitungen aus Gl. (299) beschreibt. Wird diese Matrix mit DR^2 bezeichnet, so ergibt sich schließlich insgesamt für die Matrix P^2:

$$P^2 = - [4R^2\cdot DR^2\cdot DR^2 + 4(\mathbb{I}-R^2)\cdot DR^2 + (R^2-2\mathbb{I})\,] \; . \tag{302}$$

Obwohl die Matrix P^2 eine scheinbar komplizierte Struktur besitzt, führt die konkrete Berechnung auf die einfache Gestalt

$$P^2 = -\begin{pmatrix} 1 & 1 & 0 & 0 & 0 & \cdots & 0 \\ 1 & 3 & 2 & 0 & 0 & \cdots & 0 \\ 0 & 2 & 5 & 3 & 0 & \cdots & 0 \\ \vdots & & & & & & \vdots \\ \vdots & & & & & \ddots & \vdots \\ 0 & 0 & 0 & 0 & (n-2) & (2n-1) & (n-1) \\ 0 & 0 & 0 & 0 & 0 & (n-1) & 2n+1 \end{pmatrix} . \qquad (303)$$

Ein Vergleich mit der Matrix R^2 in Gl. (291) zeigt, daß bis auf das negative Vorzeichen der einzige Unterschied zwischen R^2 und P^2 darin besteht, daß in letzterem Fall die Nebendiagonalenelemente positiv sind.

Mit Gl. (303) stehen alle Operatoren in Matrizenform bereit, die nötig sind, um beliebige Momente von Laserstrahlen zu berechnen. Wie der Matrixformlismus für Momente bei konkreten numerischen Problemstellungen umgesetzt wird, soll im nächsten Unterkapitel im Zusammenhang mit der Behandlung von Phasenaberrationen dargelegt werden.

7.4   Nichtparaxiale Phaseneffekte im Matrixformalismus

Bisher wurde im Rahmen des algebraischen Formalismus nur dargelegt, wie paraxiale optische Propagationen mit wellenoptischer Genauigkeit unter Einschluß begrenzender Aperturen durchführbar sind. *Paraxiale* optische Transformationen bedeutet hierbei, daß Phaseneffekte *zweiter* Ordnung implizit berücksichtigt sind, wohingegen Phaseneffekte höherer Ordnung, also optische Aberrationen noch nicht integriert sind.

Im Hinblick auf optische Aberrationen wurde in Kapitel 6 ein Formalismus präsentiert, der deren Einfluß auf statistische Momente ohne Zuhilfenahme numerischer Methoden zu beschreiben gestattet. Zusammen mit den paraxialen Transformationsgesetzen für Momente (vgl. Kapitel 4.2) steht damit ein *erweiterter* Propagationsformalismus für Momente zur Verfügung, der Aberrationen einschließt. Die kombinierte Behandlung von Phasenaberrations- und Apertureffekten steht jedoch noch aus; sie läßt sich im Rahmen der Matrixmethode realisieren, wie im folgenden dargelegt werden soll.

An dieser Stelle sollen der Effekt der Verkippung (lineare Phasenstörung) sowie der sphärischen Aberration untersucht werden, da Astigmatismus, Bildfeldwölbung und Verzeichnung einen Strahl in der betreffenden Schnittebene hinsichtlich der Beugungsmaßzahl M^2 nicht verschlechtern.[9]

Die Grundidee des Ansatzes ist folgende: jede Phasenstörung läßt sich durch die Multiplikation mit einer Phasenfunktion $P(x,y)=\exp(ikf(x,y))$ beschreiben, wobei im vorliegenden Fall Funktionen der Form

$$P(x,y) \;=\; \exp[ik\;(A_s(x^2+y^2)^2+\alpha_x x+\alpha_y y)] \tag{304}$$

von Interesse sind. Als punktweise Multiplikation, d.h. als Multiplikationsoperator bzgl. der δ-Basis ist die Wirkung einer Phasenstörung gemäß Gl. (304) auf einen (Moden-) Zustand u dadurch zu beschreiben, daß u (mit der Matrix U) zunächst in das Orts- oder Schrödingerbild (δ-Bild) transformiert und dort mit der auf den Spektralwerten von X_i bzw. R (nicht R^2) ausgewerteten Funktion $P(x,y)$ multipliziert wird. Für eine sich anschließende paraxiale Propagation geht man dann wieder zurück in die Modendarstellung (mit der Matrix U^{-1}).

Die beschriebene Vorgehensweise soll zunächst eindimensional anhand eines Verkippungseffektes beschrieben werden, d.h. $P(x)=\exp(ik\alpha_x x)$. Der Koeffizient α_x spielt hierbei die Rolle des Verkippungswinkels. Es werde der GHM zweiter Ordnung bei einer Verkippung von $\alpha_x=1$mrad betrachtet. Die Propagationsstrecken seien z=0, 300 und 10^3 mm. Der Grundmoderadius des gewählten GHM-Systems betrage wieder w=2 mm. Die Resultate sind in Bild 68 dargestellt:

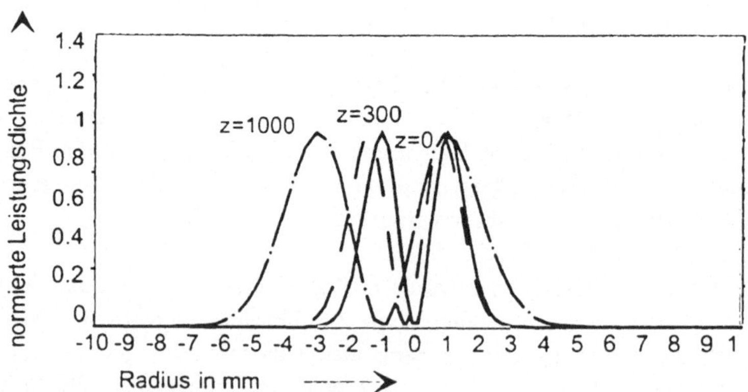

Bild 68: Einfluß eines linearen Phasenkeils auf die Propagation eines TEM_{10}-Modes.

---

[9] Die Verkippung ist zwar ein linearer Effekt, wird hier aber unter dem Aspekt der Matrizenmethode nochmals aufgegriffen.

Es ist sehr schön zu sehen, wie der Schwerpunkt der Leistungsdichteverteilung sich um 0.3mm bzw. 1mm nach links verschiebt, wobei sich die Verteilung gleichzeitig verbreitert. Der Divergenzwinkel α_x und die Schwerpunktpositionen $<x_z>$ lassen sich im Modenbild für die zu den einzelnen Propagationsstrecken z gehörigen Zustände u_z sehr einfach durch erste Momente berechnen, es gilt:

$$<x_z> = <u_z,Xu_z> \quad , \quad \alpha_x = \frac{<u_z,Pu_z>}{k} \quad . \tag{305}$$

Die Spiegelverkippungen bei den an früherer Stelle präsentierten Resonatorrechnungen wurden nach dem eben beschriebenen Verfahren numerisch umgesetzt. Es ist damit klar, daß sich kombinierte Apertur- und Phaseneffekte durch Multiplikation eines Zustandes mit einer *komplexwertigen* Diagonalmatrix im Ortsbild beschreiben lassen.

Es soll nun der Einfluß sphärischer Aberration betrachtet werden. Der Anschaulichkeit halber, und um die Konsistenz der Matrixmethode mit den Resultaten aus Kapitel 6 zu sehen, werden hierzu erneut die dort betrachteten thermischen deformierten Kupferspiegel herangezogen. Die numerisch berechnete Oberflächendeformation wird als Grundlage einer Phasendeformation genommen, die dann auf einen Gaußschen Grundmode angewandt wird. Ohne den Mode ins Fernfeld propagieren zu müssen, läßt sich dann unmittelbar durch die Erwartungswerte bzw. quadratischen Formen der Matrizen R^2 und P^2 die Beugungsmaßzahl M^2 berechnen und mit den in Kapitel 6 erhaltenen Resultaten vergleichen.

Hierzu sind die in Kapitel 6 berechneten Koeffizienten A_s der sphärischen Aberration zunächst auf das GLM-System mit $w(0)=2^{1/2}$ unmzurechnen und anschließend in die Phasenfunktion $P(x,y)$ in Gl. (304) einzusetzen, welche dann im δ-Bild mit der komplexen Feldverteilung u multipliziert wird. Zur Berechnung der Beugungsmaßzahlen unter dem Einfluß der sphärischen Aberration muß die Verteilung u zunächst ins Modenbild transformiert und im Anschluß folgendes Produkt von Erwartungswerten berechnet werden:

$$M^2 \equiv 2\sqrt{<u,R^2u> \ <u,P^2u>} \quad . \tag{306}$$

In Bild 69 sind die ins Fernfeld propagierten Gaußverteilungen dargestellt, welche zu den aus 5kW-, 10kW- und 20kW-Belastungen resultierenden sphärischen Aberrationen gehören. Entsprechend der Wahl des GLM-Systems sind die Fernfeldprofile auf den Raumfrequenzbereich $s=2^{1/2}$ normiert. Man sieht, wie mit zunehmender thermischer Belastung die Verteilungen breiter werden, wobei das normierte Leistungsdichtemaximum und damit das Strehlverhältnis stetig abnimmt. Aufgrund der gewählten Normierung zeigen die Maxima direkt die Strehlverhältnisse an. Diese stimmen in guter Näherung mit den in Kapitel 6 aus der Varianz der Aberrationsfunktion berechneten Werten (Kapitel 6.4 Tabelle 6) überein, was zeigt, daß die sphärische Aberration den wesentlichen Anteil bildet.

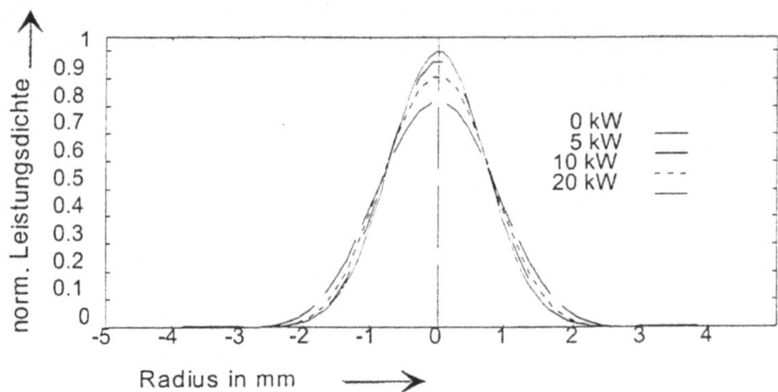

Bild 69: Fernfeldverteilungen von Gaußprofilen mit thermisch induzierter sphärischer Aberration in normierter Darstellung.

Die Auswertung der Formel (306) für die einzelnen Kurven führt auf die in Tabelle 14 gezeigten Beugungsmaßzahlen. Die M^2-Werte stimmen mit den in Kapitel 6 berechneten Werten überein. An dieser Stelle ist zu erwähnen, daß obige Rechnungen zu Validierungszwecken unabhängig und unter Verwendung anderer numerischer Verfahren auch an anderer Stelle durchgeführt wurden [111], wobei sich ebenfalls eine befriedigende Übereinstimmung ergab.

Thermische Belastung	Beugungsmaßzahlen M^2
0 kW	1
5 kW	1.02
10 kW	1.08
20 kW	1.28

Tabelle 14:   Nach der algebraischen Methode berechnete Beugungsmaßzahlen von Gaußverteilungen hinter thermisch belasteten Kupferspiegeln.

Zum Abschluß sollen die aberrationsbehafteten Gaußprofile noch im Hinblick auf die Propagation der Momente von R^2 und P^2 untersucht werden. Hierzu werden an verschiedensten Positionen zwischen Nah- und Fernfeld die Momente von R^2 und P^2 berechnet. Bild 70 zeigt die als Erwartungswerte der Matrizen R^2 und P^2 berechneten Orts- und die Impulsmomente, d.h. die mit der Wellenzahl k multiplizierten Winkelmomente.

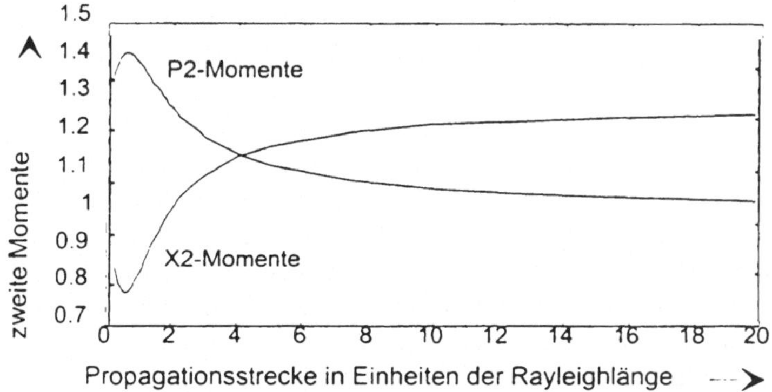

Bild 70:   Zweite Momente für eine infolge thermischer Deformation gemäß Kapitel 6 aberrationsbehaftete Gaußverteilung an verschiedenen Positionen zwischen Nah- und Fernfeld.

An der Position z=0 ist zu erkennen, daß eine Phasenaberration nur den Erwartungswert von P^2, d.h. das Winkelspektrum beeinflußt, während der Strahlradius unbeeinflußt bleibt. Während des Übergangs ins Fernfeld tauschen die Momente von P^2 und R^2 ihre Rollen, was der Tatsache Rechnung trägt, daß die Propagation ins Fernfeld mathematisch eine Fouriertransformation ist, bei der Orts- in Winkelkoordinaten übergehen. Der obigen Abbildung ist weiterhin zu entnehmen, daß die stärksten Änderungen der zweiten Momente sich innerhalb der ersten beiden Rayleighlängen vollziehen, wo bekanntlich der Übergang vom Nah- in das Fernfeld bzw. vom Fresnel- in den Fraunhoferbereich stattfindet. Hier sind die Phasenänderungen am kritischsten und die Gradienten in obigem Diagramm am stärksten. Es ergibt sich hieraus unmittelbar, daß zum Zwecke der Berechnung von Momenten an einer gegebenen z-Position eine (Zwischen-)Propagation ins Fernfeld oder die Startebene z=0 erfolgen sollte; dort sind die Resultate am zuverlässigsten. Die Fehler, die sich im kritischen Bereich der ein- oder zweifachen Rayleighlänge für die Beugungsmaßzahl ergeben, können bei einer Punktzahl von n=300 durchaus im 5-10%-Bereich liegen, während sie im Fernfeld oder bei z=0 im Prozentbereich genau sind.

Die genannten Probleme treten insbesondere bei der konventionellen Kirchhoff-Fresnel-Methode deutlich zutage, denn dort sind zur Berechnung von reinen Winkelmomenten oder Mischmomenten numerische Phasenrekonstruktionen durchzuführen.

Anhand der bisherigen Darlegungen zur Momentenmethode sollte deutlich geworden sein, daß der im letzten Kapitel ausgearbeitete Matrixformalismus sich mit Vorteil für praktische Belange der Charakterisierung von Laserstrahlung einsetzen läßt und hierbei Ergebnisse mit wellenoptischer Genauigkeit liefert. Überdies lassen sich die Berechnungen problemlos mit kommerziellen numerischen Programmen wie z.B. MATHCAD auf Personal Computern implementieren. Die im Rahmen dieses Kapitels präsentierten Rechnungen wurden sowohl auf einer IBM-Workstation (RISC 320h, 64MB RAM) als auch unter Verwendung des kommerziellen Numerikprogramms MATHCAD (V.5.0) auf einem 486DX66 Personal Computer mit 16MB RAM durchgeführt. Ein Performancevergleich für die Resonatorberechnungen auf der IBM-Workstation zeigten, daß die mit der Matrizenmethode durchgeführten Rechnungen ca. 6-7mal schneller waren als ein konventioneller Code zur Berechnung des Collinsintegrals, was daran liegt, daß keinerlei numerische Integrationen durchzuführen sind. Der genannte Geschwindigkeitsvorteil ergibt sich natürlich nicht, wenn FFT-Codes zur Anwendung kommen, jedoch sind letztere nicht unproblematisch, wenn beispielsweise Propagationen zwischen Nah- und Fernfeldbereich durchzuführen sind. Wegen der Beachtung des Samplingtheorems [112] sind hier z.B. numerische Phasenrekollimationen nötig, die numerisch auch nicht unproblematisch sind. Einen möglichen Ausweg aus den durch das Samplingtheorem auferlegten Problemen bietet hierbei die sog. z-Transformation [113][114], eine Verallgemeinerung der Fouriertransformation, bei der die Abtastungen von Orts- und Impulsspektrum entkoppelt werden können. Untersuchungen hierzu finden sich z.B. in [111].

Im rotationssymmetrischen Fall schließlich geht die Fouriertransformation in eine sog. Hankeltransformation über, die hinsichtlich der Abtastung besonders kritisch ist [115][116][117][118]. Maßnahmen zur korrekten Abtastung eines rotationssymmetrischen Feldes entfallen bei der Matrixmethode, wo ein optimiertes Sampling automatisch durch eine Eigenwertberechnung erreicht wird.

8 Zusammenfassung und Ausblick

An dieser Stelle sollen die in der vorliegenden Arbeit präsentierten Ergebnisse nochmals einer kritischen Bestandsaufnahme unterzogen und im Hinblick auf das dieser Arbeit zugrundeliegende Leitmotiv der Strahlcharakterisierung hin bewertet werden.

In den Kapiteln 2-4 wurde dargelegt, daß der Begriff der statistischen Momente als formaler Ausgangspunkt zur Beschreibung von Strahllage, Strahlradius und Strahlorientierung sich vom physikalischen Standpunkt aus als äußerst fruchtbar erweist. Dies liegt darin begründet, daß erste und zweite Momente Erwartungswerte derjenigen Operatoren sind, die die Generatoren wellenoptischer Propagationen darstellen (Kap. 3). Deshalb erweisen sich Momente nicht nur als pragmatisch motivierte, der Theorie aufgesetzte Objekte; sie sind vielmehr physikalisch klar definierte und elementare Bausteine der wellenoptischen Theorie überhaupt.

Gerade weil sie auf das Engste mit den Generatoren wellenoptischer Transformationen verknüpft sind, lassen sich mit der Hilfe von Momenten auch Propagationsgesetze sowie Propagationsinvarianten formulieren (Kap. 4); letztere ergeben sich aus der der paraxialen Wellenoptik inhärenten symplektischen Symmetrie, die ihrerseits letztlich eine Konsequenz des Fermatschen Extremalprinzips ist [119] (Kap. 2).

Es zeigte sich weiterhin (Kap. 6), daß sich auf der Basis der statistischen Ortsmomente auch Phasenaberrationen bzw. deren Einfluß auf die Strahlpropagation charakterisieren lassen, so daß in praktischen Situationen beispielsweise realistische Abschätzungen des Einflusses thermisch induzierter Deformationen von strahlführenden Komponenten möglich sind.

Vom theoretischen Ansatz her bieten die in dieser Arbeit vorgestellten Methoden noch mehr Möglichkeiten als im verfügbaren Rahmen abgehandelt werden konnten. So z.B. läßt sich die Beschreibung partiell kohärenter Feldverteilungen zwanglos integrieren, wie an anderer Stelle dargelegt wurde [33].

Um den theoretischen Vorzügen der Momentenmethode praktische Bedeutung zu verleihen, spielt eine einfache und effiziente experimentelle Umsetzung in Meßverfahren eine herausragende Rolle. Die Unterschungen in Kapitel 5 zeigten hierbei, daß sich Momente erster und zweiter Ordnung sehr elegant mittels geeigneter Transmissionsfilterstrukturen messen lassen. Ein deratiges Meßverfahren zeichnet sich aus durch sehr kurze Meßzeiten (nur Leistungsmessungen), eine weitgehende Wellenlängenunabhängigkeit und die Möglichkeit, gepulste Strahlung zu vermessen. Strahlradien, Divergenzwinkel, Strahlorientierung und Beugungsmaßzahlen lassen sich auf diese Weise einfach bestimmen.

Neben den genannten Vorteilen der vorgestellten Methoden sollten jedoch auch deren Grenzen deutlich hervorgehoben werden.

Hier ist zum einen zu erwähnen, daß das vorgestellte Theoriegebäude auf der paraxialen wellenoptischen Näherung beruht. Dies hatte den enormen Vorteil, daß die Wellengleichung formal äquivalent zur Schrödingergleichung der Quantenmechanik wird und sich dementsprechend viele der dort entwickelten Methoden anwenden lassen.

Auf der anderen Seite ergibt sich jedoch der Nachteil, daß stark divergierende Feldverteilungen, wie sie etwa durch harte Aperturbeschnitte entstehen, eigentlich nicht mehr adäquat beschrieben werden können. In der neueren Literatur sind zu diesen Problemen bereits einige Untersuchungen zu finden [66][120], eine zufriedenstellende Lösung wurde bisher jedoch noch nicht präsentiert. Im Hinblick auf den in dieser Arbeit verfolgten quantenmechanischen Ansatz könnte sich jedoch ein Ausweg abzeichnen, der auf der Heisenbergschen Unschärferelation beruht und dessen Grundgedanke hier kurz erwähnt sei:

Berücksichtigt man, daß ein optisches Feld der Wellenlänge λ Ortsinformationen trägt, die nicht besser als bis auf eben diese Wellenlänge auflösbar sind und daß überdies jede optische Komponente endlichen Durchmessers einen optischen Tiefpaßfilter im Hinblick auf das übertragene Raumfrequenzspektrum darstellt, so leuchtet heuristisch ein, daß das im paraxialen Bild auftretende Divergenzproblem bei harten Aperturen ein Artefakt ist, das sich bei einer nicht paraxialen Beschreibung auflösen lassen muß. Eine saubere formale Ausarbeitung dieses Gedankenansatzes steht jedoch noch aus.

Ein weiteres Problem, das angesprochen werden muß, betrifft die Handhabung von Momenten höherer als zweiter Ordnung. Hier führen sowohl die Filtermethode aus Kap. 5 als auch die klassische Kameramethode zu inakzeptablen Ergebnissen, sei es im Hinblick auf die Genauigkeit oder im Hinblick auf den zugänglichen Meßbereich.

Die Berechnung von Aberrationseinflüssen auf die Strahleigenschaften bleibt davon unberührt, wenn Feldverteilungen als möglichst reine Moden oder zumindest als möglichst glatte Funktionen vorliegen. Sind einer Feldverteilung die rein formal darin enthaltenen Modenanteile nicht unmittelbar zu entnehmen, so lassen sich diese sehr effizient mit den Matrizenmethoden aus Kap. 7 berechnen.

Diese letztere Möglichkeit ist in aller Regel gegeben, denn bei der Führung von Hochleistungslaserstrahlung über große Distanzen werden die hochdivergenten Anteile durch die begrenzenden Aperturen ohnehin herausgefiltert, die Paraxialität wird gewissermaßen durch die Begrenztheit der Aperturen erzwungen.

Wägt man die genannten Aspekte gegeneinander ab, so erweist sich die Methode der statistischen Momente zur Strahlcharakterisierung dank der ihr zugrundeliegenden soliden Theorie und der einfachen Ankoppung an das Experiment als praktikables Verfahren, das den Anforderungen an eine Standardisierung genügen sollte.

Nachdem bislang die im Rahmen dieser Arbeit präsentierten theoretischen und experimentellen Methoden zusammenfassend physikalisch eingeordnet, logisch gruppiert und hinsichtlich ihres Potentials bewertet wurden, ist es an dieser Stelle angebracht, eine ausschließlich an Gesichtspunkten verfahrenstechnischer Anwendbarkeit orientierte Erörterung vorzunehmen.

Hier stehen aus der Sicht des Anwenders zwei Aspekte klar im Vordergrund.

1. Denkt man an eine Serienrealisierung, so muß ein meßtechnisches Equipment zur Charakterisierung von Laserstrahlung in kompakter Form sowie einfach transportier- und bedienbar vorliegen. Entsprechend des routinemäßigen Einsatzes derartiger Systeme sind überdies von der Kostenseite her Randbedingungen gesetzt.

2. Neben der meßtechnischen Datenerfassung ist auch ein schnelles und komfortables Datenhandling anzustreben, welches über entsprechende optische Berechnungsoptionen eine rasche und prägnante Datenanalyse im Hinblick auf die verfahrenstechnische Bewertung einer konkreten Laseranlage gestattet. Dies umfaßt sowohl den Laserstrahltransport als solchen als auch die Einflußnahme strahlführender optischer Komponenten.

Was den ersten der beiden Punkte anbelangt, so zeigt das Konzept der Transmissionsfilter die folgenden klaren Vorteile:

-   Hinsichtlich der Fertigungsanforderungen im Hinblick auf eine hinreichende Meßgenauigkeit entspricht die Anforderung, Linienstrukturen mit Auflösungen im Mikrometerbereich zu fertigen (s. Kap. 5) dem Stand der Technik. Hier bieten sich Mikrolithographieverfahren an, die bei Serienfertigung sehr preisgünstig werden.
-   Da sämtliche Laserstrahlparameter (Strahlradius, -richtung und -orientierung) alleine aus *Leistungs*messungen gewonnen werden können, sind entsprechende Messungen sehr schnell; begrenzend wirkt hierbei nur die Bandbreite der verwendeten Detektoren.
-   Durch die Verwendung von Strahlteilern läßt sich ein Laserstrahl simultan an mehreren verschiedenen Positionen, d.h. in Parallelverarbeitung vermessen (wofür allerdings mehrere Detektoren nötig sind), was erstmalig die Möglichkeit eröffnet, gepulste Lasersysteme zu charakterisieren.
-   Eine auf der Verwendung von Transmissionsfiltern basierende Meßapparatur läßt sich mit nur sehr wenigen mechanisch bewegten Teilen und damit sehr robust konstruieren.
-   Schließlich läßt sich durch Erzeugung einer künstlichen Strahltaille auch von der Baugröße her ein sehr kompaktes Konzept realisieren.

Was die Datenaufbereitung anbelangt, so sind gemessene Leistungswerte unmittelbar in Strahlparameter transformierbar. Für eine Strahllagebestimmung (lineare Filter) und Strahlradienbestimmung sind die Leistungswerte bzw. deren Wurzel nur mit geeigneten Konstanten zu multiplizieren. Liegen elliptische Strahlen vor, so ist eine 2x2-Matrix aus homogenen und Mischmomenten zweiter Ordnung zu diagonalisieren (vgl. Gl. (210), Kap. 5.2.2), um den kompletten Strahl hinsichtlich Hauptachsenradien und Orientierung zu charakterisieren. Diese elementaren Operationen erlauben eine extrem schnelle numerische Umsetzung (im Gegensatz zum Auslesen eines CCD-Chips etwa).

Strahlparameter in einer gegebenen Ebene sind also sehr schnell meßbar. Verwendet man überdies die in Kapitel 6 entwickelten *analytischen* Formeln zusammen mit den einfachen ABCD-Propagationsgesetzen für Momente (Kapitel 4), so lassen sich auch sehr einfach gute Abschätzungen im Hinblick auf die Degradationswirkung eines konkreten strahlführenden Systems machen. Hierzu ist es z.B. sinnvoll, sich im Vorfeld (z.B. über interferometrische Messungen) ein Bild von möglichen thermisch induzierten optischen Fehlern zu verschaffen.

Zusammengefaßt erlauben die bereitgestellten Methoden und Verfahren mit Hilfe der in Kapitel 5 untersuchten Parameter eine meßtechnische Umsetzung, die industriellen Maßstäben genügen sollte.

Literatur

[1] HÜGEL, H.: *Strahlwerkzeug Laser*. Teubner Studienbücher, Maschinenbau, Stuttgart (1992).

[2] SIEGMAN A. E.: *Defining, measuring and optimizing laser beam quality*. In: SPIE Proceedings **1868** (1993), S.2.

[3] HERZIGER, G.; SCHOLL, M.; LOOSEN P.: *Beam characterization for materials processing*. In: Proceedings of the second workshop on laser beam characterization, Berlin (1994), S.304.

[4] HODGSON, N.; HAASE, T.: *Beam parameters mode structure and diffraction losses of slab lasers with unstable resonators*. Optical and Quantum Electronics **24** Nr. 9 (1992), S.903.

[5] HODGSON, N.; HAASE, T.; KOSTKA, R.; WEBER, H.: *Determination of laser beam parameters with the phase space beam analyser*. Optical and Quantum Electronics **24** Nr. 9 (1992), S.927.

[6] RENG, N.; EPPICH, B.: *Definition and measurements of high power laser beam parameters*. Optical and Quantum Electronics **24** Nr. 9 (1992), S.973.

[7] WRIGHT, D.; GREVE, P; FLEISCHER, J.; AUSTIN, L.: *Laser beam width, divergence and beam propagation factor - an international standardization approach*. Optical and Quantum Electronics **24** Nr. 9 (1992), S.993.

[8] WEBER, H.: *Propagation of higher-order intensity moments in quadratic index media*. Optical and Quantum Electronics **24** Nr. 9 (1992), S.1027.

[9] MARTINEZ-HERRERO, R.; MEJÍAS, P. M. ;WEBER, H.: *On the different definitions of laser beam moments*. Optical and Quantum Electronics **25** (1993), S.423.

[10] SIEGMAN, A. E.; SASNETT, M. W., JOHNSTON, JR:. *Choice of clip levels for beam width measurements using knife-edge techniques*. IEEE Journal of Quantum Electronics **27** Nr. 4 (1992), S.1098.

[11] IIZUKA, K.: *Engineering Optics*. Springer Series in Optical Sciences, Vol. 35, 2nd. Ed. (1986).

[12] GERRARD, A.; BURCH, J. M.: *Matrix Methods In Optics*. Dover Publications, New York (1994).

[13] BROUWER, W.: *Matrix Methods in Optical Instrument Design*. W. A. Benjamin, Inc., New York (1964).

[14] HALBACH K.: *Matrix representation of gaussian optics*. Am. J. Phys. **32** (1986), S.90.

[15] GUILLEMIN, V.; STERNBERG, S.: *Symplectic Techniques in Physics*. Cambridge University Press (1993).

[16] NEMEŞ, G.: *Measuring and handling general astigmatic beams*. In: Proceedings of the first workshop on laser beam characterization, Madrid (1993), S.325.

[17] BORN, M. & WOLF, E.: *Principles of Optics*. Pergamon Press Oxford, 6th Ed. (1991).

[18] HAMMERMESH, M.: *Group Theory And Its Applications To Physical Problems*. Dover Publications, Inc. New York (1983).

[19] JANTSCHER, L.: *Hilberträume*. Akademische Verlagsgesellschaft Wiesbaden (1977).

[20] GOLDSTEIN, H.: *Klassische Mechanik*. Akademische Verlagsgesellschaft Wiesbaden, 7. Auflage (1983).

[21] STUMPF, H.: *Thermodynamik Band 1*. Vieweg Braunschweig (1976), Anhang D.

[22] LANDAU, L. D.; LIFSCHITZ, E. M.: *Lehrbuch der theoretischen Physik: Mechanik*. Akademie-Verlag Berlin (1976).

[23] FORSTER, O.: *Analysis 3*. Vieweg Studium Braunschweig/Wiesbaden, 2. Auflage (1983).

[24] GUILLEMIN, V.; QUILLEN, D.; STERNBERG, S.: *The integrability of characteristics*. Comm. Pure Appl. Physics **23** (1970), S.39.

[25] TIZIANI, H. J.: *Optische Grundgesetze*. Vorlesungsmanuskript, Universiät Stuttgart, 4. Auflage (1993).

[26] JACKSON, J. D.: Klassische Elektrodynamik. De Gruyter Berlin/New York, 2. Auflage (1985).

[27] JOSHI, A. W.: *Elements of Group Theory for Physicists*. Wiley, 3rd ed. (1982).

[28] FULTON, W.; HARRIS, J.: *Representation Theory*. Springer New York.

[29] COLLINS, S.A.: *Lens-system diffraction integral written in terms of matrix optics*. JOSA A **60** Nr. 9, (1970), S.1168.

[30] HODGSON, N.; WEBER, H.: *Optische Resonatoren*. Springer Berlin (1991).

[31] SIEGMAN, A. E.: *Lasers*. University Science Books (1986).

[32] LAX, M.; LOUISELL, W. H.; MC KNIGHT: *From Maxwell to paraxial waveoptics*. Phys. Rev. A **11** (1975), S.1365.

[33] WITTIG, K.; GIESEN, A.; HÜGEL, H.: *Paraxial optics in terms of quantum mechanics*. In: Proceedings of the first workshop on laser beam characterization, Madrid, (1993), S.185.

[34] WITTIG, K.; GIESEN, A; HÜGEL, H: *An algebraic approach to characterizing paraxial optical systems*. Appl. Optics **33** (1994), S.3837.

[35] REED, M.; SIMON, B: *Functional Analysis*. Academic Press New York (1980).

[36] STEINBERG, S.: *Lie series, Lie transformations, and their applications*. In: Lie Methods in Optics, Proceedings, Léon, México (1985), S.45.

[37] DRAGT, A. J.: *Lie algebraic theory of geometrical optics and optical aberrations*. JOSA A **72** Nr. 3 (1982), S.372.

[38] Wolf, K. B.: *Symmetry in Lie optics*. Annals Of Physics **172** (1986), S.1

[39] RASZILLIER, H.; SCHEMPP, W.: *Fourier Optics from the perspective of the Heisenberg group*. In: Lie Methods in Optics, Proceedings, Léon, México (1985), S.29.

[40] CASTAÑOS, O.; LÓPEZ-MORENO, E; WOLF, K. B.: *Canonical transforms for paraxial wave optics*. In: Lie Methods in Optics, Proceedings, Léon, México (1985), S.159.

[41] BRATTELI, O., ROBINSON, D. W.: *Operator Algebras and Quantum Statistical Mechanics II*. Springer New York (1981).

[42] GUILLEMIN, V. STERNBERG, S.: *The metaplectic representation, Weyl operators, and spectral theory*. J. Functional analysis **42** (1981), S.129.

[43] PRUGOVECKI, E.: *Quantum mechanics in Hilbert space*. Academic Press (1981).

[44] BASTIAANS M. J.: *Second order moments of the Wigner distribution function in first order optical systems*. Optik **88** Nr. 4 (1991), S.163.

[45]   BASTIAANS M. J.: *Propagation laws for the second order moments of the Wigner distribution function in first order optical systems*. Optik **82** Nr. 4 (1989), S.173.

[46]   PIQUERO, G.; MEJÍAS, P. M.; MARTÍNEZ-HERRERO, R.: *On the curtosis parameter of laser beams*. In: Proceedings of the first workshop on laser beam characterization, Madrid (1993), S.141.

[47]   RONCHI, L.; PORRAS, M. A.: *The relationship between the second order moment width and the caustic surface of laser beams*. Opt. Comm. **103** (1993), S.201.

[48]   GASE, R.: *Generalized radiance functions and the corresponding higher moments*. In: Proceedings of the first workshop on laser beam characterization, Madrid (1993), S.149.

[49]   ARFKEN, G.: *Mathematical Methods for Physicists*. Academic Press (1985).

[50]   SIMON, R.; SUNDAR, K.; MUKUNDA, N.: *Twisted gaussian shell-model beams. I. Symmetry structure and normal mode spectrums*. JOSA A **10** Nr. 9 (1993), S.2008.

[51]   LAVI, S.; PROCHASKA, R.; KEREN, E.: *Generalized beam parameters and transformation laws for partially coherent light*. Applied Optics **27** Nr. 17 (1988), S.3696.

[52]   SIMON, R.; MUKUNDA, M.; SUDARSHAN, E. C. G.: *Partially coherent beams and a generalized ABCD-lawt*. Optics Communications **65** Nr. 5 (1988), S.322.

[53]   WEBER, H.: *Propagation of higher order intensity moments in quadratic index media*. Optical and Quantum Electronics **24** Nr. 9 (1992), S.1027.

[54]   MESSIAH, A.: *Quantenmechanik Band 1*. De Gruyter Berlin/New York, (1981).

[55]   GLOGE, D.; MARCUSE, D.: *Formal quantum theory of light rays*. JOSA A **59** Nr. 12 (1969), S.1629.

[56]   FICK, E.: *Einführung in die Grundlagen der Quantenmechanik*. Aula-Verlag Wiesbaden, 5. Auflage (1984).

[57]   LÜ, B.; FENG, G.; CAI, B.: *Complex ray representation of the astigmatic gaussian beam propagation*. Optical and Quantum Electronics **25** (1993), S.275

[58]   QIANG, L., SHAOMIN, W.: *Transformation of nonsymmetric gaussian beams*. Optik **85** (1990), S.67.

[59]   ARNAUD, J. A.; KOGELNIK, H.: *Gaussian light beams with general astigmatism*. Applied Optics **8** (1969), S.1687.

[60]   GREYNOLDS, M.: *Propagation of generally astigmatic Gaussian beams along skew rays*. In: SPIE Proceedings **560** (1985), S.33.

[61]   RAO, S.: *The Rotation and Lorentz Groups and Their Representations for Physicists*. John Wiley&Sons, (1988).

[62]   ISO/DIS 11 146: *Optik und optische Instrumente Laser und zugehörige Ausstattung Testmethoden für Laserstrahlparameter: Strahlabmessungen, Divergenzwinkel und Strahlpropagationsfaktor*, März 1995.

[63]   WEBER, H.: *Some historical and technical aspects of beam quality*. Optical and Quantum Electronics **24** Nr. 9 (1992), S.861.

[64]   SERNA, J.; MEJÍAS, P. M.; MARTÍNEZ-HERRERO, R.: *Beam quality in monomode diode lasers*. Optical and Quantum Electronics **24** Nr. 9 (1992), S.881.

[64]   SERNA, J.; MEJÍAS, P. M.; MARTÍNEZ-HERRERO, R.: *Beam quality in monomode diode lasers*. Optical and Quantum Electronics **24** Nr. 9 (1992), S.881.

[65]   CAPRARA, A.; REALI, G. C.: *Time varying M^2 in Q-switched lasers*. Optical and Quantum Electronics **24** Nr. 9 (1992), S.1001.

[66]   BÉLANGER, P. A.; CHAMPAGNE, Y.; PARÉ, C: *The beam quality factor M_Q^2 of diffracted beams*. In: Proceedings of the first workshop on laser beam characterization, Madrid (1993), S.173.

[67]   PARENT, A.; MORIN, M.; LAVIGNE, P.: *Propagation of super-gaussian field distributions*. Optical and Quantum Electronics **24** Nr. 9 (1992), S.1071.

[68]   BASTIAANS, M. J.: *Wigner distribution function applied to partially coherent light*. In: Proceedings of the first workshop on laser beam characterization, Madrid (1993), S.65.

[69]   KOWALSKY, H.-J.: *Lineare Algebra*. De Gruyter, 9. Auflage, (1979).

[70]   KADISON, V. R.; RINGROSE, J. R.: *Fundamentals of the theory of operator algebras* Vol. I. Academic Press New York (1983).

[71]   MARTINEZ-HERRERO, R.; MEJÍAS, P. M., SÁNCHEZ, M.; NEIRA, J. L. H. *Third- and fourth-order parametric characterization of partially coherent beams propagating through ABCD-optical systems*. Optical and Quantum Electronics **24** (1992) , S.1021.

[72]   LEVINOS, N.: *M^2-definition and measurement*. Technical Bulletin **171-1**, Holobeam, Inc., Paramus NJ (1972).

[73]   SASNETT, M. W.: *Propagation of multimode laser beams: the M^2*. The Physics and Technology of Laser Resonators **132**, Adam Hilger New York (1989).

[74]   JOHNSTON T. F.: *M^2-concept characterizes beam quality..* In: Laser Focus World **173**, (1990).

[75]   JOHNSTON T. F.; SASNETT, M. W.; DOUMONT, J. L.; SIEGMAN, A. E.: *Laser beam quality versus aperture size in a cw argon-ion laser..* Opt. Letters **17**, (1992), S.198.

[76]   SIEGMAN A. E.: *Beam quality measurements on diode lasers*. Diode Laser Technology Program (DLTP) Meeting; Fort Walton, Florida (1992).

[77]   TEPPO, E. A.: *Diagnostic tools for laser beam characterization*. In: Proceedings of the first workshop on laser beam characterization, Madrid (1993), S.23.

[78]   WRIGHT, D. L.: *Can we ignore the weak spatial range of diffracted beams?.* In: Proceedings of the first workshop on laser beam characterization, Madrid (1993), S.207.

[79]   ROUNDY, C. B.: *Instrumentation for laser beam profile measurement*. In: Proceedings of the first workshop on laser beam characterization, Madrid (1993), S.215.

[80]   ROUNDY, C. B.: *Compensating for performance deficiencies of CCD and VIDICON cameras for laser beam diagnostics*. In: Proceedings of the first workshop on laser beam characterization, Madrid (1993), S.381.

[81]   WITTIG, K.; MAESTLE, R.; GIESEN, A.: *Comparative investigation of the ISO proposals for the measurement of laser beam parameters*. In: SPIE-Proceedings **2375** (1995), S.306.

[84] RADTKE, J.: *Filtermeßverfahren*. Studienarbeit , Institut für Strahlwerkzeuge (1995).

[85] BEA, M.; BERGER, P.; GIESEN, A.; GLUMANN, C.; KREPULAT, W.: *Requirements for beam guiding systems handling CO_2-high power laser beams*. In: Proceedings ECLAT '92, Göttingen, (1992).

[86] ROTHE, R.; SEEPOLD, G.: Bau und Einsatz von Spiegeloptiken für die Werkstoffbearbeitung mit Hochleistungslasern. VDI-Berichte 535: Materialbearbeitung mit CO_2-Hochleistungslasern, VDI-Verlag (1982).

[87] YUEN, W. W.; FLEISHMAN, R. V.: *Parametric study of mesh enhanced forced convection heat transfer for the cooling of high power density mirrors*. In: SPIE Proceedings **1047** (1989), S. 43.

[88] HÄNLE, U.: *Numerische Analyse von Laser-Umlenkspiegeln in hochdynamischen Strahlführungssystemen*. Institutsbericht 92/8, Inst. für Statik und Dynamik, Universität Stuttgart (1991).

[89] MAHAJAN, V. N.: *Aberration Theory Made Simple*. SPIE Optical Engineering Press, Vol. TT 6 (1991).

[90] MAHAJAN, V. N.: *Strehl ratio for primary aberrations: some analytical results*. JOSA A **72** (1982), S.1258.

[91] HERLOSKI, S.: *Strehl-ratio for untruncated aberrated gaussian beams*. JOSA A **2** (1985), S.1027.

[92] WANG, S.; SILVA, J.: *Wave-front interpretation with Zernike polynomials*. Applied Optics **19** (1980), S.1510.

[93] PRATA, JR.; RUSCH, W. V. T.: *Algorithm for computation of Zernike polynomials expansion coefficients*. Applied Optics **28** (1989), S.749.

[94] BEZDID'KO, S. N.: *The use of Zernike polynomials in optics*. Soviet Journal Opt. Techn.**41** (1974), S.425.

[95] BEZDID'KO, S. N.: *Determination of the Zernike polynomial expansion coefficients*. Soviet Journal Opt. Techn.**42** (1975), S.426.

[96] SIEGMAN, A. E., RUFF, J.: Effects of spherical aberration on. In: SPIE Proceedings **1834**, (1992), S.52.

[97] MARTÍNEZ-HERRERO, R; MEJÍAS, P. M.; PIQUERO, G.: *Quality improvement of partially coherent symmetric-intensity beams caused by quartic phase distortions*. Optical Letters **17** (1992), S.1650.

[98] BORIK, S.: Einfluß optischer Komponenten auf die Strahlqualität von Hochleistungslasern. Dissertation, Inst. für Strahlwerkzeuge, Universität Stuttgart (1993).

[99] TIZIANI, H. J. UND MITARBEITER: Programm zur Analyse von Interferenzstreifen. Institut für Technische Optik,Universität Stuttgart.

[100] TIZIANI, H. J.: *Optische Meßtechnik und Meßverfahren*. Vorlesungsmanuskript, Universiät Stuttgart, 4. Auflage (1994).

[101] WAGNER H. P., BORIK S., GIESEN, A.: *Änderung der Eigenschaften optischer Komponenten bei Bestrahlung*. In: Waidelich, W. (Hrsg.): Vorträge des 9. Int. Kongr. Laser '89 Optoelektronik in der Technik, München, 1989. Berlin: Springer, 1990, S. 789.

[102] SPEER, A.: *Numerische Berechnung der Deformation beschichteter und strukturierter optischer Komponenten mit der Methode der finiten Elemente.* Studienarbeit 92-52 Institut für Strahlwerkzeuge, Universität Stuttgart (1992).

[103] FOX, A. G.; LI, T.: *Resonant modes in a maser interferometer.* Bell Syst. Techn. **40**, (1961), S.453.

[104] FOX, A. G.; LI, T.: *Computation of optical resonator modes by the method of resonance.* IEEE J. of Quant. El. **4**, (1968), S.460.

[105] FOX, A. G.; LI, T.: *Resonant modes in a maser interferometer* with curved and tilted mirrors. In: Proceedings IEEE **51**, (1963), S.80.

[106] FLÜGGE, S.: *Practical Quantum Mechanics.* Springer Berlin/Heidelberg, (1994).

[107] WITTIG, K.; GIESEN, A.; HÜGEL, H.: *Algebraic treatment of the wave optical propagation through apertured optical systems.* In: Proceedings of the second workshop on laser beam characterization, Berlin, (1994, S.272.

[108] HAUCK, R.; KORTZ, H. P.; WEBER, H.: *Misalignment sensitivity of optical resonators.* Applied Optics **19** (1980, S.598.

[109] GROMOV, A. N.; TRASHKEEV, S I.: *Simple loss formulas for symmetric spherical-mirror resonators.* Opt. Spectroscopy, USSR, **62** (1987), S.369.

[110] GORI, F.: *Flattened Gaussian Beams.* In: Proceedings of the second workshop on laser beam characterization, Berlin, (1994), S.224.

[111] GROSS, H.: *Propagation höhermodiger Laserstrahlung und deren Wechselwirkung mit optischen Systemen.* Dissertation, Inst. für Strahlwerkzeuge, Universität Stuttgart (1996).

[112] PRESS, W. H.; FLANNERY, B. P.; TEUKOLSKY, S. A.; VERTTERLING, W. T.: *Numerical Recipes.* Cambridge University Press, (1990).

[113] RABINER, L. R.; SCHAFER: *The chirp z-transform algorithms.* IEEE Trans AU **17** (1969), S.86.

[114] RABINER, L. R.: *Chirp z-transform program.* In: Programs for Digital Signal Processing, IEEE-Press (1979).

[115] CORNILLE, M.: *Computation of Hankel transforms.* SIAM **14** (1972), S.278.

[116] SIEGMAN, A. E.: *Quasi fast Hankel transform.* Optics Comm. **1** (1977), S.13.

[117] MURPHY, P. K.; GALLAGHER, N. C.: *Fast algorithm for the computation of zero-order Hankel transform.* JOSA A **73** (1983), S.1130.

[118] AGRAVAL, G. P.; LAX, M.: *End correction in the quasi-fast Hankel transform for optical problems.* Opt. Letters **6** (1981), S.171.

[119] WITTIG, K.; GIESEN, A; HÜGEL, H: *Symmetry considerations of the paraxial propagation theory in terms in quantum mechanics.* In: Proceedings of the second workshop on laser beam characterization, Berlin, (1994), S.288.

[120] MARTÍNEZ-HERRERO, R; MEJÍAS, P. M.: *Parametric characterization of hard-edge diffracted beams.* In: Proceedings of the first workshop on laser beam characterization, Madrid, (1993), S.197.

Danksagung

Ich möchte nicht versäumen, all jenen meinen Dank auszusprechen, die mich während meiner Zeit am Institut für Strahlwerkzeuge und hier insbesondere bei der Erstellung meiner Arbeit hilfreich begleitet haben.

Besonderer Dank gebührt René Krupka, Wilfried Plaß, Andreas Voß und Martin Huonker, die mir stets wertvolle Diskussionspartner waren, bei denen ich jederzeit Unterstützung in allen Belangen meiner Aufgaben am Institut erfuhr, und die schließlich ganz wesentlich zu der angenehmen menschlichen Atmosphäre am Institut beitrugen.

Auch Wolfgang Pfeiffer, Christian Schmitz, Rüdiger Mästle und Christian Stewen danke ich für die angenehme Zusammenarbeit und die stete Bereitschaft, mir hilfreich zur Seite zu stehen.

Meinem ehemaligen Kollegen Dr. Stefan Borik, der das Institut 1992 verließ, gebührt mein Dank, da in der Zusammenarbeit mit ihm die Grundideen meiner Arbeit wurzeln.

Herrn Dipl.-Phys. Herbert Gross von der Firma Carl Zeiss gilt mein besonderer Dank für seine stete Hilfsbereitschaft und die zahlreichen fachlichen Diskussionen, aus denen ich jedes Mal viel gelernt habe.

Meinen allerherzlichsten Dank möchte ich Herrn Prof. Dr.-Ing. H. Hügel und Herrn Dr. A. Giesen aussprechen, die mir die Möglichkeit zur Promotion am Institut für Strahlwerkzeuge gaben und mir in deren Verlauf stets wertvolle Unterstützung zuteil werden ließen. Auch Herrn Hennig und Frau Pokern spreche in diesem Zusammenhang meinen Dank aus, da ich von ihnen in vielen Fragen haus- und verwaltungstechnischer Natur stets unterstützt wurde.

Herrn Prof. Dr. H. Tiziani danke ich für die freundliche Unterstützung und insbesondere für die Erstellung des Mitberichtes.

Meinen aufrichtigen Dank möchte ich schließlich meinen Eltern aussprechen, die mir durch ihre Unterstützung den Ausbildungsweg bis zur Promotion ebneten, und meiner Familie, die mir in allen Phasen meiner Arbeit wichtigen Halt gab.

Stuttgart, Mai 1996